资助项目：国家重点研发计划典型区域生态承载力与产业一致性评价技术研究
（2017YFC0506602）课题资助。

生态承载力与产业一致性
评价技术研究

饶　胜　牟雪洁　陆文涛　王　波　陈甲斌 等 著

科学出版社

北　京

内 容 简 介

本书科学界定了生态承载力与产业一致性评价的定义与主要评价内容,构建了典型区域生态承载力与产业一致性评价及预警技术框架体系,详细介绍了城镇地区、农产品主产区、重点生态功能区、资源开发区、海岸带等不同典型区域案例区生态承载力与产业一致性评价技术的应用示范,研究成果能够为我国不同典型区域可持续发展提供科学参考。

本书可供生态环境保护管理和规划部门的管理人员、科研人员和广大科研院校生态学、环境科学相关专业的研究生参考阅读。

图书在版编目(CIP)数据

生态承载力与产业一致性评价技术研究/饶胜等著. —北京:科学出版社.
2021.10
　ISBN 978-7-03-070018-6

　I.①生… Ⅱ.①饶… Ⅲ.①区域生态环境–环境承载力–关系–产业经济–研究–中国 Ⅳ.①X321.2 ②F269.2

中国版本图书馆 CIP 数据核字 (2021) 第 204965 号

责任编辑:李晓娟 / 责任校对:樊雅琼
责任印制:吴兆东 / 封面设计:无极书装

科 学 出 版 社　出版
北京东黄城根北街 16 号
邮政编码:100717
http://www.sciencep.com

北京捷迅佳彩印刷有限公司 印刷
科学出版社发行　各地新华书店经销

*

2021 年 10 月第　一　版　开本:787×1092　1/16
2023 年 2 月第二次印刷　印张:18
字数:430 000

定价:228.00 元
(如有印装质量问题,我社负责调换)

《生态承载力与产业一致性评价技术研究》
主要撰写人员

饶　胜	牟雪洁	陆文涛	王　波
霍文敏	王　腾	董笑语	于　雷
陈甲斌	戴　超	王夏晖	张　箫
朱振肖	柴慧霞	黄　金	于　洋
孙芳芳	何彦龙	彭小家	彭　欣

前　　言

　　近年来，随着经济社会的快速发展，人类活动给自然生态系统带来的压力也在不断加大，资源约束趋紧、环境污染严重、生态系统退化等一系列问题开始显现。我国部分地区，尤其是经济开发强度较高、生态环境本底脆弱的地区，接近甚至超过生态承载能力上限，区域生态安全受到严重威胁。产业发展是人类经济社会发展的必要条件和重要驱动力，人类历史上的许多事实也证明，产业的发展更离不开区域生态承载力的支撑和约束，一旦超过区域承载能力上限，区域生态系统的退化和崩溃将加速，人类社会发展也将难以为继。目前，我国部分地区生态赤字高、环境质量恶化等问题均与区域产业发展与生态承载能力的"错位"，即不协调、不一致有着密切联系，如何科学评价和及时预警这些"错位"问题，并提出相应的解决策略和方案，是当前理论与实践层面急需研究的难点问题，也是实现区域可持续发展的关键。

　　本书注重理论技术方法构建，并将其与案例区实证研究进行有机结合，聚焦生产空间，在深入总结国内外生态承载力与产业发展相关研究成果的基础上，辨析产业发展、生态承载力、区域生态安全的内涵及相互关系，科学界定生态承载力与产业一致性评价的定义与主要评价内容，构建典型区域生态承载力与产业一致性评价及预警技术框架体系，并分别在城镇地区、农产品主产区、重点生态功能区、资源开发区、海岸带等不同类型区域选取案例区进行实证应用研究，以期为典型区域经济社会可持续发展和生态安全提供科学指导。

　　全书共分为9章。第1章重点介绍生态承载力、生态安全、产业发展的相关概念、内涵及主要研究方法，为生态承载力与产业一致性评价技术构建奠定理论基础。第2章在已有理论与方法基础上，重点辨析产业发展与生态承载力、区域生态安全的关系，提出生态承载力与产业一致性评价及预警技术体系。第3章~第8章分别选取城镇地区（包含生态型城镇和高度城市化地区）、农产品主产区、重点生态功能区、资源开发区、海岸带等不同类型区域，对第2章中的主要评价技术方法进行示范应用和验证。第9章总结本书主要结论，提出开展生态承载力与产业一致性评价及预警的未来展望。

本书写作分工如下：第 1 章由饶胜、牟雪洁、黄金撰写；第 2 章由牟雪洁、饶胜、张箫、柴慧霞撰写；第 3 章由陆文涛、于雷撰写；第 4 章由董笑语、孙芳芳撰写；第 5 章由王波、戴超撰写；第 6 章由牟雪洁、朱振肖、于洋撰写；第 7 章由霍文敏、陈甲斌撰写；第 8 章由王腾、何彦龙、彭小家、彭欣撰写；第 9 章由牟雪洁、饶胜撰写。全书结构由饶胜、王夏晖拟定，牟雪洁完成全书统稿，陆文涛、戴超、霍文敏、董笑语、王腾等参与了部分章节的核对工作。

此外，本书撰写过程中也得到了中国自然资源经济研究院、国家海洋局东海环境监测中心、深圳市环境科学研究院的同事的大力支持，在此表示感谢！

生态承载力研究仍处于不断探索和完善的过程中，本书难免存在不足之处，请各位读者不吝指正。

作　者

2021 年 5 月 31 日

目　　录

第1章　绪　　论

本章将重点介绍生态承载力、生态安全及预警、产业等相关概念与模型方法，辨析模型方法的适用性，为下一步生态承载力与产业一致性评价及预警研究提供理论基础。

1.1　生态承载力

1.1.1　演变历程

承载力理论起源于人口统计学、应用生态学和种群生物学（张林波等，2009），最早可追溯到 1798 年英国学者马尔萨斯提出的人口理论（Malthus，1798）和 1838 年比利时数学家 Verhulst 提出的逻辑斯蒂方程（Verhulst，1838）。20 世纪早期，世界各地科研人员开展了大量非人类生物种群的生长规律研究，但多数没有明确提出承载力的概念（张林波等，2009；谢高地等，2011），通常以"饱和水平"（saturation level）（Verhulst，1838）、"上限"（upper limits）、"最大种群数量"（maximum populations）或者"S 形曲线渐近线"（asymptotes）（Pearl and Reed，1920；Pearl，1925）来表示（Young，1998；Monte-Luna et al.，2004）。通常认为，是 1922 年美国的 Hawden 和 Palmer 在观察阿拉斯加州引入驯鹿种群的生态影响时最早明确提出承载力的概念（Seidl and Tisdell，1999），他们认为，承载力是在不损害牧场的情况下所能供养牲畜的最大数量。1953 年，Odum 第一次将承载力的概念和逻辑斯蒂曲线的理论最大值常数联系起来，将承载力定义为"种群数量增长的上限"（Odum，1953）。以上定义均是种群承载力的概念，即在某一环境条件下，某种生物个体可存活的最大数量（高吉喜，2001）。

从 20 世纪 60 年代开始，全球性资源环境危机爆发，承载力的研究领域逐渐扩展到人类经济社会发展普遍面临的土地资源、水资源、矿产资源、能源、环境污染、生态系统退化等多个方面，因而也衍生出一系列人类承载力的概念，包括土地承载力、资源承载力、水资源承载力、矿产资源承载力、能源承载力、环境承载力、生态弹性力、生态系统承载力等，促使承载力的概念不断深化并由单要素承载力发展到多要素制约的系统综合承载力（高吉喜，2001；张林波等，2009）。

20 世纪 80 年代中后期至今，人类承载力研究继续发展深化，由以往单纯基于自然因素制约向综合考虑经济社会因素转变（谢高地等，2011），通过引入科技进步、生活方式、社会制度、消费模式等社会经济因素，促使承载力概念具备"双向作用"特征，即除了考虑人类社会对自然生态系统的压力外，更加重视人类社会系统的管理弹性力作用。

承载力的概念从提出至今，已在形式和含义上发生了较大变化（表 1-1），在当前全球资源、生态、环境约束日益趋紧的背景下，承载力研究仍是未来生态学领域的长期研究热点和难点，并将更加趋向于面向地方实践应用的综合人类承载力研究。

表 1-1　承载力概念的演化及代表性定义

名称	出现背景	来源	承载力含义
种群承载力	种群生物学	高吉喜，2001	指在某一环境条件下，某种生物个体可存活的最大数量
土地资源承载力	人口膨胀、土地资源短缺	陈百明，1987	在未来不同时间尺度上，以预期的经济、技术和社会发展水平，以及与之相适应的物质生活水准为依据，一个国家或地区利用其自身的土地资源所能持续供养的人口数量
资源承载力	资源短缺	陈百明，1987；UNESCO and FAO，1985	可预见时期内，利用该地的能源和其他自然资源及工艺水平、人员素质、技能等条件，在保证与其社会文化准则相符的物质生活水平下能够持续供养的人口数量
水资源承载力	水资源短缺	夏军和朱一中，2002	在一定的水资源开发利用阶段，满足生态蓄水的可利用水量并能够维系该地区人口、资源与环境有限发展目标的最大社会经济规模
环境承载力	环境污染	崔凤军，1995	在某一时期、某种状态或条件下，某地区的环境所能承受的人类活动作用的阈值
生态承载力	生态破坏	高吉喜，2001	生态系统自我维持、自我调节能力，资源与环境子系统的供容能力及其可维育的社会经济活动强度和具有一定生活水平的人口数量

1.1.2　基本概念

生态承载力是承载力概念在生态学领域中的应用，以生态系统为承载体，以外部干扰为承载对象。生态承载力关注的是生态系统对外界干扰的承受限度，这种限度不仅局限于资源数量，更重要的是生态系统自身的稳定性是否受到破坏，生态系统的结构与功能是否发生根本性改变（沈渭寿等，2010），即生态系统自身的结构与功能是生态承载力的决定因素。

因此，仅从承载体即生态系统自身角度出发，可将生态承载力定义为："自然体系自我维持生态平衡功能与自我调节能力的客观反映，但这种维持能力和调节能力有一定限度，超过这个限度自然体系将失去维持平衡的能力，由高一级的自然体系（如绿洲）降为低一级的自然体系（如荒漠）"（王家骥等，2000）。仅从承载对象即人类活动干扰的角度出发，可将生态承载力定义为："在生态系统结构和功能不受破坏的前提下，生态系统对外界干扰特别是人类活动的承受能力"（沈渭寿等，2010）。

高吉喜（2001）首次从承载体和承载对象两个方面出发，将生态承载力定义为"生态系统的自我维持、自我调节能力，资源与环境的供容能力及其可维育的社会经济活动强度和具有一定生活水平的人口数量"，它是目前应用较为广泛的概念之一。但生态承载力不是固定不变的，它与某一具体历史发展阶段和社会经济发展水平直接相关（Harris and Kennedy，1999；沈渭寿等，2010），因此，生态承载力还应充分考虑人类社会经济因素，以及由此造成的动态性，并与管理目标紧密结合，以包括人口总量、经济规模及发展速度在内的最大人类经济社会发展负荷为承载对象（张林波等，2009）。此外，由于生态系统的结构、功能与过程存在空间差异性，因此生态承载力还具有明显的空间尺度性（王开运，2007；向芸芸和蒙吉军，2012）。

综上所述，虽然学者对生态承载力的定义各有不同，但其根本内涵是相同的：①生态承载力的载体为生态系统，承载对象为人类经济社会子系统，生态承载力是描述人类活动与生态系统相互作用的界面。②既考虑生态系统的支持部分，即生态系统的自我维持、自我调节能力，资源与环境的供容能力；也考虑人类压力部分，即人类社会经济发展强度，包括具有一定生活水平的人口总量、经济规模及发展速度等。③生态承载力离不开某一特定区域，即具有明显的空间尺度依赖性。④人类具有主观能动性，是提高区域生态承载力、实现可持续发展的关键。

1.2　生态安全及预警

1.2.1　生态安全

生态安全是国家安全的重要组成部分，是经济社会持续健康发展的重要保障，是人类生存和发展的必备条件。"生态安全"（ecological security）一词从有明确定义提出至今，有30多年的历史，但目前尚缺乏一个公认的概念定义。有的从自然生态系统对人类生存发展、生活与健康保障程度方面进行定义，属于对生态安全的广义理解。例如，国际应用系统分析研究所将生态安全定义为：在人的生活健康安乐基本权利、生活保障来源、必要的资源、社会秩序和人类适应环境变化的能力等方面不受威胁的状态，包括自然生态安全、经济生态安全和社会生态安全。肖笃宁等（2002）将其定义为：人类在生产、生活和健康等方面不受生态破坏与环境污染等影响的保障程度，包括饮用水与食物安全、空气质量与绿色环境等基本要素。欧阳志云和郑华（2014）将其定义为：生态环境条件与生态系统服务功能可以有效支撑经济发展和社会安定、保障人民生活和健康不受环境污染与生态破坏损害的状态与能力。

有的研究从生态系统本身的健康角度进行定义，属于对生态安全的狭义理解。一般指自然和半自然生态系统的安全，即生态系统的结构是否受到破坏、生态功能是否受到损害（郭中伟，2001），是一个国家生存和发展所需的生态环境处于不受或少受迫害与威胁的状态（周卫，2009），也是生态系统完整性和健康的整体水平反映（肖笃宁等，2002）。

也有研究关注自然生态系统对经济社会发展的支撑能力和人类社会对生态环境的需求，如曲格平（2004）在《关注中国生态安全》中从两个方面对生态安全进行解释：一是防止生态环境退化对经济基础构成威胁，主要指环境质量状况和自然资源减少、退化削弱了经济可持续发展的支撑能力；二是防止环境破坏和自然资源短缺等问题引发人民群众的不满，特别是环境难民的大量产生，影响社会稳定。

综上所述，生态安全的本质仍是人的安全（欧阳志云等，2015），生态安全研究的最终目的仍是在维持自然生态系统结构与功能稳定的基础上，有效保障人类生存与健康发展。因此，"生态安全"包含两重含义：一是从供体角度看，指生态系统自身是否安全，即自身结构与功能是否受到破坏；二是从受体角度看，指生态系统对于人类生存发展是否安全，即生态系统所提供的产品与服务是否满足人类的生存发展需要（邹长新和沈渭寿，2003）。

1.2.2 生态安全预警

在生态安全评价的基础上开展生态安全预警，对于维护和保障区域生态安全具有重要现实意义。

"预警"一词多是指在灾害或灾难、危险发生前，根据以往总结规律或观测到的可能前兆，发出紧急信号、报告危险情况，从而最大程度减轻危害及损失的行为（樊杰等，2017），可以理解为对危机或危险状态的一种预前警报或警告。狭义的预警仅指对自然资源或生态安全可能出现的衰竭或危机而建立的报警，而广义的预警则涵盖了对生态安全维护、防止危机发生的过程，从发现警情、分析警兆、寻找警源、判断警度以及采取正确的预警方法将警情排除的全过程预警（傅伯杰，1991）。

陈国阶和何锦峰（1999）将生态环境预警定义为对人类活动造成的生态环境退化甚至恶化进行及时预报和警告。沈渭寿等（2010）认为，区域生态安全预警要以生态安全评价为基础，对某一特定时期（或时段）内的区域生态安全状态出现的恶化情况进行预报和预测。张琨等（2018）从生态、资源、环境三个方面定义生态安全预警，指对区域社会经济发展与生态保护的失调程度、资源开发强度超过生态承载力的程度、生态环境的恶化趋势等进行预测和警告。樊杰等（2017）的定义强调了资源环境超载状况的监测评价，认为预警应是对承载力各构成要素及其组合变化规律的预言预判，对未来可能出现的危险进行报告，以避免或缩小因承载力临界超载或超载带来的损失。

综上所述，生态安全预警具有较强的前瞻性和警示性，是基于生态承载力和生态安全评价，对未来某一区域内因人类经济社会发展等影响导致的资源能源消耗、生态系统退化、环境质量恶化等变化趋势的科学预测或预判，尤其是要确定资源、环境、生态等要素达到关键超载阈值的时间点与空间范围，以便尽早制定应对策略，有效遏制生态环境恶化趋势，维护国家和区域生态安全，保障人类经济社会可持续发展。

1.3 产　　业

产业属于产业经济学领域的范畴，它受国家和地方政府政策、市场规律、供求关系、自然禀赋等多种因素影响。但产业作为生态承载力的受体之一，正确理解其概念、内涵与发展规律，尤其是其发展过程中对生态环境的影响机制，对深入开展生态承载力与产业一致性评价及预警、从源头防控生态环境风险、保障区域生态安全具有重要意义。

1.3.1 产业发展

产业发展是指产业的产生、成长和演进。产业发展的内容较为广泛，既包括单个产业的进化，又包括产业总体的演进；既包括产业类型、产业结构、产业关联、产业布局的演进，又包括产业组织的变化、产业规模的扩大、技术进步、效益提高（简新华和魏珊，2001）。经济发展包括产业发展，产业发展又是经济发展的必要条件、关键因素和强大动力，产业发展的状况直接决定整个国民经济发展的状况。

1.3.2 产业结构

（1）定义

产业结构是指国民经济中各产业之间和各产业内部的联系和比例关系，是一个地区各种生产要素在该地区各产业部门之间的比例构成及它们之间相互依存和相互制约的关系。它包括三个层次，一是第一、第二、第三次产业构成；二是三次产业各自的内部构成；三是三次产业内部的行业构成，即产品结构。

（2）影响因素

一般而言，影响产业结构演进和转换的因素很多，主要有技术创新能力、需求能力、供给能力、对外贸易发展、经济政策、生态环境和其他因素。其中生态环境因素的影响越来越受到政府和公众的关注。

区域优势、特色产业的发展是以比较优势为前提的。具有较强的生存力与竞争力的产业结构往往能够充分利用自然资源，发挥经济资源的优势，并能够与地域生态环境相适应。如果自然资源丰富、生态环境良好，产业经济发展就会拥有优越的环境条件和雄厚的自然物质基础，自然而然会形成一批优势特色产业，优势特色产业的不断发展会促进产业结构的优化和升级；反之，如果自然资源日益枯竭，生态环境不断恶化，产业发展的自然基础会逐渐丧失，原本一些优势特色产业的比较优势也将逐渐消失，进而影响其长足发展，产业结构演进会出现停滞甚至倒退。由此可见，生态环境对产业发展的制约作用越来越明显，保护生态环境是产业结构调整的基础与前提。

1.3.3　产业布局

（1）定义

产业布局是指一个国家或地区产业各部门在地域上的动态组合分布，是国民经济各部门发展运动规律的具体表现。简单地说，产业布局就是产业在空间上的分布。产业布局理论主要研究资源的空间配置，它是人类社会的进步和生存空间的扩展及生产活动内容和空间拓展到一定程度的必然产物。

（2）影响因素

影响产业布局的因素很多，包括地理位置、自然因素、社会因素、经济因素和技术因素等方面，这里重点介绍地理位置和自然因素。

1）地理位置。地理位置对第一产业布局具有重要影响。农业会受到光、热、水、土等条件的严格限制，地理位置决定了该地区第一产业的发展方向。地理位置对第二、第三产业布局具有直接影响，世界上许多地方的产业并非都分布在能源基地、矿产资源和其他原料地，而是分布在地理位置优越、交通方便的地方，如综合运输枢纽、海港、铁路沿线等。此外，地理位置还可以直接影响到地区自然资源的开发顺序，那些交通方便、距离经济发展中心较近的地区资源，因其经济价值较大，总是首先得到开发。

需要说明的是，随着科技的进步、社会生产力的发展、产业集聚与扩散规律的相互作用，地理位置对产业布局的影响有弱化的趋势。

2）自然因素。自然因素包括自然条件和自然资源两方面。自然条件是指人类赖以生存的自然环境。自然资源是指自然条件中被人类利用的部分。联合国将自然资源定义为：在一定时空和一定条件下，能产生经济效益、以提高人类当前和将来福利的自然因素和条件。自然条件和自然资源的存在状态及其变化对产业布局具有非常重要的基础性影响，它是影响产业布局的重要因素，包括气候、土壤、植被、矿产原料、燃料、动力、水资源等，且各要素在地表的分布状况和组合特征差异显著。因此，自然因素是产业布局形成的物质基础和先决条件。自然因素对产业布局的影响和地理位置一样，正随着科学技术的进步变得越来越小。

第 **2** 章 生态承载力与产业一致性评价及预警技术构建

2.1 产业发展与生态承载力、区域生态安全的关系

2.1.1 产业发展与生态承载力的相互作用关系

产业发展与生态承载力具有十分复杂的相互作用关系，理清两者之间的互动响应机制，找出两者产生问题的关键矛盾点，对于开展产业发展与生态承载力一致性评价至关重要。

生态承载力是产业发展不可或缺的物质基础与前提。例如，农业发展需要一定的水资源、气候条件、土壤条件等，采掘工业发展需要一定的原材料供应，但是自然资源数量、生态环境条件是有限的，当产业发展方式过于粗放，造成资源耗竭、环境污染、生态破坏等一系列问题时，会对生态承载力造成负面影响，甚至突破生态承载力上限，威胁区域生态安全。此时生态承载力成为产业发展的约束条件，需进行产业优化；反过来，资源利用效率提高、科技进步、生活方式改变等，将促进产业发展不断优化，也能够有效促进生态承载力的改善提升。产业发展与生态承载力、区域生态安全的相互作用关系如图 2-1 所示。

（1）生态承载力是产业发展的基础和约束条件

1）生态承载力是产业发展的重要基础。某一区域的自然资源禀赋构成了产业发展不可或缺的物质基础，决定该区域适宜的产业类型、布局特征、发展规模等。从不同产业的发展规律来看，种植业、林业、畜牧业、渔业等第一产业的产品直接取自自然界，即直接利用自然生态系统的初级生产能力进行生产活动，因此离不开一定的水资源、气候、土壤等物质基础条件供应。例如，我国东北平原、黄淮海平原、长江流域、汾渭平原、河套灌区、华南和甘肃新疆

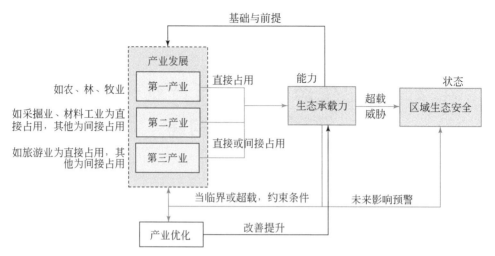

图 2-1　产业发展与生态承载力、区域生态安全关系示意图

等区域，由于具备农作物生长、渔业生产等适宜的水热条件，已成为国家主要的农产品主产区（国务院，2011）。

采矿业、制造业等第二产业主要通过加工取自自然界的物质进行生产活动，因此需要自然界中一定的原材料供应。例如，国家确定的西部矿产资源开发集中区（芷若，2002）、西南地区的攀西产业基地、中部地区的内蒙古包头白云鄂博铁稀土生产基地等矿业发展基地（国务院，2011），以及全国不同类型资源型城市（国务院，2013）的发展，均离不开各类矿产资源的供应。

第三产业主要是服务业，不直接获取或加工自然界物质，主要是在第一、第二产业的有形物质生产之上进行无形财富生产，因此对自然资源的依赖程度较低。但旅游业较为特殊，需要直接利用区域特色的自然景观进行开发、生产活动，我国知名自然风景旅游区，如九寨沟、张家界、桂林山水、青海湖等，均是直接发挥区域自然景观优势进行开发建设活动。

2）生态承载力是产业发展的约束条件。已有大量研究证实，我国产业发展的生态承载力约束日益趋紧，大部分地区存在产业发展与生态承载力不协调、不一致等突出问题。已有研究表明，我国有近90%的国土处于资源环境的强约束状态，资源环境多要素约束交叉，且主要分布在贺兰山—龙门山线以东的人口产业密集区（徐勇等，2016）；我国经济快速发展的城镇地区，如京津冀（刘明焱等，2016；苑兴朴，2009）、长三角（宋雪珺等，2018）、珠三角（钟义等，2012）、长江中游（毛鹏等，2017）等重点城市群，中西部及东北等矿产资源开发集中的地区（陈丹和王然，2015；顾康康等，2014；赵正等，2019），经济社会发展与生态环境保护之间不平衡、不协调的矛盾较为突出，资源环境承载能力多处于过载状态，城市普遍存在较高的生态赤字（金贤锋等，2009）；农业生产布局与水资源承载力不一致，近20年来我国耕地粮食生产潜力中心由东北向西北干旱脆弱区转移（刘洛等，2014），粮食生产由"南粮北运"到"北粮南运"（王维平等，2008），干旱区农牧业结构与水资源、土地资源条件结构性"错位"现象尤为突出；部分重点生态功能区的产业发展与功能区定位不一致，生态赤字明显（孟庆华，2014；刘智慧，2015），严重影响其生态产品供给能力和国家生态屏障作用；海岸带地区渔业养殖业等产业发展与海洋环境承载能力不一致，导致海岸带环境质量恶化、海岸线受侵占，生态承载力超载严重（李延峰，2014；马盼盼，2017；邱寿丰和朱远，2012）。

（2）产业发展对生态承载力造成影响

目前，产业发展对生态承载力的影响研究主要分为两类，一类研究直接分析产业发展过程中承载力指标的变化，如产业生态足迹变化；另一类研究集中在产业发展对生态环境影响评价方面，通过产业发展过程中各类生态环境指标的变化间接反映产业发展对生态承载力的影响。

大部分研究结果表明，产业发展给区域生态环境带来了较大的负面影响，且第一产业对生态承载力的占用比例和强度最高，第二产业次之，第三产业最低（刘建兴等，2005），产业发展优化是解决问题的重要途径。从不同产业类型的发展规律看，一般直接占用型产业与生态承载力较易产生不一致的问题，如直接利用生态系统的初级生产发展的农业、渔业、畜牧业等第一产业，直接利用自然界中的原材料进行生产的采掘业、材料工业，直接利用自然景观优势进行旅游开发活动的旅游业。已有研究表明，农业发展已造成区域水资源利用矛盾（王维平等，2008），面源污染问题也日益突出（闵继胜和孔祥智，2016），北方干旱半干旱地区的畜牧业发展造成草场退化、土地沙化、盐渍化等生态退化问题（潘庆民等，2018），渔业发展造成区域水环境质量恶化趋势加剧（崔正国等，2018）；依赖资源、资本高投入的传统工业发展模式，尤其是电子、钢铁、机械、化工等重工业发展促使区域资源环境压力倍增（金贤锋等，2009），矿产资源开发易产生地表植被破坏、区域沙漠化、水土流失、地面沉降、地下水污染、空气污染等一系列生态环境问题（陈军和成金华，2015）；旅游业等第三产业的发展对生态环境的影响相对较小，但不合理的旅游开发活动也易产生环境污染、植被破坏、生物多样性遭受威胁等突出问题（金晨和熊元斌，2016）。

然而，生态承载力在相对较长的时间尺度上具有动态性（王维等，2010），资源利用效率、产业结构优化、科学技术进步、生活方式改变等人类社会经济文化因素一定程度上能够促进生态承载力的提升（滕欣等，2016；刘佳和周长晓，2015；翁异静等，2015）。尽管如此，单纯追求物质增长的人类社会文化因素提高生态承载力是以牺牲自然资本为代价的，它在提升人类自身生态承载力的同时，也必然会加速自然资本的消耗，从而削弱自然界对人类的支持能力（张林波，2009）。

2.1.2 生态承载力与区域生态安全的关系

由于生态安全研究通常与生态承载力评价联系密切，因此有必要对二者的关系做进一步阐述。

（1）紧密关联、根本目标一致

生态承载力与区域生态安全紧密关联、二者根本目标是一致的，即都是为区域经济社会可持续发展服务。通过生态承载力评价可以初步判断区域生态承载状况（超载/临界/盈余），当某一区域生态承载力超载时，可能就会威胁区域生态安全，区域经济社会发展也将不可持续。因此可以说，生态承载力评价是开展生态安全预警的重要基础和依据，生态安全预警就是基于生态承载力和区域社会经济发展现状，采用恰当的模型对未来发展进行合理推测（张琨等，2018）。

（2）有所区别

从广义的概念定义来看，两者都是针对自然生态系统与人类社会系统间的相互作用开展研究，但研究的侧重点略有不同，实际上是对同一事物的不同表达。

生态承载力包括能力和状况两个层面内容，但更多的是站在自然的角度考虑问题，强调一种能力，即自然生态系统自身调节能力及对人类社会发展的承受能力（高吉喜，2001），或者说生态系统提供服务功能、预防生态问题、保障区域生态安全的能力（徐卫华等，2017），且这种承载能力具有客观性和有限性，它理论上不随人类社会发展变化而转移；但其承载状况是多样的，且受人类社会发展的影响较大，某一区域的生态承载力可能尚未被完全发掘利用

（盈余），也有可能被过分利用（超载），体现在结果上即是超载与否。从应用角度看，基于生态承载力约束进行经济发展调整优化、资源环境优化配置更有意义。

而生态安全更多的是站在人类的角度考虑问题，强调一种状态，即自然生态系统保持结构与功能稳定且保障人类生存与健康发展的状态，尤其是更加强调人类生存与发展的安全状态。因此可以说，生态承载力反映了自然对人类社会发展的支撑或保障能力，生态安全则反映了自然对人类社会发展的支撑或保障状态。例如，当干旱、洪涝、台风、海潮、地震、火山和泥石流等自然灾害的发生不断加剧时，将严重威胁人类经济社会的发展，表现为一种不安全状态。从应用角度看，基于生态安全评价进行未来的预测预警，以便提早谋划、调整经济社会发展方式更有意义。

2.2 生态承载力与产业一致性评价技术

2.2.1 概念界定

目前，国内外研究中尚未给出产业发展与生态承载力一致性评价的明确定义，但结合上述概念定义、相互作用关系的辨析，可以做如下阐释。

首先，根据生态承载力的概念与内涵，生态承载力的承载对象是一定强度的社会经济活动和具有一定生活水平的人口数量，而产业发展是表征社会经济活动强度的具体内容，因此简单来说，产业发展与生态承载力一致性评价实际上就是基于生态承载力的理论与方法，评价或判断某一区域自然生态系统对产业发展的支撑能力和状态。

其次，根据前面对产业发展与生态承载力的相互作用关系辨析，"一致性"可以理解为产业发展与生态承载力之间的协调程度，即要明确两者之间是否存在矛盾点，如果产业发展符合区域自然环境与资源禀赋特征，区域生态承载力能够有效支撑产业发展，且不造成严重的生态环境问题，则认为产业发展与生态承载力较为一致，反之则不一致。

因此，"一致性评价"的关键是明确产业发展与生态承载力之间的矛盾点，即产业发展的关键生态承载限制因素，进而采用一定的评价方法判断产业发展对这一生态承载限制因素的占用是否已超过生态承载能力上限。从时间尺度上看，"一致性评价"既包括现状一致性评价，判断当前产业发展与生态承载力是否一致；又包括未来一致性评价，预测未来产业发展与生态承载力是否一致，为区域生态安全预警提供数据依据。

综上可知，产业发展与生态承载力一致性评价可以定义为：以保障生态安全为前提，以区域生态承载力为约束，在识别产业发展的生态承载限制因素基础上，从产业发展的结构、布局、规模等方面，定性或定量评价当前和未来产业发展与区域生态承载力之间的协调程度，为区域生态安全预测预警提供依据。

2.2.2 评价内容

根据前述定义，产业发展与生态承载力一致性评价的内容主要包括产业结构、产业布局、产业规模一致性评价三个方面。

1）产业结构与生态承载力一致性评价。产业结构既是区域各产业之间和各产业内部的联系和比例关系，也是区域经济发展状况的整体性体现，因此这里的评价主要可分为绝对一致性评价和相对一致性评价。绝对一致性评价主要是采用生态承载力评价理论与方法，对区域生态承载力状况进行综合评价，当评价结果临界或超载则表明区域产业发展与生态承载力不一致。相对一致性评价主要是基于区域生态承载力约束，评价区域不同产业或产业内部不同行业的资源利用效率、资源能源消耗强度、污染排放强度等，将资源利用效率低、单位产值能耗高、污染排放强度大的产业或行业作为与生态承载力不一致的类型。最后在产业结构与生态承载力一致性评价的基础上，提出产业结构优化调整方案。

2）产业布局与生态承载力一致性评价。产业布局与生态承载力一致性评价是一致性评价在空间管控单元上的细化。以栅格或行政单元为最小单元，基于生态承载力理论与方法以及国家和地区有关生态环境空间管控要求，通过不同空间单元的生态承载力供需平衡分析，或者生态阈值与产业布局的空间叠加分析，从空间上识别产业发展与生态承载力的不一致区域，在此基础上提出产业布局优化调整方案。

3）产业规模与生态承载力一致性评价。产业规模与生态承载力一致性评价是基于生态承载力约束，定量评价区域不同产业或行业的最大适宜发展规模上限，当实际产业发展规模超过最大发展规模上限时，即不一致，据此提出产业规模调整建议。其中，农林牧渔业等第一产业发展规模一致性评价相对容易，一般可采用生态系统净初级生产力法，通过评价生态系统的最大净生产能力，量化某区域粮食生产、牲畜养殖、放牧、渔业养殖等产业规模上限。随着经济全球化趋势的加剧，工业等第二产业的发展对自然生态系统的依赖性逐渐降低，第二产业发展规模一致性评价较难，可基于生态承载力约束，通过产业发展的资源利用效率、污染排放强度等指标，反推其最大发展规模。第三产业中，旅游业对生态承载力有直接占有，主要基于旅游承载力评价方法，评价某旅游区一定时间内的最大可承载游客数量。

2.2.3 一致性评价技术框架

综上可知，基于供体–受体的产业发展与生态承载力一致性评价技术框架，主要分为作为受体的产业层、作为供体的承载力层、供体和受体交互作用的优化建议层三方面，其技术框架如图 2-2 所示。

1）产业层。该部分主要是对区域产业发展现状与趋势进行评价，具体包括区域产业总体发展情况、产业布局、产业结构、产业生态效率等，重点是找到区域产业发展与生态承载力之间已有和潜在矛盾点，即识别产业发展的关键生态承载限制因素；在此基础上量化产业发展对生态承载力的占用情况或未来需求，如产业发展造成的资源消耗量、污染排放量、生态占用量及其未来需求和压力等。

2）承载力层。承载力层也可称为"一致性层"，该部分主要是对区域生态承载力进行评价，既包括生态承载能力评价，又包括生态承载状况评价，实际上就是产业发展与生态承载力一致性评价。对于生态环境多因素限制型区域，可采用生态足迹模型、综合指标体系评价法进行一致性判断；对于资源或环境单因素限制型区域，可采用供需平衡法，分别计算资源消耗量与供给量、污染排放量与环境容量的差值，或计算承压度指数进行一致性判断；对于生态系统单因素限制型区域，可采用净初级生产力法、生态阈值法等方法进行一致性评价。通过上述评价，科学判断区域产业发展对生态承载力的占用情况以及生态环境最大承载能力，为下一步产业发展优化提供数据基础。

3）优化建议层。该部分主要结合上述评价结果，通过一定的模型或方法进行产业发展优化方案研究，提出产业发展优化政策建议。其中，基于生态承载力的产业结构优化，重点采用灰色系统预测模型、多目标线性规划模型、系

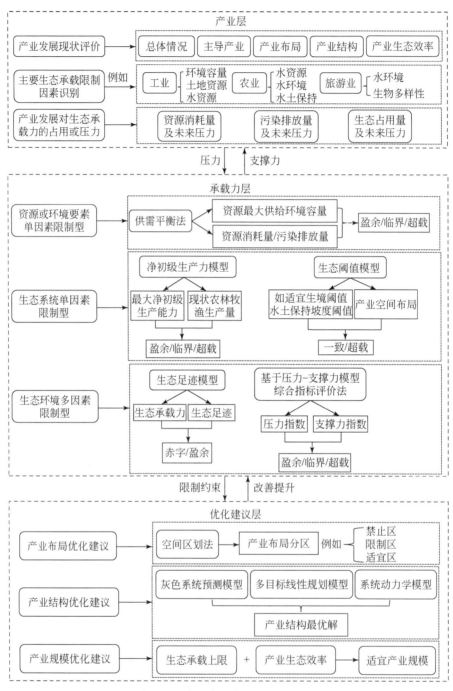

图 2-2　产业发展与生态承载力一致性评价技术框架

统动力学模型等，寻找在既不超过当前生态承载力上限，又能满足一定的产业、经济、社会发展目标的情况下产业结构的最优解；基于生态承载力的产业布局优化，主要结合承载力层评价结果，采用空间区划等方法提出产业优化布局分区；基于生态承载力的产业规模上限研究，重点采用净初级生产力模型法、生态阈值模型法等确定的生态承载力上限，以及未来产业生态效率预测等倒逼方式，计算主导产业生产规模上限。

2.2.4 具体技术方法

目前，国内外生态承载力评价的技术方法主要有植被净第一性生产力法、生态足迹法、供需平衡法、综合指标评价法、系统模型法等，下面主要对上述方法进行简单介绍，重点阐述在产业发展与生态承载力一致性评价方面的适用性。

（1）植被净第一性生产力法

生态承载力受众多因素和条件制约，直接模拟计算十分困难。但特定区域内第一性生产者的生产能力通常在一个中心位置上下波动，当与背景（或本底）数据进行比较时，偏离中心位置的某一数值可视为生态承载力的阈值，而这种偏离一般是由于受内外干扰作用影响，使某一种生态系统演变为另一等级的生态系统，如由绿洲退化为荒漠。因此，可通过对自然植被净第一性生产力的估测确定某区域生态承载力的指示值。通过实测，判定现状生态环境质量偏离本底数据的程度，以此作为自然生态承载力的阈值，并据此确定区域的开发类型和强度（王家骥等，2000）。

植被净第一性生产力是评价生态系统结构与功能特征的重要指标，能够反映某一自然生态系统受外部干扰后的恢复能力。通常采用模型进行估测，按计算机理主要分为气候统计模型、过程模型和光能利用率模型三类。以植被净第一性生产力为基础，通过比较实测值与模拟值，可以判断生态系统的稳定状况及所处的演化阶段。例如，王家骥等（2000）以黑河流域为例，采用气候统计模型计算流域自然植被净第一性生产力，并结合沙漠化程度的生态学特征值进行生态阈值分级，揭示流域荒漠化演进趋势，据此进行生态功能区划分。

该方法主要从生态系统自身状况的角度来揭示生态系统的调节能力以及人类活动对生态系统的影响、生态系统与人类活动的协调状况，是间接反映自然生态系统承载能力的指标，通常比较适用于农牧业、渔业发展的承载力评价。主要局限性在于：①缺少对人类主观能动性及资源环境利用效率的考虑；②由于侧重生态系统整体生产能力，难以反映珍稀濒危动植物抵御外界干扰的能力；③对第二、第三产业等间接占用型产业发展的承载能力评价较难。

（2）生态足迹法

生态足迹（ecological footprint，EF）主要以具有等价生产力的生物生产性土地面积作为衡量指标，定量评价人类经济社会活动的负荷和自然生态系统的承载能力。最初由加拿大生态经济学家 William Rees 提出，后由其博士生 Wackernagel 加以完善（Wackernagel and Rees，1996，1997），是一种基于生物物理量的度量方法。任何已知人口（一个人、一个城市或一个国家）的生态足迹，就是因生产所消费的资源与服务，以及处理废弃物而占用的生物生产性土地或水域的总面积。由于它将自然生态系统的供给能力和人类对生态系统服务的占用情况用相同的度量指标即土地面积加以测算，能较为直观、简便地反映区域生态承载状况，因此自提出以来广泛应用于衡量国家和区域可持续发展问题。

随着研究的不断深化完善，在传统生态足迹基础上又衍生出了产业生态足迹方法（罗晓梅和黄鲁成，2015），如农业足迹（毕安平等，2010）、旅游业足迹（Lin et al.，2018）、养殖业足迹（舒畅和乔娟，2016）、工业足迹（崔维军等，2010）等，其主要思路是在传统评价方法基础上，依据生命周期理论，对不同类型产业或单一产业发展过程中的资源、能源消费情况进行分解细化，以揭示不同产业或产业发展的不同阶段对生态承载力的占用情况。

该方法较为直观简单，能够评估自然生态系统与人类之间的供需关系，比较适用于大尺度区域生态承载力整体评价，但也存在一些不足和局限：①只对资源层面消耗进行计量，缺乏对生态系统净化功能及土地多功能性的度量（向芸芸和蒙吉军，2012）；②属于静态评价模型，不能反映人类活动方式改变、产业结构调整等进步因素的影响（顾康康，2012），其未来动态预测较难；③因子之间关系过于简单，无法体现不同资源要素间的相互作用。

（3）供需平衡法

区域生态承载力体现一定时期、一定空间的生态系统，对区域社会经济发展和人类各种需求（生存需求、发展需求和享乐需求）在资源数量与生态环境质量方面的满足程度（王中根和夏军，1999）。因此，可用区域现有的各种资源量与当前发展模式下社会经济发展对资源需求量之间的差量关系，以及区域现有的生态环境质量与当前人民所需求的生态环境质量之间的差量关系来衡量。若差值大于0，则表明区域生态承载力处于临界状态；差值小于0，表明区域生态承载力超载（高吉喜，2015）。例如，王中根和夏军（1999）最初提出了供需平衡法并在西北干旱区流域进行了应用；覃玲玲和周兴（2011）用该方法对贵港市水资源承载力、环境容量进行了评价，并提出产业发展优化对策建议。

该方法简明、易懂、操作性强，跳出了从自然生态系统自身分析承载力的思路，开始关注生态环境系统的自身状况（如资源短缺、生态环境质量下降）与人类对生态环境系统的需求之间的相互关系，较适用于资源子系统、环境子系统的承载力评价。不足之处是：①量化人类对生态环境的需求较难，目前只能根据人口变化曲线预测未来人口数，然后分别计算其需求量，判断该值是否在区域承载力范围之内，但不能计算出未来年份确切的承载力值；②由于比较关注资源、环境系统的供容能力，其最大缺点就是忽视了生态系统的弹性力；③多用于区域整体评价，在应用于产业发展的承载力评价时，还需进一步明确不同产业对资源的需求量及对环境容量的占用。

（4）综合指标评价法

综合指标评价法应用比较广泛，它的基本思路是通过分层次构建指标体系，并采用一定方法对各层次指标值进行加权综合，最终得到目标层的综合承载力指数和压力度指数（高吉喜，2001），进而计算承压度指数（压力度指数与承载力指数的比值），以反映产业发展与生态承载力是否一致，即是否超载。当承压度指数大于1时则判断超载，当承压度指数等于1时为临界，当承压度指数小于1时，还可根据一定的评价标准进行承载压力分级。

指标体系的构建主要基于可持续发展理论，从生态弹性力、资源承载力、环境承载力、承载压力度等方面进行构建（高吉喜，2001）；或基于"驱动力–压力–状态–影响–响应（DPSIR）"（沈鹏等，2015）、"压力–支撑力"（何雄伟，2015）等概念框架进行构建；或引入欧式几何原理中三维状态空间轴的概念，从承压、压力、区际交流等方面构建（毛汉英和余丹林，2001；狄乾斌等，2016）。最后采用一定方法确定指标权重，加权计算生态承载力综合指数，指标赋权方法主要有德尔菲法、层次分析法、熵值法、遗传算法等。

该方法考虑因素较为全面，既包含了生态承载力的支撑部分，又包含了人类压力部分，适用于人类复合生态系统的承载力整体评价，但由于指标项涵盖资源、环境、经济社会的各个方面，因而也存在以下不足：①所需数据资料较多，数据可获得性成为计算结果准确与否的关键；②指标参比值或者理想值、指标分级标准的主观性较强，且计算结果是相对量，难以真实反映生态系统的真实承载上限；③由于多用于对区域整体生态承载力评价，因而较难准确评价不同产业或行业对生态承载力的占用情况。

（5）系统模型法

数理模型是模拟和预测区域生态承载力状况的常用方法。它通过建立一系列数理模型反映区域产业发展与生态承载力之间的相互作用关系，提高研究的定量化水平，近年来受到更多关注，较为常用的有系统动力学模型、多目标优化模型等。

其中，系统动力学模型主要以因果关系为基础，建立区域产业与生态承载力之间的因果反馈机制，通过模型仿真模拟得出基于生态承载力的产业发展优化方案，但模型往往比较复杂、参数较多、存在许多不确定性因素。例如，鲍超和方创琳（2006）以黑河（干流）流域为例，建立了内陆河流域用水结构与产业结构双向优化仿真模型；翁异静等（2015）采用系统动力学模型设计了提升赣江流域水生态承载力的综合方案。

多目标优化模型主要基于多目标规划理论，建立基于生态承载力的区域产业发展调控模型，其中，目标函数主要考虑区域经济总产值最大化、资源利用量和污染排放量最小化等，约束条件主要统筹考虑资源、环境及经济社会发展规划目标，最后通过模型求解得到区域产业发展优化方案，寻找产业与生态承载力的平衡点。例如，曾琳等（2013）综合考虑经济效益最大化、资源利用最小化、污染物排放最小化等多个目标，构建了资源环境承载力约束下的区域产业发展调控模型，对云贵地区重点产业发展提出了调控对策。

总体来看，系统模型法能够实现较大时间尺度生态承载力与产业发展之间的仿真动态模拟与预测，因而在产业发展与生态承载力评价优化方面具有较好的应用前景。其主要缺点和难点是模型较为复杂、所需数据参数量大，系统因果反馈关系建立难，同时也缺乏产业发展对生态承载力占用和超载状况的定量判断。

（6）小结

因研究区不同，上述方法的适用性也存在差异：①植被净第一性生产力法是间接反映自然生态系统承载能力的重要指标，比较适用于农牧业、渔业发展的承载力评价。②生态足迹法较为简单直观，能够定量化不同产业或行业对生态承载力的占用情况，但缺乏对生态系统净化及土地多功能性度量。③供需平衡法简明易懂，适用于产业发展与资源、环境承载力一致性评价，但忽视了生态弹性力评价，产业发展对资源、环境的需求量化也较难。④综合指标评价法比较适用于产业发展与生态承载力综合评价，但无法量化产业对生态承载力的占用情况。⑤系统模型法适用于产业发展与生态承载力动态模拟预测研究，但模型复杂、所需数据量大，因果反馈关系建立难。除了上述五种方法外，还有学者将生态功能区划与生态承载力评价结合，从空间上划分生态承载力的约束情况，进行产业布局优化分区（覃玲玲和周兴，2011；王维等，2010）；生态系统服务供给–需求研究（马琳等，2017）也可以作为生态弹性力评价的重要方法。

2.3 产业发展对生态安全影响预警技术

2.3.1 预警技术框架

产业发展对区域生态环境造成的负面影响已毋庸置疑，通常直接占用型产业，如农业、渔业、畜牧业、采掘业、材料工业等，在实际发展过程中容易造成环境污染、生态系统退化等各类生态环境问题（牟雪洁等，2020）。从概念定义来看，生态安全预警本质上是解决各类生态环境问题，并减少这些问题对人类生存发展造成的威胁。因此，本书尝试从不同产业发展造成的各类生态环境问题出发，寻找预警的关键性指标，并结合已有预警思路和方法，提出产业发展对生态安全影响的预警技术框架，如图 2-3 所示。其基本思路如下。

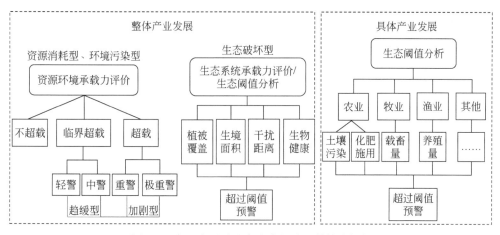

图 2-3 产业发展对生态安全影响预警技术框架

首先，针对区域整体产业发展的生态安全影响预警，应与承载力评价结果进行有机衔接，同时结合不同区域发展定位及突出生态环境问题，选择适当的承载力评价及预测方法。针对资源消耗型（资源开发区）、环境污染型（城镇地区、农产品主产区）区域，参考樊杰等（2017）的资源环境承载力预警思路，重点在资源环境承载力评价基础上，结合区域现状超载状况和未来动态预测，针对超载区域进行分级预警，将超载且恶化加剧区定义为极重警，将超载且恶化趋缓区定义为重警，将临界超载且恶化加剧的区域定义为中警，将临界超载且恶化趋缓的区域定义为轻警。针对生态破坏型（重点生态功能区、农产品主产区）区域重点在生态系统承载力评价或生态阈值分析基础上，建立适宜的预警标准进行动态预警，如维持自然恢复能力、水土保持功能、防风固沙功能、生物多样性维护功能等不退化的关键生态阈值，包括一定的植被覆盖度、栖息地面积、干扰距离，以及指示生物健康阈值等。

其次，针对直接占用型产业发展的生态安全影响预警，可重点开展生态阈值研究，找到产业发展造成各类生态破坏、环境污染等的关键阈值范围，进而采用这些阈值标准进行动态预警。例如，农业发展过程中土壤污染阈值、化肥施用量阈值，畜牧业发展过程中的载畜量阈值，渔业发展过程中的养殖量阈值，等等。

受现有技术水平所限，目前的预警主要是针对各类生态环境问题开展，从概念定义角度出发，预警的主要目的是减少生态环境问题对人类生存与健康发展造成的威胁，因此未来还需深入开展产业发展–生态环境问题–人体健康之间的影响与响应机制分析，提出基于人体健康角度的生态安全预警技术方法。

2.3.2 具体技术方法

生态安全预警的模型方法较多，归纳起来主要以综合指标评价法为主，也有研究提出基于生态承载力评价、景观生态格局法、指示物种法等进行预警。生态安全预警的关键是确定生态阈值，近年来，随着生态阈值理论研究的不断深化，基于生态阈值研究开展预警分析也得到广泛关注，是未来生态安全预警的重点和难点。因此这里主要对上述研究思路与方法进行总结分析，并探讨其适用性。

（1）综合指标评价法

该方法应是目前应用最广泛的预警方法之一，通常采用综合指标体系构建和数学模型模拟预测相结合的方式进行；从研究对象来看，主要涉及林业、农牧业、渔业、工业和城市等各类发展区域，以及具有重要生态功能的区域。其基本思路为：①基于"压力–状态–响应"（PSR）、"自然–经济–社会"、"状态–胁迫–免疫"（SDI）等概念模型构建综合预警评价指标体系（余文波，2017）；②采用层次分析法、熵权法、特尔斐法、变权法等确定指标权重（赵宏波和马延吉，2014）；③按照一定原则确定各项指标的阈值、标准值或参照值，这是预警最为关键的一步，确定原则通常包括国际公认或国家、行业和地方标准、背景和本底标准、类比标准、文献研究等（沈渭寿等，2010；邓楠，2018）；④最后进行生态安全评价及预警分析。通常采用层次分析法、灰色关联法（朱玉林等，2017）、模糊综合评价法、物元分析（赵宏波和马延吉，2014）、可拓分析（王治和等，2017）等各类数学模型进行综合指数计算，采用灰色预测模型（赵宏波和马延吉，2014）、神经网络模型（邓楠，2018）、系统动力学模型（陈妮等，2018）等进行未来预测预警分析，通常将预警等级划分为无警（绿色）、轻警（蓝色）、中警（黄色）、重警（橙色）、巨警（红色）（余文波，2017；樊杰等，2017；赵宏波和马延吉，2014）。此外，也有研究在构建预警指标体系、确定指标阈值后，未进行指数综合，而是采取单项指标进行预警（谢莹和张明祥，2014）。

该方法较适用于对区域生态安全状况的整体预警分析，并可结合区域实际情况，选取不同的指标体系和数学方法灵活运用，有较强的可操作性。但其主要缺点是，评价及预警结果通常过于综合、概括，针对区域可持续发展提出的政策建议也过于宏观，在实践中指导意义不强；此外，预警的关键环节即指标阈值的确定过程较为简单、主观，未充分考虑自然生态系统的过程与演变机理。

（2）景观生态格局法

景观生态格局法主要基于景观生态学原理，从生态系统格局与结构出发，进行生态安全评价及预警分析。通过建立反映物种空间运动趋势阻力面来判断生物物种的空间安全格局（沈渭寿等，2010），这一阻力面可用最小累积阻力模型构建，见式（2-1）：

$$\text{MCR} = f_{\min} \sum_{j=n}^{i=m} (D_{ij} \times R_i) \tag{2-1}$$

式中，MCR 为最小累积阻力值；f 为最小累积阻力与生态过程的正相关关系；D_{ij} 为物种从源 j 出发到达景观单元 i 的空间距离；R_i 为景观单元 i 对某物种运动的阻力系数。

该方法的基本思路是，选取生态功能较强的景观类型作为生态安全格局的核心"源地"，结合区域本底特征和已有文献资料赋予不同景观要素阻力系数，利用 GIS 的空间分析工具计算景观生态阻力面和综合最小累积（费用）阻力面，最后采用一定的分级标准进行生态预警。例如，王让虎等（2014）基于最小累积阻力模型构建了东北农牧交错带景观生态安全格局，并结合已有研究成果，对超过"低线安全格局"的生态核心区缓冲带、生态严重退化区和阻力极高区分别进行预警。

从景观生态格局法的基本原理看，该方法将生态结构作为生态安全研究的切入点，突出生态系统格局、结构对生物物种的影响，因此较适用于人类活动对生物多样性影响预警分析，与产业发展进行直接关联的研究较少。其难点之处是不同物种在不同景观单元中穿越时的实际阻力值确定；不足之处是对不同景观阻力系数的分级赋值仍存在较强的主观性，且预警结果通常与景观类型高度相关，不能对真实、突出的生态问题做出预警。

（3）指示物种法

指示物种法常用于水生态安全预警，主要是在长期生态监测基础上，筛选出对生态环境退化较为敏感的指示物种作为预警候选物种；建立包括指示物种数量、群落结构、个体生理指标等描述水生态系统健康的综合评价指标，通过敏感指示物种综合评价结果，参照国际公认的清洁水体底栖动物指示生物，即 EPT（Ephemeroptera，Phecoptera，Trichoptera）物种及其耐污值，确定各断面的生态预警指示物种；最后按照警情的紧急程度、发展势态和可能造成的危害程度划分预警等级，一般指示生物预警以物种连续消失 2 年为警报（阈值）。例如，李中宇等（2017）通过分析底栖动物物种的种类、出现的频次、物种污染敏感性（耐污值），尝试提出松花江干流以底栖动物为指示生物的水生态预警模式。

指示物种法是从水生态系统健康出发，在对水生生物进行长期监测的基础上进行预警，能够较好地反映出环境污染对生物产生的综合效应，尤其是可以反映小剂量、长期作用产生的慢性毒性效应，目前已在国际国内水生态预警中广泛应用，不足之处是缺少与产业发展的直接关联性分析。预警的最基础工作是开展长期生态本底调查和监测，建立特定区域、流域水生生物多样性本底数据库，同时要研究污染物对水生生物的毒理效应，进而为预警奠定数据与理论基础。

（4）生态承载力评价关联

生态承载力评价与生态安全研究联系密切，因此目前也有在区域生态承载力评价基础上进行预警的理论与案例的研究（樊杰等，2017；徐卫华等，2017），即将生态承载力预警等同于生态安全预警。例如，樊杰等（2017）提出，在资源环境承载能力监测评价的基础上，结合各项评价指标的超载状况进行预警。其中，评价指标阈值主要对标理论值、国家质量标准值、国家管理控制量、历史时期变化幅度或速率等的偏离程度进行确定，各项指标评价结果分为 3 级，分别对应超载、临界超载和不超载；采取"短板效应"原理，将评价结果中任意一个指标超载、两个及以上指标临界超载的组合确定为超载类型，将任意一个指标临界超载的确定为临界超载类型，其余为不超载；针对超载类型开展过程评价，根据资源环境耗损加剧与趋缓程度，将超载区分为红色和橙色两个预警等级，将临界超载区分为黄色和蓝色两个预警等级。

徐卫华等（2017）重点从生态系统承载力角度出发，提出了基于生态系统服务功能、生态退化的预警技术方法，并在京津冀地区开展了案例研究。其中，基于生态系统服务功能的预警指标包括水土流失指数、土地沙化指数、水源涵养功能指数、自然栖息地质量指数，指数阈值参照国家、行业标准或未退化生态系统指数值等确定。基于生态退化的预警主要采用已产生生态损害的土地面积比例作为预警指标，如水土流失、土地沙化、石漠化等，指标分级标准参照部门调查结果、行业标准、区域生态环境问题特征等综合确定。最后进行指数评价分级预警。

上述预警思路与方法通常更适用于区域整体生态安全预警，由于有效衔接了已有的生态承载力评价理论与模型方法，可以避免生态承载力评价与生态安全评价相互"割裂"的局面。不足之处是，部分指标阈值及预警标准的确定仍难以跳出主观性可能带来的弊端，不能很好地体现自然生态系统过程与机理。

（5）生态阈值分析

预警的理论基础是可持续发展的增长极限理论，其中"极限"可以认为是承载能力的超载阈值（樊杰等，2017）。生态安全预警的关键就是确定生态（安全）阈值，不管采取何种模型方法，只要明确各项指标的关键阈值或上限，就可以更准确地进行预警。

生态阈值来源于 Holling（1973）提出的生态系统多个稳态理论，最初定义为生态系统不同稳态之间变化的边界（May，1977；Friedel，1991；李代魁等，2020）。随后的研究发现，生态系统的非线性变化会对驱动力的微小变化做出剧烈响应，生态阈值所指对象从稳态的边界扩展到任何造成系统突变的驱动因素（李代魁等，2020）。通常，按胁迫因子类型可将生态阈值分为生态系统自身要素阈值、气候变化胁迫阈值、人类活动胁迫阈值、生源要素胁迫阈值及多源要素胁迫阈值等（王世金和魏彦强，2017）。这里重点对城市化、产业发展等人类活动胁迫阈值研究进行梳理总结，按照跨越阈值后产生的主要生态环境问题，分为生态退化阈值和环境污染阈值两大类。产业发展是人类活动的典型代表因子，因此也重点对农业、牧业、养殖业等不同产业发展的胁迫阈值研究进行总结（表2-1）。

表 2-1　与产业发展等人类活动相关的生态安全阈值研究案例

人类胁迫	阈值类型	指标阈值	阈值描述	案例区
农业	环境污染	土壤有效磷	土壤有效磷超过 55mg/kg，土壤水溶性磷和磷的释放潜力迅速增强	浙江省茶叶主产区（李艾芬等，2014）
		土壤重金属	推导了能够保护95%物种的土壤铜和镍的生态阈值，提出基于外源添加铜、镍的预测无效应浓度量化表达式	中国（王小犊，2012）
			建议将中性或碱性水稻土镉的临界浓度暂定为 10mg/L，作为达到食品卫生标准的安全浓度阈值	中性和碱性土壤盆栽实验（何宗兰等，1990）
			符合叶菜类卫生标准的土壤镉污染建议阈值分别为 0.3mg/kg（pH<6.5）、0.8 mg/kg（pH 为 6.5～7.5）	中国20 种典型土壤盆栽实验（王小蒙等，2016）
		施肥量	施磷量大于 330.9kg/hm² 时，磷素淋湿风险较高	新疆阿克苏地区（张世民等，2016）
			施氮量超过 220.99kg/hm² 时，存在环境安全风险	浙江嘉兴（唐良梁，2015）
牧业	生态退化	载畜量	夏草场平地的适宜载畜量为 1.14～1.33 头/hm² 牦牛	四川西北红原草地（刘焘等，2014）
			枯草期、返青期、青草期、枯黄期的最适宜载畜量分别为 2.36 羊单位/hm²、8.67 羊单位/hm²、23.49 羊单位/hm²、23.18 羊单位/hm²	青海省三江源区河南蒙古族自治县（杜雪燕等，2015）
		鼠害	当鼠害密度大于 172 个标准鼠单位/hm² 时，牧草产量和经济损失显著	内蒙古锡林郭勒（李燕妮等，2018）
渔业	—	养殖面积	渤黄海、东海和南海海区的鱼类适宜养殖面积分别为 19.98 万 km²、76.29 万 km²、81.69 万 km²，双壳类适宜养殖面积分别约为 3.02 万 km²、4.17 万 km²、2.03 万 km²	中国深远海（侯娟等，2020）

人类胁迫	阈值类型	指标阈值	阈值描述	案例区
城市化	生态退化	斑块大小	城市建成区对原生植物具有显著的阈值效应,在亚热带山区特大城市,其临界阈值为 52.94% ~ 57.54%	重庆市(Wang et al., 2020)
全部人类活动	环境污染	污染物浓度	总氮(TN)高于 1.298mg/L 或总磷(TP)高于 0.065mg/L,附石硅藻耐受种明显减少,群落组成发生显著变化	三峡入库支流(汤婷等,2016)
			总磷在 70 ~ 100μg/L 时湖泊从清水状态向浊水状态转换;总磷在 20 ~ 30μg/L 时湖泊从浊水状态向清水状态转换	长江流域 46 个中小湖泊(王海军,2007)
			总磷大于 61μg/L,从草型状态转换为草-藻中间状态;大于 115μg/L,从草-藻中间状态转换为藻型状态	滆湖大洪港(陶花等,2012)
			甲基汞水生生态系统安全阈值为 1.22ng/L	淡水水域(张娟等,2015)
			总氮和总磷分别超过 1.409mg/mL 和 0.033 ~ 0.035mg/mL 时,导致大型底栖无脊椎动物群落结构严重退化	西苕溪上游流域(吴东浩等,2010)
	生态退化	斑块距离	森林斑块间的距离大于 750m 时,无法满足物种迁移扩散需求	河南巩义(陈杰等,2012)
			400 ~ 800m 是研究黑河中游物种扩散、景观生态安全评价、生态环境保护的适宜距离阈值范围	黑河中游(蒙吉军等,2016)
		植被覆盖度	坡度为 20°、25°、30°、35° 时,林地植被覆盖度分别大于 57.2%、64.5%、70.4%、75.5% 时,才能有效抵抗 10 年一遇暴雨并发挥水土保持作用(土壤侵蚀模数小于 2t/hm²)	黄土高原(焦菊英等,2000)
			草地植被覆盖度 60% ~ 80% 时,草地削减土壤侵蚀的作用比较稳定	甘肃庆阳南小河流域(刘斌等,2008),宁夏固原(朱冰冰等,2010)
			当小于 31% 时,沙地防风固沙功能较差	内蒙古浑善达克地区(贺晶,2014)
			当低于 20% 时,生态系统不能自然恢复	福建红壤(马华等,2015)
			当下降到 10% ~ 30% 时,会发生物种不呈比例的消失,30% 就是生境破坏的底线阈值	全球(Lindenmayer et al., 2005;Radford et al., 2005)
		人口密度	当人口密度超过 400 人/km² 时,老虎在 50 年内的局部灭绝概率超过 60%	中国(Qi et al., 2019)

　　面向城市化、人类活动影响的阈值分析具有宏观性、间接性，如污染物阈值、斑块距离阈值、人口密度阈值、植被覆盖度阈值等。由于农业、牧业、渔业等第一产业为直接占用自然生态系统进行生产活动，因此针对上述产业发展的生态阈值研究较多，其中农业影响阈值主要涉及环境污染问题，如重金属污染、化肥施用量等；牧业主要涉及生态退化问题，如载畜量、鼠害等；渔业则主要关注可承载的最大养殖面积。

第3章 | 生态型城镇地区应用示范研究

3.1 研究区概况

3.1.1 青浦区自然地理概况

青浦区为中国上海市市辖区，位于上海市西部，太湖下游，黄浦江上游。东与闵行区毗邻，南与松江区、金山区及浙江省嘉兴市嘉善县接壤，西与江苏省苏州市吴江区、昆山市相连，北与嘉定区相接。位于东经$120°53′\sim121°17′$，北纬$30°59′\sim31°16′$。

青浦区总面积676km^2，占上海市总面积的1/10。其中，水面面积为124.49km^2，水面面积占全区土地总面积为18.6%。境内辖有上海市最大的淡水湖泊淀山湖。淀山湖跨青浦区和昆山市，面积约62km^2，其中在青浦境内46.7km^2，约占75.3%。青浦区地形东西两翼宽阔，中心区域狭长，犹如展翅彩蝶。青浦区东西两部构成的不同地貌，土壤母质类型多样，经过人为耕作熟化和自然成土作用，形成沼潜型水稻土等5个土壤亚类、青泥土等16种土种。青浦区属平原地貌，境内地势平坦，海拔高度为2.8~3.5m，中部和南部为低洼腹地，西部淀山湖地区和北部吴淞江两岸地势较高。

青浦区地表水资源丰富，水系发达，河网纵横交错，西部湖荡群集。按常年平均量测算，全区地表水年流量1.5亿m^3，上游客水68.6亿m^3，潮水46.5亿m^3，全年拥有水总量为116.6亿m^3，人均拥有水量2.65万m^3，比全国人均高出10多倍。全年用水仅占总水量的5%左右。青浦区现有耕地面积29 078.3hm^2，适宜种植稻、麦、蔬菜和水生作物等。水产资源丰富，可养鱼水面超过1.1万hm^2，养殖鱼类达59种，有青、草、鳜、鳊、鲤、鲫、银鱼、鳗、鳝等鱼类；有软壳爬行类甲鱼、河蟹、河虾等珍贵水产。

青浦地处长江三角洲，属北亚热带季风气候，常年主导风为东南风，温和湿润，四季分明，日照充足，雨水充沛，无霜期长。区年平均气温 17.4℃，极端最高气温 39.4℃，极端最低气温-7.7℃。年降水量 1461.7mm。全年日照时数 1642.8h。年平均相对湿度 82%，年平均气压 1015.4hpa，年平均风速 3.0m/s，高潮平均水位 2.71m，低潮平均水位 2.58 m。

3.1.2 青浦区社会发展概况

青浦区全区共有 3 个街道、8 个镇，分别是夏阳街道、盈浦街道、香花桥街道、赵巷镇、徐泾镇、华新镇、重固镇、白鹤镇、朱家角镇、练塘镇、金泽镇。2018 年末青浦区常住人口 121.9 万人，其中外来常住人口 71.27 万人。2018 年，青浦区人口密度为 1823 人/km² (表3-1)。全区中，盈浦街道人口密度最大，达到 7563 人/km²；夏阳街道、徐泾镇、华新镇为 4000 人/km² 左右；朱家角镇、练塘镇、金泽镇人口密度最低，分别为 667 人/km²、611 人/km²、440 人/km²。

表 3-1 2018 年末分镇土地面积、人口及人口密度

镇（街道）	土地面积（km²）	2018 年末常住总人口	常住户籍人口	常住外省市人口	人口密度（人/km²）
全区	668.52	1 219 000	506 300	712 700	1 823
夏阳街道	35.93	135 912	92 437	43 475	3 783
盈浦街道	16.13	121 990	86 286	35 704	7 563
香花桥街道	67.95	100 156	23 782	76 374	1 474
赵巷镇	40.44	130 495	47 164	83 331	3 227
徐泾镇	38.54	182 545	48 151	134 394	4 737
华新镇	47.61	197 461	44 291	153 171	4 147
重固镇	24.02	62 135	15 358	46 776	2 587
白鹤镇	58.74	91 911	32 215	59 696	1 565
朱家角镇	136.85	91 309	46 601	44 708	667
练塘镇	93.89	57 330	35 711	21 619	611
金泽镇	108.42	47 756	34 304	13 452	440

3.1.3 青浦区经济发展情况

2018 年，青浦区全年实现生产总值 1074.3 亿元，其中第一产业 8.2 亿元，

第二产业 468.7 亿元，第三产业 597.5 亿元。如图 3-1 和图 3-2 所示，三次产业结构比为 0.8∶43.6∶55.6。按照常住人口计算，青浦区人均生产总值为 88 130 元/人，比上年增长 5.3%。从历史发展趋势看，青浦区经济一直维持着

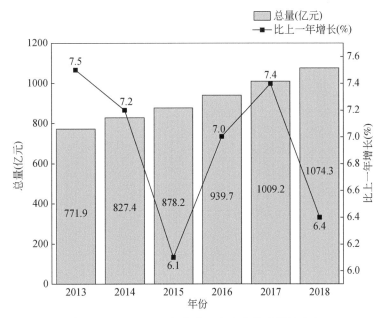

图 3-1 2013~2018 年青浦区生产总值及增长速度

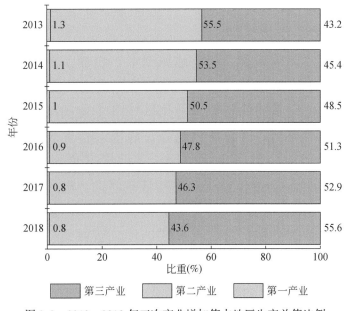

图 3-2 2013~2018 年三次产业增加值占地区生产总值比例

较为稳定的增长，年均增速维持在6%以上，产业结构逐步调整，第一产业比例呈现逐步减少的趋势，2017年以来基本维持在0.8%左右，第二产业比例减少趋势明显，从2013年的55.5%，减少到2018年的43.6%，第三产业比例从2013年的43.2%逐步增长到2018年的55.6%。

青浦区2018年实现工业增加值432.2亿元，比上年下降0.5%。规模工业总产值1537.3亿元，下降2.0%。主营业务收入1698.2亿元，下降0.3%，实现利润总额85.0亿元，下降23.4%。

各工业园区（青浦工业园区、三个绿色工业园区和五个产业区块）规模工业产值1323.0亿元，占全区规模工业产值比例86.1%，其中青浦工业园区984.0亿元，占全区规模工业产值比例64.0%。汽车制造业等前十大行业完成规模产值1173.4亿元，占全区规模工业产值比例76.3%。战略性新兴产业（制造业部分）企业159户，完成产值417.0亿元，占全区规模工业产值比例27.1%；其中，新一代信息技术完成产值50.7亿元，高端装备、生物医药、节能环保和新能源产业分别完成产值119.2亿元、43.9亿元、24.7亿元和20.4亿元。

全区规模工业综合能源消费量80.0万tce，为控制量的87.9%，低于全年控制总量11.0万tce，比2017年下降8.4%；产值能耗0.0548tce/万元，下降6.5%。五大高载能行业综合能耗9.75万tce，下降8.2%，占全区规模工业企业能耗的12.2%，下降0.1个百分点；产值能耗下降7.0%，降幅超全区规模工业平均水平0.5个百分点。

青浦区产业载体资源丰富，产业地域聚集。青浦工业园区、张江青浦园区、出口加工区和朱家角镇四地区集聚全区新兴产业产值比例高达70%。适应经济发展新常态，明确功能定位，强化区域各企业间横向联合，形成产业配套齐备、创新优势突出、区域特色明显、规模效益显著的创新集群。青浦区内同一产业已经形成一定的空间集中，工业园区内已经形成特色产业基地，如在青浦工业园区内的精密机械及汽车零部件、电子信息、新材料、印刷传媒；在张江高新区青浦园内的先进重大装备、新材料、生物医药；青浦区出口加工区内的精密机械装备、汽车零部件、新材料、电子信息等，这些产业都已有一定规模，且都有相当数量的龙头企业，产业集聚效应初步显现（图3-3）。

青浦区在材料、智能电网、卫星导航、再制造、供应链管理与服务等多个行业具有明显的优势，在这些相关领域，青浦区拥有在行业内有影响力的企业。同时，充分挖掘新材料、生物医药、电子信息等优势产业潜能，以产业基地和功能平台为载体，以骨干龙头企业为依托，盘活存量资源，实施创新驱动战略，加大政策扶持力度，提升企业品质和产业价值。在软件和信息服务业等战略性新兴产业方面，着力发展移动物联网增值服务、云计算、电子商务等产业领域。

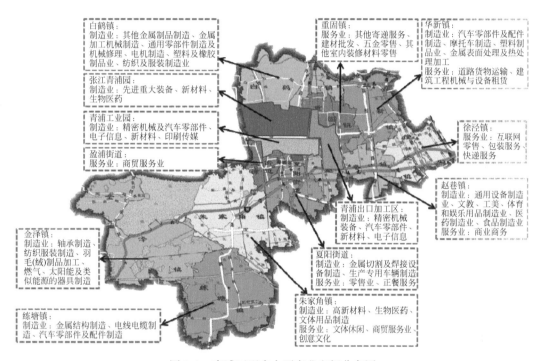

图 3-3　青浦区现有主要产业空间分布图

青浦区逐步由工业化路径向现代服务与先进制造双轮驱动转型：更加强调"服务引领"，至 2035 年，产业结构形成"三二一"的发展格局；更加强调"创新引领"，全社会研究与试验发展经费支出占地区生产总值的比例达到5.5% 以上，战略性新兴产业增加值占全区地区生产总值比例达到25%。预计第三产业增加值占地区生产总值比例达60%左右，战略性新兴产业产值占规模以上工业总产值比例达35%左右。新旧动能加快转换，特色优势进一步彰显，经济发展质量效益不断提高。创新创业环境进一步优化，创新创业资源加快集聚。

以"三大两高一特色"为主导产业，即不断做强大物流、大会展、大商贸三大现代服务业产业集群，重点发展高端信息技术、高端智能制造两大先进制造业产业集群，加快发展文旅健康产业。

依托"一园三区"等重要载体，集聚发展高端装备、新材料、生物医药等战略性新兴产业，提升发展精密机电、电子信息、印刷传媒等优势产业，促进先进制造业和信息化的深度融合，优化发展快速消费品等产业细分领域的优质品牌企业，培育制造业竞争新优势。促进现代服务业与新兴产业融合，推动生产性服务业向专业化和价值链高端延伸、生活性服务业向精细化和高品质转变，不断提升现代物流、软件信息、现代商贸、会展商务、休闲旅游、文化创意、创新金融等服务经济规模和能级。加快推进快递物流、会展服务、北斗导航、民用航空、跨境电商及智能制造、私募基金等功能平台建设，放大平台作用。积极发展"四新"经济，培育"专精特新"中小企业。推进产业结构调整和工业区二次开发，加快推进区域"三高一低"企业淘汰关停和区域企业转型升级，分类推进区块转型升级发展，支持发展研发型、总部型楼宇经济。

重点发展领域为：网络视听、智慧照明、工业机器人、服务机器人、3D打印、互联网金融、互联网教育、工艺美术精品、移动医疗、高端医疗器械与设备、健康物联网、分布式光伏发电、集成电路、车联网、大数据平台、卫星导航、新能源汽车、再制造、大宗商品、交易服务平台、网络信息安全服务、信用服务、新型显示、智能传感器、工业软件、时尚品牌服装服饰、高端美容化妆用品、智能绿色家居、智能穿戴设备、重大疾病个性化诊治、检验检测认证服务、供应链管理与服务、海洋工程关键、装备设计制造、新型节能环保服务、智能电网、超导材料、生物医药材料。

3.2 城镇地区生态承载力与产业布局一致性评价

在资源环境保护与人类经济社会活动之间的矛盾愈发突出的背景下，生态承载力与产业布局之间的关系作为区域可持续发展研究的重要命题，备受环境生态学、资源与环境经济学等学界的关注（邬娜等，2015；高吉喜等，2014；覃玲玲等，2011）。生态承载力，即生态系统的自我调节能力，资源与环境子系统的供容能力，可维持的社会经济活动强度和一定生活水平的人口数量（高吉喜，2001；霍文敏等，2020），它与产业布局具有双向作用的关系。生态承载力是区域产业发展的基础，同时约束产业的布局、类型及规模（王维等，2010）；区域产业布局也影响生态承载力的状态和可持续性（韩永伟等，2007）。

《全国主体功能区划》中对城市化地区的要求和定位是：优化开发区域和重点开发区域作为城市化地区，主体功能是提供工业品和服务产品，集聚人口和经济，但也必须保护好区域内的基本农田等农业空间，保护好森林、草原、水面、湿地等生态空间，也要提供一定数量的农产品和生态产品。城市化地区要把增强综合经济实力作为首要任务，同时要保护好耕地和生态。

因此，城镇地区生态承载力与产业一致性评价的核心目标是：通过一致性评价，明确区域资源、环境的承载上限，包括水资源最大供给量、大气环境容量、水环境容量，确定空间开发冲突；研究在保证完成提供工业产品、服务产品的任务同时，如何对各类资源、环境要素进行更科学、合理、高效的配置，提出不同资源、环境承载能力区域的产业准入标准，并针对资源、环境承载现状和未来预测，提出未来区域产业结构优化、产业布局调整的建议方案。

目前对于生态承载力与产业一致性评价研究主要基于生态承载力的理论与方法，以及国家和地区的生态环境空间管控要求，评价或判断某一区域自然生态系统对产业布局的支撑能力和状态（牟雪洁等，2020）。已有研究主要利用生态足迹法（张雪花等，2011）、供需平衡法（覃玲玲等，2011）、综合指标评价法（高吉喜，2001）、生态承载力评估模型（霍文敏等，2020）等方法，对区域产业布局现状与生态承载力状况进行综合评价（陆文涛等，2020），并提出相应的协调和优化策略（曹智等，2015）。已有研究针对特定产业或某一地区的案例较多，缺少一套具有普适性的方法体系或指标体系，部分指标缺少全国尺度的数据支撑。因此，需要进一步探索可行性高、全国范围内适用以及符合当前我国生态环境评价工作的方法和指标体系。

2017 年 10 月，环境保护部印发《长江经济带战略环境评价工作方案》，启动"生态保护红线、环境质量底线、资源利用上线和环境准入负面清单"（以下简称"三线一单"）编制工作。并于 2020 年完成了全国"三线一单"编制成果审核工作。"三线一单"工作采用统一的技术规范，全国统一开展工作，建立全国尺度统一的指标体系和空间基础数据，为其他领域的科研工作提供全国范围内统一的指标体系和部分指标的阶段性阈值（分阶段的大气、水、土环境质量目标，大气和水的环境容量，资源承载能力等）。此外，划定生态空间为区域产业布局提供了关键生态限制因素。"三线一单"工作为评价产业布局与生态承载力一致性提供了新的思路，使不同地区的生态承载力评价具有较为统一的数据平台、指标选取标准以及指标阈值，使评价工作在全国不同地区均具有可行性和可比性。

本书结合目前国家大力开展的"三线一单"编制工作，基于"三线一单"指标体系，分别计算单因素生态承载率和综合生态承载率，进而识别区域产业布局的关键生态限制因素，对研究区生态承载力与产业布局的一致性进行评价研究，最终为区域产业结构空间布局调整和优化提供决策支持。

3.2.1 指标体系构建

"三线一单"包括一套覆盖全域的生态环境分区管控体系，"三线"部分也包含一套全国尺度上统一的指标体系，为评估区域生态承载力与产业布局一致性提供了基础，同时也为全国范围内生态环境资源承载能力的评价工作构建了统一平台。本书结合《"生态保护红线、环境质量底线、资源利用上线和环境准入负面清单"编制技术指南》《"三线一单"编制技术要求》等导则和说明文件，结合各省份"三线一单"编制经验，在"三线一单"已有指标体系的基础上，结合国家生态环境保护工作最新要求，进行取舍和细化，提出本套指标体系（表3-2）。

表3-2 基于"三线一单"的城镇生态承载力与产业布局一致性评价指标体系

"三线"	生态环境要素	具体指标	阈值（判定依据）
生态保护红线	生态空间分布	生态保护红线占用	生态保护红线
		一般生态空间占用	一般生态空间
环境质量底线	大气环境	$PM_{2.5}$年均浓度/$PM_{2.5}$排放量	$PM_{2.5}$浓度目标/$PM_{2.5}$允许排放量
		SO_2年均浓度/SO_2排放量	SO_2浓度目标/SO_2允许排放量
		NO_x年均浓度/NO_x排放量	NO_x浓度目标/NO_x允许排放量
		O_3年均浓度	O_3浓度目标
		VOCs排放量	VOCs允许排放量
		NH_3排放量	NH_3允许排放量
	水环境	COD排放量	COD允许排放量
		氨氮排放量	氨氮允许排放量
		总磷排放量	总磷允许排放量
		总氮排放量	总氮允许排放量
	土壤环境	存在农用地污染风险重点管控区	农用地污染风险重点管控区
		存在污染地块或疑似污染地块	污染地块或疑似污染地块

"三线"	生态环境要素	具体指标	阈值（判定依据）
资源利用上线	能源	能源消耗总量	指标阶段考核目标
		煤炭消费总量	指标阶段考核目标
		万元 GDP 能耗/万元 GDP 能耗降低	指标阶段考核目标
		万元 GDP 二氧化碳排放量/碳排放总量	指标阶段考核目标
	水资源	用水总量	指标阶段考核目标
		地下水用水量	指标阶段考核目标
		万元工业增加值用水量/万元工业增加值用水量下降幅度	指标阶段考核目标
		万元 GDP 用水量/万元 GDP 用水量下降幅度	指标阶段考核目标
	土地资源	农田灌溉水有效利用系数	指标阶段考核目标
		建设用地总规模	指标阶段考核目标
		耕地保有量	指标阶段考核目标
		永久基本农田面积	指标阶段考核目标

指标落地说明：①大气环境指标。如果未超载，按照区县尺度的实际数值进行计算；如果超载，根据污染源排放清单，选取排放强度较大的区域作为超载区，若没有污染源排放清单数据，选择大气高排放区作为超载区，按实际情况赋值，其他区域采用各指标均值。②水环境指标。按照控制单元的尺度赋值。以上数据均可在"三线一单"成果中获取，但是考虑到部分区域生态环境的实际情况和数据的可获取性存在差异，部分指标可能缺失，应根据各地区实际情况以及"三线一单"工作基础进一步确定。

3.2.2 一致性评价方法

根据青浦区实际情况确定具体指标后，将"三线一单"成果中确定的允许排放量和规划期指标作为评价的标准阈值，评价区域的承载力情况。

（1）单因素生态承载力指数

$$C_i = A_i/L_i \tag{3-1}$$

式中，C_i 为指标 i 的承载力情况；A_i 为目前该指标的现状值；L_i 为目前该指标在"三线一单"成果中的计算值。

（2）生态承载力综合指数

$$IC = \sqrt{\frac{(\max(C_i))^2 + (\mathrm{mean}(C_i))^2}{2}}, \forall i = 1-n \qquad (3\text{-}2)$$

式中，IC 为区域综合生态承载情况；C_i 为指标 i 的单一承载情况。生态承载力综合指数表征评价区域的总体承载力情况，当 $0 \leqslant IC \leqslant 1$ 时，区域产业发展强度没有超过区域生态承载力，而且 IC 越小，区域越有开发潜力；当 IC>1 时，区域产业发展强度超过了生态承载力。

3.2.3　评价指标选取与数据来源

结合"三线一单"技术指南和上海市"三线一单"编制成果，本书在上海市青浦区案例中，选取了生态空间、大气环境、水环境、土壤环境四个方面的指标，通过 C_i 分析各单项指标的承载情况，通过 IC 分析区域综合生态承载情况。能源、水资源和土地资源的部分现状指标尚不明确，因此未将其纳入分析过程。其中生态保护红线和生态空间范围指标，主要通过空间尺度上分析产业是否布局在生态红线及生态空间内，进而判定其布局的一致性，不参与具体承载力指标的计算。

生态空间区划、环境容量、污染物排放状况等相关数据来源于上海市行政区划、水环境控制单元、环境管控单元区划、上海市"三线一单"环境容量相关计算结果及上海市统计年鉴，部分污染物排放状况数据通过地理信息系统软件开展空间插值及栅格化处理获得。

3.2.4　单因素生态承载力评价

青浦区生态保护红线和一般生态空间的分布范围如图 3-4 所示，青浦区西部集中分布有淀山湖生物多样性维护红线、青浦大莲湖生物多样性维护红线、黄浦江上游金泽水源涵养红线、黄浦江上游饮用水水源保护区（青浦区）等生态空间，属于环境管控的优先保护区，通过遥感影像、土地利用类型判定是否存在冲突区域，通过分析，青浦区目前不存在冲突区域，生态空间维持良好。该区域注重淀山湖及黄浦江上游水源地生态保护，严格实施项目准入及现有项目退出，禁止设置禽畜养殖场等污染性生产活动，区域环境管控要求严格，产业园区布局与生态空间不存在冲突。

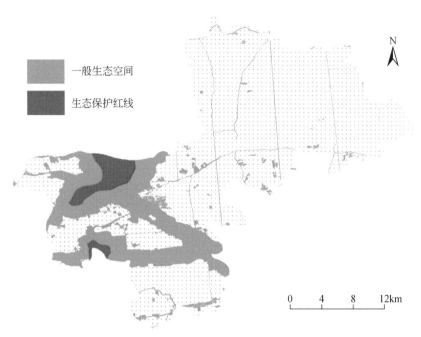

图 3-4 青浦区生态空间分布图

青浦区主要涉及淀峰、黄渡、临江及太浦河桥这四个水环境控制单元，根据"三线一单"成果和青浦区生态环境公报等统计结果可知，青浦区的主要水环境污染物为氨氮、总磷和 COD，故单因素生态承载力主要考虑以上三个指标（表 3-3）。结果显示，四个水环境控制单元对氨氮、总磷和 COD 的承载率均大于 1，水环境整体呈超载状态（图 3-5）。原因主要是人口和产业承载压力大，城镇生活污染、农村面源污染及工业污染物的排放没有得到有效的管控和处理。在工业方面，存在废水直接排入环境的情况；在农业方面，青浦区仍然存在规模化畜禽养殖场，同时有高污染种植方式需要调整，农业面源导致的水体污染现象仍然存在，农业面源污染控制力度有待进一步强化。

表 3-3 水环境控制单元主要指标排放现状、容量和生态承载率

控制单元	氨氮			总磷			COD		
	现状 （万元）	容量 （万元）	承载率	现状 （万元）	容量 （万元）	承载率	现状 （万元）	容量 （万元）	承载率
淀峰	0.022	0.016	1.3750	0.009	0.008	1.1250	0.488	0.414	1.1787
黄渡	0.126	0.094	1.3404	0.038	0.033	1.1515	2.382	2.040	1.1676
临江	0.305	0.227	1.3436	0.088	0.076	1.1579	5.694	4.875	1.1680
太浦河桥	0.012	0.009	1.3333	0.004	0.004	1.0000	0.195	0.167	1.1677

　　大气环境主要考虑 SO₂、NOₓ、PM₂.₅ 及 VOCs 四项指标，由于缺少污染源排放清单数据，故本书选择大气高排放区作为超载区进行赋值计算，其他区域采用各指标均值。根据青浦区大气环境主要指标的排放现状及"三线一单"中规定的大气污染物允许排放量，计算出大气环境单因素生态承载力（表3-4）。结果显示，承载率除 PM₂.₅ 的承载率小于 1 外，其他三项污染物均

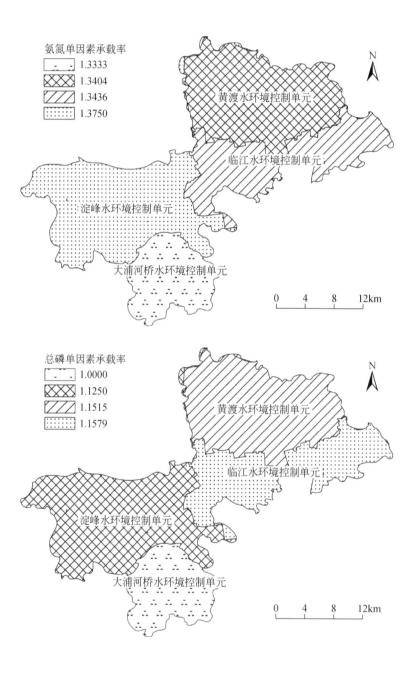

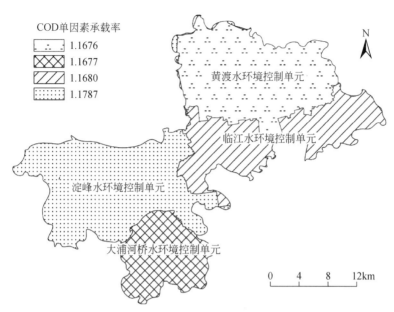

图 3-5　水环境控制单元及单因素承载率分布情况

使大气环境存在超载情况，其中 SO_2 和 VOCs 超载最为严重；在空间分布特点上，以上污染物带来的生态超载问题主要集中在青浦区工业园区范围（图 3-6）。目前青浦区正处于产业转型升级的阶段，但仍然以传统工业类型为主，涂料生产、合成材料、有机化工、设备涂装、电子设备、木材加工和家具制造等行业对大气环境的生态承载力影响较大。

表 3-4　大气环境主要指标排放现状、容量和承载率

项目	现状（万元）	容量（万元）	承载率
SO_2	0.07	0.0447	1.5656
NO_x	0.05	0.0396	1.2626
$PM_{2.5}$	0.02	0.0228	0.8772
VOCs	3.12	2.0008	1.5594

对于土壤环境，主要考虑产业布局是否与农用地污染风险重点管控区、污染地块或疑似污染地块产生空间上的冲突。根据"三线一单"已有成果和工业园区布局范围，青浦区不涉及产业布局侵占土壤污染风险重点管控区的问题。

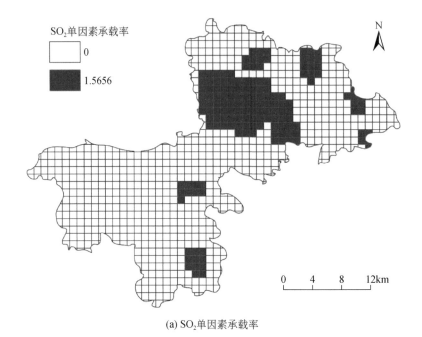

(a) SO₂单因素承载率

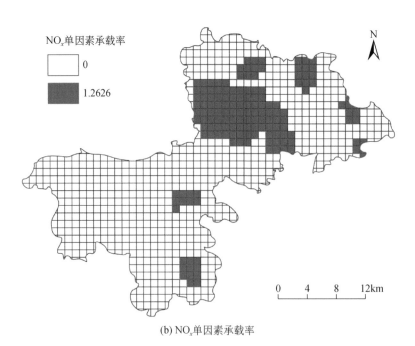

(b) NOₓ单因素承载率

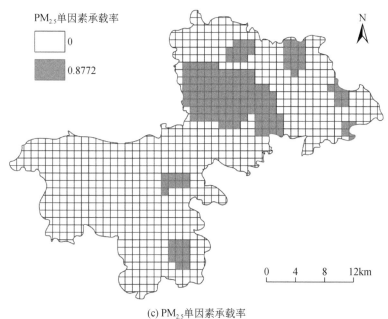

(c) PM$_{2.5}$单因素承载率

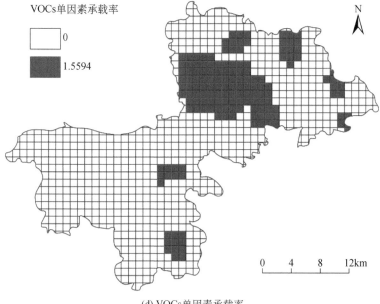

(d) VOCs单因素承载率

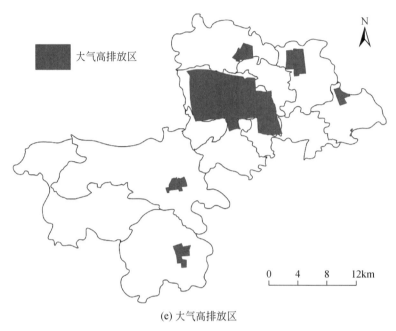

(e) 大气高排放区

图 3-6　大气环境单因素承载率分布情况

3.2.5　综合生态承载力评价

　　基于以上单因素生态承载力评价的结果，得出区域综合承载力计算结果，如图 3-7 所示。青浦区生态承载力绝大部分呈超载状态，东部、北部、西部的综合生态承载力指数均大于 1，说明产业发展对当地的大气环境、水环境造成了较大的承载压力，超载较为严重的区域主要集中在工业园区的范围内。仅南部的练塘镇，存在综合指数小于 1 的不超载区域，说明其开发强度与其生态承载力基本协调。整体而言，青浦区的生态承载力受到产业布局的显著影响，生态承载力与产业布局的一致性较差。

　　将综合生态承载力超载严重的区域与"三线一单"成果中青浦区的环境管控单元（图 3-8）比较可知，大气环境和水环境生态超载范围与重点管控区、一般管控区的空间范围整体吻合，淀山湖及黄浦江上游水源地的生态保护红线范围为青浦区环境管控的优先保护区，体现了关键限制因素对生态承载力的重要影响。整体而言，本书的综合生态承载力评价结果与青浦区环境管控单元，以及未来生态环境管理的方向保持一致，选取的评价指标符合当地实际情况且较为关键准确，能客观反映产业布局与生态承载力间的关系。

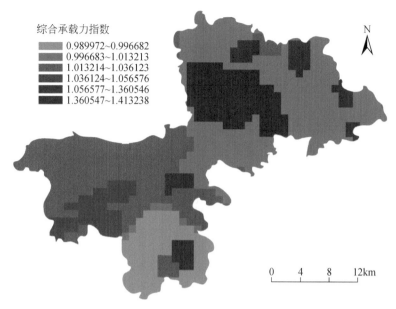

图 3-7　青浦区综合承载力评价结果（1km 分辨率）

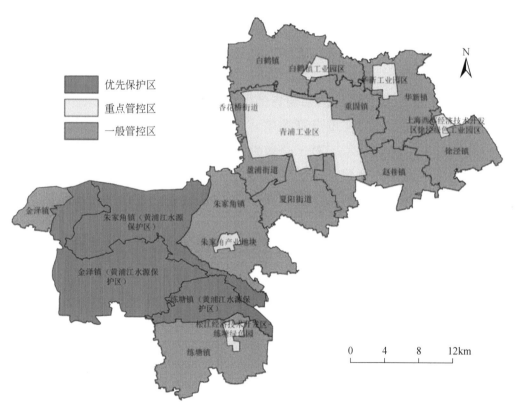

图 3-8　青浦区环境管控单元图

青浦区未来发展应该重点加强青浦工业区管控，提高污染物治理水平，加强污染物排放控制，严格执行污染物总量替代要求，同时，强化白鹤镇工业园区、华新工业园区、徐泾绿色工业园区、练塘镇绿色产业园和朱家角产业地块的管控，持续降低污染物排放水平。

3.2.6 结论与建议

1）利用单因素生态承载率法将各个指标分别量化，能够清晰地反映区域社会经济活动和资源环境的协调程度，以及关键限制性因素；在单因素生态承载率的基础上，计算综合生态承载率指数，能更加直观地说明区域产业对生态承载力的累积影响。

2）结合目前大力开展的"三线一单"工作，基于"三线一单"指标体系，选取符合青浦区实际情况的生态空间、水环境、大气环境及土壤环境指标，对青浦区生态承载力与产业布局一致性进行分析。单因素生态承载率计算结果表明，青浦区产业布局与生态空间和土壤环境生态承载力的冲突较小，但是产业发展造成的污染物排放问题给水环境和大气环境带来的环境压力较大。综合生态承载率计算结果表明，青浦区生态环境整体呈超载状态，生态承载力与产业布局的一致性较弱。

3）产业布局一致性评价结果与青浦区环境管控单元划定成果一致性较高，超载的重点区域主要集中在重点管控单元，表明该指标体系客观可行，可为相关评价和研究工作提供参考。对于一致性问题突出区域，建议加强区域内主要工业园区的污染物排放管控，结合区域生态承载力的实际情况，制订相应的产业准入门槛、产业规模控制、产业发展方向引导等调控对策。

3.3 基于资源环境承载力的城镇地区产业结构优化

3.3.1 优化方法

利用不确定性规划中的区间模糊规划，通过青浦区水环境、经济社会发展现状分析，构建基于水生态环境承载力的区域水资源优化配置模型。

3.3.1.1 区间线性规划

目标函数如式（3-3）所示：

$$\max f^{\pm} = C^{\pm} X^{\pm} \qquad (3\text{-}3)$$

约束条件：

$$A^{\pm} X^{\pm} \leqslant B^{\pm}$$

$$X^{\pm} \geqslant 0$$

其中，$X^{\pm} \in \{\Re^{\pm}\}^{n \times 1}$，$A^{\pm} \in \{\Re^{\pm}\}^{m \times n}$，$B^{\pm} \in \{\Re^{\pm}\}^{m \times 1}$，$C^{\pm} \in \{\Re^{\pm}\}^{1 \times n}$，$\Re^{\pm}$ 表示不确定数的集合。$x^{\pm}$ 为区间数，令 x^{+} 和 x^{-} 分别表示 $x^{\pm}$ 的上下界。

则
$$x^{\pm} = [x^{-}, \ x^{+}] = \{t \in x \mid x^{-} \leqslant t \leqslant x^{+}\}$$

按照交互式两步算法可对上述模型进行求解。首先，对于 x，有

$$\mathrm{Sign}(x) = \begin{cases} 1, & \text{当 } x \geqslant 0 \\ -1, & \text{当 } x < 0 \end{cases}$$

同时
$$|x|^{\pm} = \begin{cases} x^{\pm}, & \text{当 } x^{\pm} \geqslant 0 \\ -x^{\pm}, & \text{当 } x^{\pm} < 0 \end{cases}$$

则
$$|x|^{-} = \begin{cases} x^{-}, & \text{当 } x^{\pm} \geqslant 0 \\ -x^{+}, & \text{当 } x^{\pm} < 0 \end{cases}$$

$$|x|^{+} = \begin{cases} x^{+}, & \text{当 } x^{\pm} \geqslant 0 \\ -x^{-}, & \text{当 } x^{\pm} < 0 \end{cases}$$

在目标函数中的 n 个不确定系数 $c_j^{\pm} (j=1, 2, \cdots, n)$ 中，假设其中有 k_1 个正数，k_2 个负数，令前 k_1 个系数为正，即 $c_j^{\pm} \geqslant 0 (j=1, 2, \cdots, k_1)$，后 k_2 个系数为负，即 $c_j^{\pm} \leqslant 0 (j=k_1+1, k_1+2, \cdots, n)$，且 $k_1+k_2=n$，则目标函数下界子模型可构造如下：

目标函数如式（3-4）所示：

$$\min f^{-} = \sum_{j=1}^{k_1} c_j^{-} x_j^{-} + \sum_{j=k_1+1}^{n} c_j^{-} x_j^{+} \qquad (3\text{-}4)$$

约束条件：

$$\sum_{j=1}^{k_1} |a_{ij}^{\pm}|^{+} \ \mathrm{sign}(a_{ij}^{\pm}) x_j^{-} / b_i^{-} + \sum_{j=k_1+1}^{n} |a_{ij}^{\pm}|^{-} \ \mathrm{sign}(a_{ij}^{\pm}) x_j^{+} / b_i^{+} \leqslant 1, \ \forall i$$

$$x_j^{\pm} \geqslant 0, \ x_j^{\pm} \in X^{\pm}, \ j=1, 2, \cdots, n$$

目标函数上界 f^{+} 子模型是在下界子的解 $x_{j\mathrm{opt}}^{-} (j=1, 2, \cdots, k_1)$ 和 $x_{j\mathrm{opt}}^{+} (j=k_1+1, k_1+2, \cdots, n)$ 的基础上构造的，因此，目标函数上界子模型可构造如下：

目标函数如式（3-5）所示：

$$\min f^+ = \sum_{j=1}^{k_1} c_j^+ x_j^+ + \sum_{j=k_1+1}^{n} c_j^+ x_j^- \tag{3-5}$$

约束条件：

$$\sum_{j=1}^{k_1} |a_{ij}^{\pm}|^- \operatorname{sign}(a_{ij}^{\pm}) x_j^+ / b_i^+ + \sum_{j=k_1+1}^{n} |a_{ij}^{\pm}|^+ \operatorname{sign}(a_{ij}^{\pm}) x_j^- / b_i^- \leqslant 1, \quad \forall i$$

$$x_j^{\pm} \geqslant 0, \quad x_j^{\pm} \in X^{\pm}, \quad j=1, 2, \cdots, n$$

$$x_j^+ \geqslant x_{j\text{opt}}^-, \quad j=1, 2, \cdots, k_1$$

$$x_j^- \geqslant x_{j\text{opt}}^+, \quad j=k_1+1, k_1+2, \cdots, n$$

3.3.1.2 区间模糊线性规划

区间模糊线性规划具体形式如下。首先，考虑一个如式（3-6）所示的区间模糊线性规划问题：

$$\min f^{\pm} \underset{\sim}{=} C^{\pm} X^{\pm} \tag{3-6}$$

约束条件：

$$A^{\pm} X^{\pm} \underset{\sim}{\leqslant} B^{\pm}$$

$$X^{\pm} \geqslant 0$$

其中，$X^{\pm} \in \{\mathcal{R}^{\pm}\}^{n \times 1}$，$A^{\pm} \in \{\mathcal{R}^{\pm}\}^{m \times n}$，$B^{\pm} \in \{\mathcal{R}^{\pm}\}^{m \times 1}$，$C^{\pm} \in \{\mathcal{R}^{\pm}\}^{1 \times n}$，$\mathcal{R}^{\pm}$表示不确定数的集合。$x^{\pm}$为区间数，令$x^+$和$x^-$分别表示$x^{\pm}$的上下界。$\underset{\sim}{=}$和$\underset{\sim}{\leqslant}$分别表示模糊相等和模糊不等。基于模糊弹性规划的原则，令$\lambda^{\pm}$值和模糊决策的隶属函数相联系。具体来说，约束条件的灵活性和系统目标的模糊性都用模糊数集来表示，分别称为"模糊约束"和"模糊目标"，可以用与约束或目标满意度相关的隶属度 $[\lambda^{\pm}]$ 来表示。取隶属度水平 $\lambda = \min\{\mu_G, \mu_{C_1}, \mu_{C_2}, \hat{\mu}_{C_m}\}$。因此，根据 Huang 等（1992），区间模糊线性规划模型可以转化为式（3-7）：

$$\max \lambda^{\pm} \tag{3-7}$$

约束条件：

$$C^{\pm} X^{\pm} \leqslant \lambda f^+ + (1-\lambda^{\pm}) f^-$$

$$A^{\pm} X^{\pm} \geqslant B^- + (1-\lambda^{\pm})(B^+ - B^-)$$

$$X^{\pm} \geqslant 0$$

$$0 \leqslant \lambda^{\pm} \leqslant 1$$

$\lambda^{\pm}$为与模糊目标或模糊约束满意度隶属度相关的控制变量，f^+和f^-为决策者所制定目标的期望水平的上下界，交互式两步算法可以通过分析目标函数和约束间的关系，以及参数和变量间的关系来求解以上模型。

3.3.2 产业优化配置模型

模型设置以 5 年为一个规划期,共 3 个规划期,研究时间范围共计为 15 年。第一规划期为 2021 ~ 2025 年,第二规划期为 2026 ~ 2030 年,第三规划期为 2031 ~ 2035 年。

该模型考虑到经济发展过程中生产、生活带来的资源成本,不同产业污染物处理成本,居民生活污水处理成本等几方面设计了目标函数。同时模型中包含若干约束条件,具体包括水环境容量约束、大气环境容量约束、单位产值水资源消耗量满意度约束、单位产值能源消耗量满意度约束、从业人口约束、产业发展意愿约束、土地利用约束等。

目标函数:

经济增长目标最大化,设定经济增长目标为规划期内生产总值的累计值最大,即式(3-8):

$$
\begin{aligned}
\max f^{\pm} = & \sum_{i=1}^{I} \sum_{t=1}^{T} W_{it}^{\pm} - \sum_{i=1}^{I} \sum_{t=1}^{T} W_{it}^{\pm} \cdot WC_{it}^{\pm} \cdot WP_{it}^{\pm} - \sum_{i=1}^{I} \sum_{t=1}^{T} \sum_{k=1}^{K} W_{it}^{\pm} \cdot PE_{itk}^{\pm} \cdot PC_{itk}^{\pm} \\
& - \sum_{t=1}^{T} \sum_{k=1}^{K} (UTP_{t}^{\pm} \cdot UPE_{tk}^{\pm} \cdot PUP_{tk}^{\pm}) - \sum_{i=1}^{I} \sum_{t=1}^{T} W_{it}^{\pm} \cdot WN_{it}^{\pm} \cdot NP_{it}^{\pm} \\
& - \sum_{i=1}^{I} \sum_{t=1}^{T} \sum_{j=1}^{J} W_{it}^{\pm} \cdot PN_{itj}^{\pm} \cdot NC_{itj}^{\pm}
\end{aligned}
\tag{3-8}
$$

式中,i 为不同产业,结合青浦区当前产业结构特点及未来发展规划,在对相似行业进行合并的基础上,选取典型重点行业作为变量,其中 $i=1$ 为农业,$i=2$ 为工业,$i=3$ 为建筑业,$i=4$ 为批发零售业,$i=5$ 为交通运输业,$i=6$ 为住宿餐饮业,$i=7$ 为通讯业,$i=8$ 为金融业,$i=9$ 为房地产业,$i=10$ 为其他服务业;t 为不同规划期,$t=1$ 为第 1 规划期(2021 ~ 2025 年)、$t=2$ 为第 2 规划期(2026 ~ 2030 年)、$t=3$ 为第 3 规划期(2031 ~ 2035 年);k 为不同水污染物,$k=1$ 为 COD,$k=2$ 为氨氮,$k=3$ 为总磷;j 为不同大气污染物,$j=1$ 为 SO_2,$j=2$ 为 NO_x,$j=3$ 为 PM;$W_{it}^{\pm}$ 为 i 产业 t 时期产值;$WC_{it}^{\pm}$ 为 i 行业 t 时期单位产值水资源的消耗量;$WN_{it}^{\pm}$ 为 i 行业 t 时期单位产值能源的消耗量;$WP_{it}^{\pm}$ 为 i 行业 t 时期单位水资源价格;$NP_{it}^{\pm}$ 为 i 行业 t 时期单位能源资源价格;$PE_{itk}^{\pm}$ 为 i 行业 t 时期单位产值 k 污染物产污系数;$PN_{itj}^{\pm}$ 为 i 行业 t 时期单位产值 j 污染物产污系数;$PC_{itk}^{\pm}$ 为 i 行业 t 时期 k 污染物单位处理成本;$NC_{itj}^{\pm}$ 为 i 行业 t 时期 j

污染物单位处理成本；$UPE_{tk}^{\pm}$ 为 t 时期单位人口 k 种污染物排放量；$PUP_{tk}^{\pm}$ 为 t 时期单位 k 种污染物处理成本；$f(\alpha^{\pm})$ 为满意度隶属函数；$UTP_{t}^{\pm}$ 为 t 时期人口。

约束条件：

（1）水环境承载力约束

水环境承载力约束主要由水资源可利用量约束和水环境容量约束两部分组成。该约束参考地区水资源可利用量及水环境容量计算结果，在限定区域水资源可利用总量以及水资源在农业、工业、居民生活和生态中的最大可利用量的同时，尽量减少污染现象的发生。

$$\sum_{i=1}^{I} W_{it}^{\pm} \cdot WC_{it}^{\pm} + PWT_{t}^{\pm} + EWT_{t}^{\pm} \leqslant TTW_{t}^{\pm} + OW_{t}^{\pm}$$

$$\sum_{i=1}^{I} W_{it}^{\pm} \cdot PE_{itk}^{\pm} \cdot (1 - RP_{itk}^{\pm}) + UTP_{t}^{\pm} \cdot UPE_{tk}^{\pm} \cdot (1 - UPR_{tk}^{\pm}) \leqslant TP_{tk}^{\pm}$$

式中，$PWT_{t}^{\pm}$ 为 t 时期生活可用水总量；$EWT_{t}^{\pm}$ 为 t 时期生态用水量；$TTW_{t}^{\pm}$ 为 t 时期地区可用水总量；$OW_{t}^{\pm}$ 为 t 时期外流域调水总量；$RP_{itk}^{\pm}$ 为 i 行业 t 时期 k 种污染物去除效率；$UPR_{tk}^{\pm}$ 为生活污水 t 时期 k 种污染物去除效率；$TP_{tk}^{\pm}$ 为 t 时期 k 种污染物环境容量。

（2）大气环境容量约束

该约束参考当地大气环境容量限值，在保证各产业能源耗量在总量控制指标内的基础上，大气污染物排放总量不超过环境容量。

$$\sum_{i=1}^{I} W_{it}^{\pm} \cdot WN_{it}^{\pm} \leqslant TNW_{t}^{\pm}$$

$$\sum_{i=1}^{I} W_{it}^{\pm} \cdot PN_{itj}^{\pm} \cdot (1 - RN_{itj}^{\pm}) \leqslant TN_{tj}^{\pm}$$

式中，$RN_{itj}^{\pm}$ 为 i 行业 t 时期 j 种污染物去除效率；$TN_{tj}^{\pm}$ 为 t 时期 j 种大气污染物环境容量；$TNW_{t}^{\pm}$ 为 t 时期地区可用能源总量。

（3）单位产值水资源及能源消耗量满意度约束

通过构建隶属度函数，获得不同产值水资源及能源消耗量满意度取值，构建区域能源环境支撑力满意度约束。

$$f(\alpha_{t}^{\pm}) = \begin{cases} 1 & \text{if } x \leqslant m \\ l(x) & \text{if } m < x \leqslant n \\ 0 & \text{if } n < x \end{cases}$$

$$\alpha_t^{\pm} = \frac{\displaystyle\sum_{i=1}^{I}\sum_{t=1}^{T}W_{it}^{\pm}\cdot \text{WC}_{it}^{\pm}}{\displaystyle\sum_{i=1}^{I}\sum_{t=1}^{T}W_{it}^{\pm}}$$

$$\delta_t^{\pm} = \frac{\displaystyle\sum_{i=1}^{I}\sum_{t=1}^{T}W_{it}^{\pm}\cdot \text{WN}_{it}^{\pm}}{\displaystyle\sum_{i=1}^{I}\sum_{t=1}^{T}W_{it}^{\pm}}$$

$$\lambda_t^{\pm}=f(\alpha_t^{\pm})$$

$$\lambda_t^{\pm}=f(\delta_t^{\pm})$$

式中，$\alpha_t^{\pm}$ 为区域单位产值水资源消耗量函数；$\delta_t^{\pm}$ 为区域单位产值能源消耗量函数；$\lambda_t^{\pm}$ 为单位产值水资源（能源）消耗量满意度。

（4）从业人口约束

建立人口与产值之间相关关系，保障区域具有足够的人口支撑经济发展。

$$\sum_{i=1}^{I}W_{it}^{\pm}\cdot \text{WUP}_{it}^{\pm}\leqslant \text{UTP}_t^{\pm}\cdot Q_t^{\pm}$$

式中，$\text{WUP}_{it}^{\pm}$ 为 t 时期 i 行业单位产值从业人口；$Q_t^{\pm}$ 为 t 时期从业人口比例。

（5）产业发展意愿约束

该约束条件用来体现产能变化实际情况的同时保证产业结构的相对稳定性，防止各产业过快的增长或衰退，式中 $q_1\geqslant 1\geqslant q_2\geqslant 0$。

$$q_1 W_{i,t-1}^{\pm}\geqslant W_{it}^{\pm}\geqslant q_2 W_{i,t-1}^{\pm}, \forall i,t$$

（6）产值约束

该约束条件用来保障区域经济健康合理的发展，防止政府管理者片面的追求产值增长，同时保证一定的最低发展速度。

$$\text{WTV}_t^{\pm}\geqslant \sum_{i=1}^{I}W_{it}^{\pm}\geqslant \text{DTV}_t^{\pm}, \ \forall t$$

式中，$\text{DTV}_t^{\pm}$ 为 t 时期最小地区总产值目标；$\text{WTV}_t^{\pm}$ 为 t 时期最大地区总产值目标。

（7）耕地面积约束

该约束条件用来满足耕地保障的基本需求。

$$\text{SL}_t^{\pm}\cdot \text{RL}_t^{\pm}\geqslant W_{i=1,t}^{\pm}\geqslant \text{ML}_t^{\pm}\cdot \text{RL}_t^{\pm}, \ \forall t$$

式中，$\text{SL}_t^{\pm}$ 为 t 时期区域最小可利用耕地面积；$\text{RL}_t^{\pm}$ 为 t 时期单位耕地面积产值；$\text{ML}_t^{\pm}$ 为 t 时期区域最大可利用耕地面积。

通过交互式算法对模型进行拆分，分别得到上限模型与下限模型。

3.3.3 数据获取

根据《上海市青浦区统计年鉴》《国民经济和社会发展统计公报》《环境质量报告书》《工业源产排污系数手册》《城镇生活源产排污系数手册》《上海市国民经济和社会发展十三五规划纲要》《上海市十三五环保规划》《上海市水资源公报》、青浦区污染源清单等相关资料进行文献查阅，获取青浦区经济、环境系统相关数据。本模型考虑了农业、工业、建筑业、批发零售业、交通运输业、住宿餐饮业、通讯业、金融业、房地产业、其他服务业等重点行业，水污染物涉及 COD、氨氮及总磷，大气污染物涉及 SO_2、NO_x 及粉尘。相关研究可以根据具体研究方向、以及数据情况选择模型的约束进行计算，本书考虑水资源系统对地区产业的影响关系进行分析。

3.3.4 结果分析

本书构建的优化模型目标是使研究青浦区能源–水资源系统在规划期内达到成本最小化。模型的最优解能够将既定的能源环境政策、资源规划与其产业经济影响紧密结合。此外，求解结果包含确定值、区间值和模糊分布信息等，充分反映了模型中存在的多种形式的不确定性。具体地，模型的区间解可以帮助决策者获得多种决策方案，同时能够让决策者在系统成本和不同的模糊隶属度之间做深度的权衡分析。本研究考虑 3 个规划期，一个规划期为 5 年，同时采用多情景分析的方法，通过赋予满意度约束 $\lambda_t^{\pm}$ 不同的最小值，获得不同满意度情景下结果。通过相关公式，分别取 $\lambda_t^{\pm} \geqslant 0.3$ 为低资源能源低强度约束情景，$\lambda_t^{\pm} \geqslant 0.7$ 为资源能源高强度约束结果。

3.3.4.1 资源能源低强度约束结果

图 3-9 给出了资源能源低强度约束（$\alpha \geqslant 0.3$）情景下青浦区不同规划期各行业产值上限和下限。由结果可知，工业继续占据未来青浦区的支柱产业地位，不同规划期将分别为 $[38 \times 10^9$ 元.65，50.04×10^9 元]，$[43.82 \times 10^9$ 元，51.32×10^9 元] 和 $[45.81 \times 10^9$ 元，49.06×10^9 元]，但是从产值的上限变化来看，未来工业产值有先上升后下降的趋势。批发零售业和交通运输业也将有明显增长，两者在第三规划期产值可分别达到 $[26.07 \times 10^9$ 元，33.14×10^9 元] 和 $[21.04 \times 10^9$ 元，26.75×10^9 元]。农业和餐饮住宿业将成为产值下降最为

明显的行业，其中农业不同规划期产值分别为 $[0.41×10^9$ 元，$0.49×10^9$ 元]、$[0.20×10^9$ 元，$0.30×10^9$ 元] 和 $[0.10×10^9$ 元，$0.18×10^9$ 元]，餐饮住宿业不同规划期产值分别为 $[1.06×10^9$ 元，$1.27×10^9$ 元]、$[0.53×10^9$ 元，$0.76×10^9$ 元] 和 $[0.26×10^9$ 元，$0.46×10^9$ 元]。此外，建筑业产值的上限和下限变化呈现相反的趋势，即随着时间的推移建筑业产值有较大的变化空间，第三规划期产值将达到 $[0.79×10^9$ 元，$7.54×10^9$ 元]。第三产业中其他行业，包括信息传输、金融业、房地产业及其他服务业在不同规划期均表现出现一定的增长趋势。

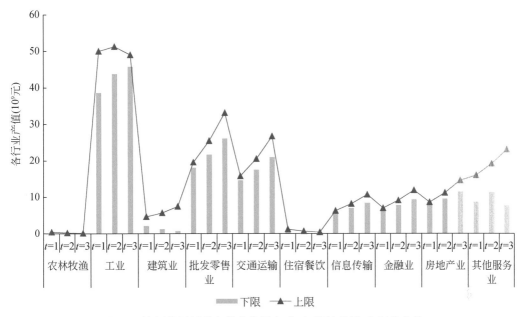

图 3-9 资源能源低强度约束情景青浦区不同规划期各行业产值

图 3-10 为青浦区资源能源低强度约束情景下不同规划期各行业水资源消耗量上限与下限结果。在上限结果中，工业用水量虽然逐年下降，但仍将是全区水资源消耗量最大的产业，在不同规划期将达到 $[29.83×10^6 m^3$，$42.49×10^6 m^3]$、$[32.14×10^6 m^3$，$41.40×10^6 m^3]$ 和 $[31.92×10^6 m^3$，$37.60×10^6 m^3]$。随着农业规模的萎缩，农业的耗水量未来将呈现下降的趋势，在不同规划期将达到 $[7.34×10^6 m^3$，$8.01×10^6 m^3]$、$[3.49×10^6 m^3$，$4.65×10^6 m^3]$ 和 $[1.66×10^6 m^3$，$2.60×10^6 m^3]$。建筑业、餐饮住宿业的水资源消耗量在 3 个规划期内都将表现出持续降低的趋势。相反，第三产业中批发零售业、交通运输业、信息行业以及金融业在不同规划期的水资源消耗量则表现出上升的趋势，到第三规划期这 4 个行业的水资源消耗量分别达到 $[4.16×10^6 m^3$，$5.82×10^6 m^3]$、$[4.06×10^6 m^3$，$5.72×10^6 m^3]$、$[8.46×10^6 m^3$，$10.76×10^6 m^3]$ 和 $[9.40×10^6 m^3$，$11.95×10^6 m^3]$。

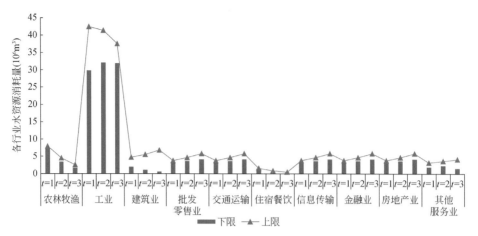

图 3-10　资源能源低强度约束情景青浦区不同规划期各行业水资源消耗量

图 3-11 为青浦区资源能源低强度约束情景下不同规划期各行业能源消耗量上限与下限结果。从结果可以看出，工业、批发零售业及交通业为能耗最高的行业，但均在规划期内表现出能耗下降的趋势，三个行业在第三规划期能耗分别为 $[162.68 \times 10^3 \text{tce}, 191.65 \times 10^3 \text{tce}]$、$[208.13 \times 10^3 \text{tce}, 291.08 \times 10^3 \text{tce}]$ 和 $[167.99 \times 10^3 \text{tce}, 234.94 \times 10^3 \text{tce}]$。此外，农业、建筑业及住宿餐饮业的能耗也呈现明显的降低趋势。从整体来看，第三产业各部门将继续占据能耗的主要份额，信息传输业、金融业、房地产业以及其他服务业的能耗的变化趋于稳定，到第三规划期各行业的能耗将达到 $[67.56 \times 10^3 \text{tce}, 94.49 \times 10^3 \text{tce}]$、$[75.05 \times 10^3 \text{tce}, 104.97 \times 10^3 \text{tce}]$、$[91.96 \times 10^3 \text{tce}, 128.62 \times 10^3 \text{tce}]$ 和 $[67.46 \times 10^3 \text{tce}, 184.49 \times 10^3 \text{tce}]$。

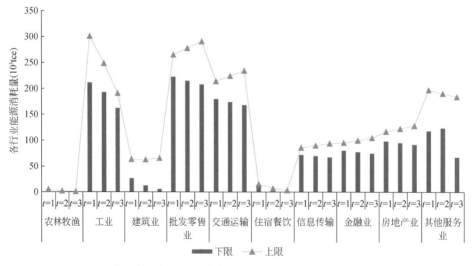

图 3-11　资源能源低强度约束情景下青浦区不同规划期能源消耗量

图 3-12 为资源能源低强度约束情景下不同规划期 COD、氨氮、总磷的排放量。不同污染物在三次产业的分布上具有相同的趋势，即各污染物随规划期的推移均表现出排放量下降的趋势，前期主要集中在第二产业，远期主要集中在第三产业。在第一规划期，COD、氨氮、总磷的排放量主要集中在第二产业，三种污染物的排放量达到 ［14 452.35t，15 766.20t］、［767.25t，837.00t］及 ［229.35t，250.20t］。到了第三规划期，COD、氨氮、总磷的排放量主要集中在第三产业，三种污染物的排放量达到 ［20 530.54t，26 502.35t］、［1089.93t，1406.96t］及 ［325.81t，420.58t］，随着高新技术产业和服务业的发展，未来青浦区面临的水环境压力的主要对象也将有所转变。

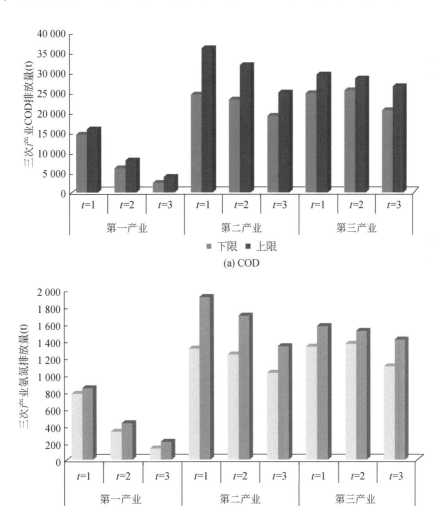

(a) COD

(b) 氨氮

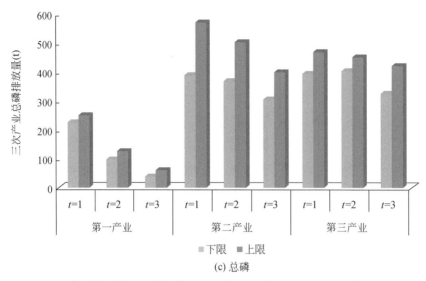

(c) 总磷

图 3-12　资源能源低强度约束情景下青浦区不同规划期水环境污染物排放量

图 3-13 展示了资源能源低强度约束情景情景下不同规划期大气污染物的排放量，包括 SO_2、NO_x 以及粉尘。三次产业中，第一产业的大气污染物排放量始终处于较低水平，到第 3 规划期 SO_2、NO_x 以及粉尘的排放量仅为 [0.21t，0.33t]、[0.20t，0.34t] 及 [0.06t，0.11t]。在 SO_2 的排放源中，第二产业始终占据主导地位，在 3 个规划期表现出现上升后下降的趋势，分别为 [245.47t，337.99t]、[262.05t，331.32t] 以及 [259.11t，304.95t]。同样地，粉尘的主要来源也是第二产业，分别为 [142.47t，195.01t]、[152.74t，160.37t] 以及 [151.34t，174.37t]。而第三产业则是 NO_x 的主要来源，在 3 个规划期表现出现持续上升的趋势，分别为 [151.57t，152.14t]、[171.23t，186.08t] 及 [194.31t，214.51t]。

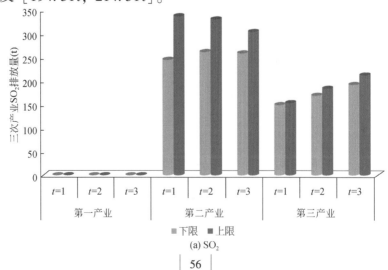

(a) SO_2

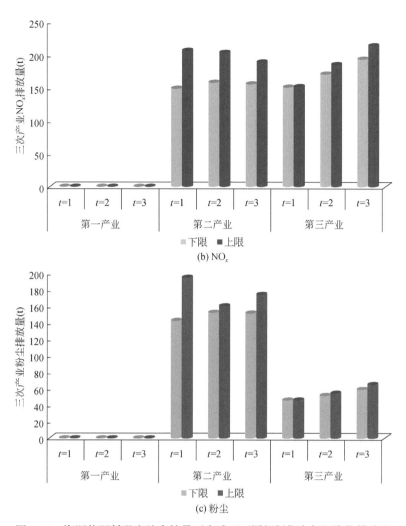

图 3-13 资源能源低强度约束情景下青浦区不同规划期大气污染物排放量

3.3.4.2 高满意度结果

图 3-14 给出了资源能源高强度约束（$\alpha \geqslant 0.7$）情景下青浦区不同规划期各行业产值上限和下限。由结果可知，工业在资源能源高强度约束情景下继续占据未来青浦区的支柱产业地位，不同规划期将分别为 $[35.57 \times 10^9$ 元，38.65×10^9 元$]$、$[42.68 \times 10^9$ 元，46.35×10^9 元$]$ 和 $[42.39 \times 10^9$ 元，45.13×10^9 元$]$，三个规划期内，未来工业产值有先上升后下降的趋势。批发零售业和交通运输业也将有明显增长，两者在第 3 规划期产值可分别达到 $[26.07 \times 10^9$ 元，33.14×10^9 元$]$ 和 $[21.04 \times 10^9$ 元，26.75×10^9 元$]$。农业和餐饮住宿业将成为产值下降最为明显的行业，其中农业不同规划期产值分别为 $[0.49 \times 10^9$ 元，

0.57×10⁹ 元]、[0.29×10⁹ 元, 0.40×10⁹ 元] 和 [0.17×10⁹ 元, 0.28×10⁹ 元],
餐饮住宿业不同规划期产值分别为 [1.27×10⁹ 元, 1.48×10⁹ 元],[0.76×10⁹ 元,
1.03×10⁹ 元] 和 [0.45×10⁹ 元, 0.72×10⁹ 元]。

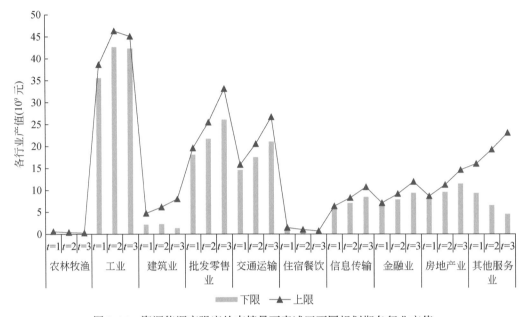

图3-14　资源能源高强度约束情景下青浦区不同规划期各行业产值

图 3-15 为青浦区资源能源高强度约束情景下不同规划期各行业水资源消
耗量上限与下限结果。在资源能源高强度约束上限结果中,工业用水量虽然逐
年下降,但仍将是全区水资源消耗量最大的产业,在不同规划期将达到
[27.46×10⁶m³, 32.82×10⁶m³]、[31.30×10⁶m³, 37.39×10⁶m³] 和 [31.44×

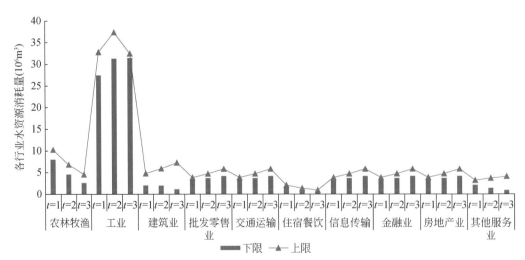

图3-15　资源能源高强度约束情景下青浦区不同规划期各行业水资源消耗量

$10^6 m^3$，$32.49 \times 10^6 m^3$]。随着农业规模的萎缩，农业的耗水量未来将呈现下降的趋势，在不同规划期将达到 [$8.01 \times 10^6 m^3$，$10.28 \times 10^6 m^3$]、[$4.56 \times 10^6 m^3$，$6.83 \times 10^6 m^3$] 和 [$2.60 \times 10^6 m^3$，$4.54 \times 10^6 m^3$]。建筑业、餐饮住宿业的水资源消耗量在三个规划期内都将表现出持续降低的趋势。相反地，批发零售业、交通运输业、信息行业以及金融业在不同规划期的水资源消耗量则表现出上升的趋势，到第三规划期这四个行业的水资源消耗量分别达到 [$4.16 \times 10^6 m^3$，$5.82 \times 10^6 m^3$]、[$4.06 \times 10^6 m^3$，$5.72 \times 10^6 m^3$]、[$4.16 \times 10^6 m^3$，$5.82 \times 10^6 m^3$] 和 [$4.16 \times 10^6 m^3$，$5.82 \times 10^6 m^3$]。

图 3-16 为青浦区资源能源高强度约束情景下不同规划期各行业能源消耗量上限与下限结果。从结果中可以看出，工业、批发零售业以及交通业为能耗最高的行业，但均在规划期内表现出能耗下降的趋势，三次产业在第三规划期能耗分别为 [$160.26 \times 10^3 tce$，$165.58 \times 10^3 tce$]、[$208.13 \times 10^3 tce$，$291.08 \times 10^3 tce$] 和 [$167.99 \times 10^3 tce$，$234.94 \times 10^3 tce$]。此外，农业、建筑业及住宿餐饮业的能耗也呈现明显的降低趋势。从整体来看，第三产业各部门将继续占据能耗的主要份额，信息传输业、金融业、房地产业以及其他服务业的能耗的变化趋于稳定，到第三规划期各行业的能耗将达到 [$67.56 \times 10^3 tce$，$94.49 \times 10^3 tce$]、[$75.05 \times 10^3 tce$，$104.97 \times 10^3 tce$]、[$91.96 \times 10^3 tce$，$128.62 \times 10^3 tce$] 和 [$40.28 \times 10^3 tce$，$184.49 \times 10^3 tce$]。

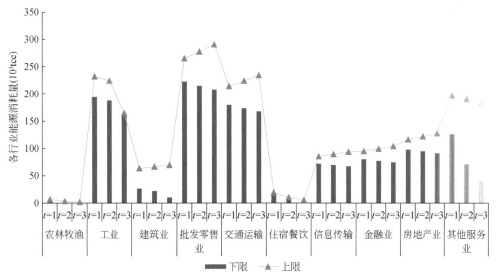

图 3-16　资源能源高强度约束情景下青浦区不同规划期能源消耗量

图 3-17 为资源能源高强度约束情景下不同规划期 COD、氨氮、总磷的排

放量。不同污染物在三次产业的分布上具有相同的趋势，第一产业及第三产业各污染物随规划期的推移均表现出排放量下降的趋势，但第二产业各污染物排放量表现出先上升再下降的现象。在第一规划期时，COD、氨氮、总磷的排放量主要集中在第三产业，三种污染物的排放量达到 [26 688.67t，29 430.24t]、[1416.85t, 1562.40t] 及 [423.53t, 467.04t]。在第二规划期时，COD、氨氮、总磷的排放量主要集中在第二产业，三种污染物的排放量达到 [29 115.46t, 22 986.39t]、[1220.31t, 1545.68t] 以及 [364.78t, 462.04t]。到了第三规划期，COD、氨氮、总磷的排放量又集中在第三产业，三种污染物的排放量达到 [19 113.36t, 26 502.35t]、[1014.69t, 1406.96t] 及 [303.32t，420.58t]，随着高新技术产业和服务业的发展，未来青浦区面临的水环境压力的主要对象也将有所转变。

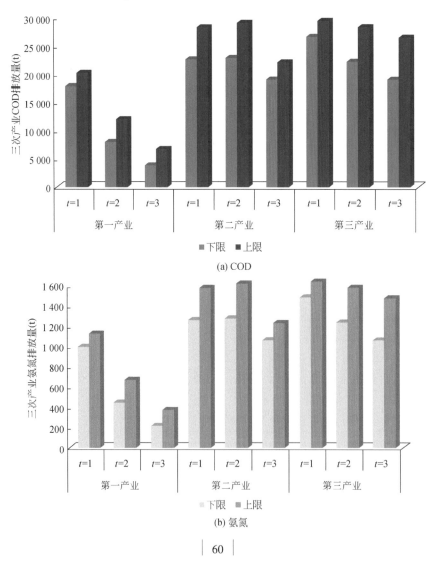

(a) COD

(b) 氨氮

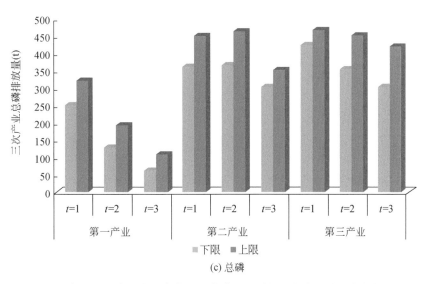

(c) 总磷

图 3-17 资源能源高强度约束情景下青浦区不同规划期水环境污染物排放量

图 3-18 展示了资源能源高强度约束情景下不同规划期大气污染物的排放量，包括 SO_2、NO_x 及粉尘。三种产业中，第一产业的大气污染物排放量始终处于较低水平，到第三规划期 SO_2、NO_x 以及粉尘的排放量仅为 [0.34t，0.56t]、[0.33t，0.57t] 及 [0.32t，0.39t]。在 SO_2 的排放源中，第二产业始终占据主导地位，在三个规划期表现出现上升后下降的趋势，分别为 [226.32t，263.50t]、[257.28t，301.19t] 以及 [256.40t，266.49t]。同样地，粉尘的主要来源也是第二产业，分别为 [131.26t，151.38t]、[149.41t，156.88t] 及 [149.44t，151.58t]。而第三产业则是 NO_x 的主要来源，在三个

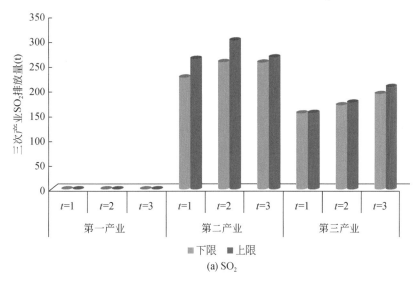

(a) SO_2

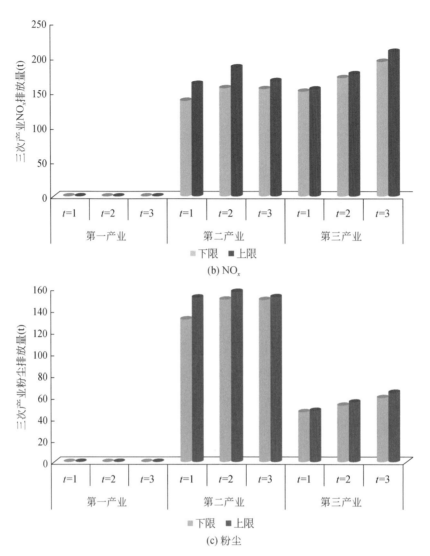

(b) NO$_x$

(c) 粉尘

图 3-18 资源能源高强度约束情景下青浦区不同规划期大气污染物排放量

规划期表现出现持续上升的趋势，分别为［151.57t，154.52t］、［171.23t，176.87t］及［194.31t，209.14t］。

3.3.4.3 对策与建议

综上所述，对当地决策者来说，为了利用资源优化配置来使青浦区当地的经济–环境最大化，有如下几点切实的建议。

1）从青浦地区水资源未来需求看，总量稳中有降，但农业需水绝对值大，满足农业用水仍有较大的压力，从长远来看，现状供水能力远不能适应未来经济建设的发展对水资源的需求。解决该地区缺水问题，关键在于要建设新的水源工程，增加供水能力。要充分开发利用当地地下水资源，发展井灌，实行井渠结合，同时还应该创造条件开发劣质水资源。

2）在能源配置的决策过程中，应具有更多的风险意识，从而提高能源计划的可靠性和合理性；另外，调整当地用能结构，提高能源的使用效率，从而使有限的能源系统能够带来更良好的效益，在青浦区工业发展的过程中依旧存在一些高耗能高排放的企业，对地区的生态环境造成很大威胁，因此需要调整产业结构，建立资源节约型工业体系，实行清洁生产，利用科技文化和地处长江三角洲的优势，加大对传统产业的改造，发展新兴产业，推动产业升级，走向可持续发展方向。

3）对于污染物管控问题，应加强环境综合整治，强化工业监督，加大环保投入，最大程度减少污染物排放，不断完善环保监督管理体系，提高环境治理水平，重点关注第三产业的"异军突起"，在关注传统行业污染防控的同时，按照目前我国对重点区域实施的管控政策措施，根据未来发展的需求，尽可能地挖掘现有的工程减排潜力，提高大气及水处理能力，加强能源、水资源的统一管理，通过科学、合理配置加以解决。

3.4 基于生态承载力的产业布局优化技术

3.4.1 产业布局优化方法体系

产业布局优化的宗旨是依据产业发展规律，调整产业实体结构，使其所处的空间位置最为恰当，与所处生态环境承载力相协调，在一定区域内充分利用相关资源，使经济效益和社会效益最大化，使产业的总体功能发挥到最大。产业布局优化需基于区域的生态承载力要求，明确阐明重点布局产业和产业布局目标，努力打造产业发展新格局。统筹优化产业区域布局可以解决区域发展不平衡、不充分、不协调的突出问题，促进产业配套发展、协调发展，形成具有特色的优势产业，是区域可持续发展的重要举措。

本书利用生态承载力与产业布局一致性评价方法判断出某一区域自然生态系统对产业布局的支撑能力和状态，识别出超载和未超载区域，并结合基于资源环境承载力产业结构优化调控方案，将各区域的产业布局优化方案一一对应并落实，形成本书城镇地区全域产业布局优化方案。具体的技术路线图见图3-19。

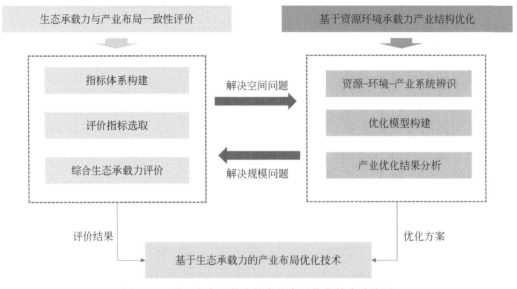

图 3-19　基于生态承载力的产业布局优化技术路线图

3.4.2　产业布局优化调整方案

通过城镇地区生态承载力与产业一致性评价，可以明确区域资源、环境的承载上限，确定空间开发冲突，提出未来区域产业布局优化调整的建议方案，针对一致性评价结果，方案分为生态超载区和生态未超载区。

生态超载区：超载区因其严重的环境承载力压力，其产业结构转型已是大势所趋，深究其原因，一方面，资源依赖性产业的光环逐渐褪去之后会发现地区的工业结构和技术水平并没有显著提高，却带来了污染物总量的增加和环境质量的下降，生态环境-社会经济系统深陷在矛盾体中，社会经济与生态环境耦合协调度指数不断降低；另一方面，产业结构内部产业趋同，产业链不长，增加值不高，又缺乏先进的技术工艺和技术人才，高耗能、高污染的生产模式必然面临企业关停或是转型、升级的结果，必须改造升级钢铁、煤炭、装备制造、冶金等传统产业，发展新兴联动产业，改变原有的边污染边治理的发展模式。产业结构优化升级，首先要加快高耗能产业的重组、整合和改造升级工作，发展循环经济、绿色经济和清洁能源，提高工业企业科技创新和自主研发的能力，工业企业实现超低排放，工业结构的升级要重点推进"三高企业"化解产能、节能减排、实现废弃物的低排放和生态治理。其次是以区域产业规划为指导，重点提升精品装备制造业、食品加工业、现代物流业、文化旅游业，培育壮大新材料、新能源、生物健康三大新兴产业，重点布局电子信息、网络产业和安防应急产业，推动创新发展、绿色发展。

生态未超载区：未超载区虽然有一定的剩余环境容量，但从长远角度出发，应在保护生态环境的前提下，限制生态环境脆弱敏感区域的产业开发建设。产业发展模式以生态产业发展为核心，充分发挥生态涵养区的比较优势，依据生态涵养发展需求，调整产业结构"优化一产，做大二产，做强三产"，发展生态农业、生态工业和生态服务业。在区域内倡导生态产业模式，对区域进行产业的生态化的改造。首先，产业生产过程中的各式生产活动都必须遵循自然生态系统的运转规律。其次，要选择生产将清洁能源作为产品生产所需的主体资源的产品，选择生产能耗低、无污染、技术含量高的产品，作为区域的主推产品，减少生产对生态系统会带来的不利影响，将生产置入生态系统物质能量的交换过程中，让产业生产流程同生态系统产生良性互动，实现生产—使用—分解—生产的绿色循环。同时，联动周边地区进行生态建设，整合大区域的产业发展资源，促进地区间的产业优势互补，实现区域整体利益最大化。积极引进和培育现代高端产业，加强区际间的交流合作实现飞跃式的发展。

3.4.3　青浦区产业布局优化调整建议

依据产业布局一致性评价结果与产业结构优化模型分析，得出青浦区产业布局优化调整建议。

青浦区淀峰、黄渡、临江及太浦河桥水环境控制单元整体呈超载状态，主要是由于人口和产业承载压力大，城镇生活污染、农村面源污染及工业污染物的排放没有得到有效的管控和处理。该区域要贯彻落实水污染防治行动计划和各项治理方案，按照更加严格的标准和要求加大城镇废水、污泥处理设施建设，使排放水体高质量达标，并能被区域内河流等相关生态系统接纳融合。

加强白鹤镇工业园区、华新工业园区、徐泾绿色工业园区、练塘镇绿色产业园和朱家角产业地块的管控，提高污染物治理水平，加强污染物排放控制，严格执行污染物总量替代要求，加快重点区域和企业结构调整。

以青浦新城、西虹桥商务区及其拓展区、饮用水水源保护区、华新与白鹤两镇等四大区域为重点，加快大气、水环境重污染企业的调整关闭；二是大力推动生产方式和生活方式的转变，优化能源结构，降低传统消费量，逐步推进天然气能源替代工作，减少 SO_2、NO_x、粉尘及有毒有害物质等的排放。

3.5 重点产业发展对区域生态安全影响及预警

3.5.1 生态安全预警指标体系

根据本书已经建立的城镇生态系统承载力–压力评价方法体系，构建生态安全预警指标体系，包括生态承载力风险等级评价体系（表3-5）、产业压力风险等级评价体系（表3-6），通过层次分析法与归一化方法进行各项指标值的归一化处理并建立各指标权重，最后依据权重与分值累加得到研究区域压力风险与承载力风险，相应地划分出五个等级（低、较低、中、较高、高）。

表 3-5 生态承载力风险等级评价体系

系统	类别	具体指标/单位	权重
城镇生态系统自然支撑力（N）	生态弹性指数（R）	土地利用（林地、草地、水域）	0.04
		NDVI	0.03
		生态空间	0.13
	资源供给指数（G）	建成区面积	0.05
	环境容量指数（EC）	COD 环境容量/t	0.15
		氨氮环境容量/t	0.15
		总磷环境容量/t	0.15
		污染土地面积	0.15
城镇生态系统获得性支撑力（F）		区域人口密度	0.04
		区域 GDP 密度/亿元	0.08

表 3-6 产业压力风险等级评价体系

系统	类别	具体指标	权重
城镇生态系统压力指数（IPI）	资源消耗指数（RS）	分区能源消费量	0.125
		农业用水量	0.125
	环境污染指数（P）	氨氮	0.125
		COD	0.125
		总磷	0.125
		NO_x	0.125
		$PM_{2.5}$	0.125
		SO_2	0.125

3.5.2　基于风险矩阵法的生态安全风险评估

通过生态安全预警指标体系对研究区域进行风险评估，基于层次分析法确定的权重及研究区域对应指标数据，获得研究区域压力风险指数和承载力风险指数，分别对区域压力风险指数和承载力风险指数进行分级，获得低、较低、中、较高、高五个风险等级。低风险代表该区域目前处于安全的状态，但未来仍然具有一定不确定性；中风险代表现在已出现一定的风险，但尚在可接受范围内，需要在对两个系统中的一个或者两个采取一些预防行动；高风险表示目前交互区域已经出现不能接受的危险情况，需要立即对两个系统采取强有力的改善手段。根据不同区域压力风险及承载力风险的风险等级计算结果带入到 5×5 风险评估矩阵表中进行研究区域生态安全风险评估结果，从而对研究区域最终环境生态安全预警提出相应评价（表 3-7）。

表 3-7　风险评估矩阵表

承载力	压力				
	低	较低	中	较高	高
低	低	低	低	低	中
较低	低	低	中	中	中
中	低	中	中	中	高
较高	低	中	中	高	高
高	中	中	高	高	高

3.5.3　生态安全风险评价结果

根据对生态承载力风险等级评价体系和产业压力风险等级评价体系中各指数涉及的参数建立的指标体系及其权重，结合青浦区相关数据，得到青浦区生态承载力风险和产业压力风险值，按照相关风险值划分风险等级（表 3-8）。

表 3-8　风险等级划分表

指标	低	较低	中	较高	高
支撑力风险指数	0.8 ~ 1	0.6 ~ 0.8	0.4 ~ 0.6	0.2 ~ 0.4	0 ~ 0.2
压力风险指数	0 ~ 0.2	0.2 ~ 0.4	0.4 ~ 0.6	0.6 ~ 0.8	0.8 ~ 1

根据风险等级划分表得到青浦区生态支撑力风险等级（图 3-20），由图 3-20

可以看出，支撑力风险等级为高的有练塘镇和朱家角镇大部，以及金泽镇部分区域。白鹤镇、重固镇和华新镇支撑力风险等级为较高。香花桥街道支撑力风险等级为中，盈浦街道、夏阳街道、徐泾镇和赵巷镇大部分区域支撑力风险等级为较低，少部分地区为低。

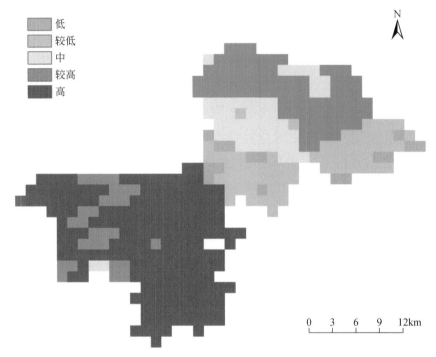

图 3-20　青浦区生态支撑力风险等级

青浦区城镇产业压力风险等级如图 3-21 所示。由图 3-21 可以看出，区域产业压力风险整体呈现出西南低，东北高的状态。具体而言，练塘镇、朱家角镇和金泽镇压力风险等级为低。徐泾镇部分地区为中，其余部分为较高。盈浦街道、夏阳街道、赵巷镇、白鹤镇和华新镇产业压力风险等级为较高。香花桥街道和重固镇产业压力风险等级为高。

根据青浦区生态支撑力风险等级和城镇产业压力风险等级，通过风险评估矩阵表得到青浦区生态安全风险等级（图 3-22）。由图 3-22 可以看出，整个青浦区生态安全风险处于较高水平，其中仅有朱家角镇、金泽镇、盈浦街道、夏阳街道、赵巷镇和徐泾镇部分地区生态安全风险等级为低。白鹤镇、香花桥街道、重固镇、华新镇大部地区生态安全风险等级为高，少部分区域处于中等状态。其余各镇生态安全风险等级主要处于中等状态。

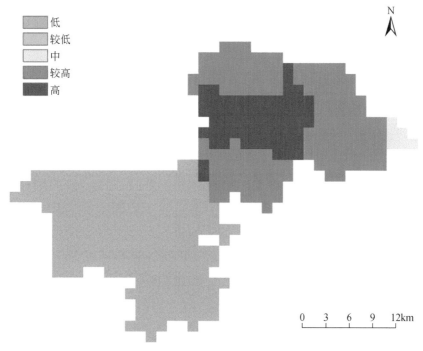

图 3-21　青浦区城镇产业压力风险等级

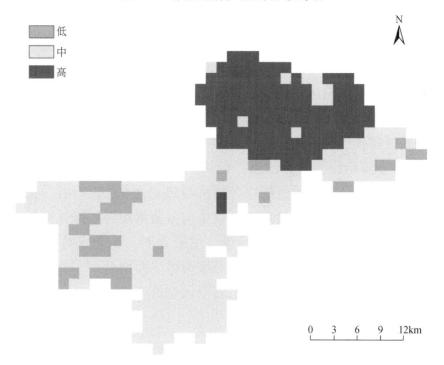

图 3-22　青浦区生态安全风险等级

3.6 小　　结

1）进行生态承载力与产业布局一致性评价，需要结合目前大力开展的"三线一单"工作。本书基于"三线一单"指标体系，选取符合青浦区实际情况的生态空间、水环境、大气环境以及土壤环境指标，对青浦区生态承载力与产业一致性进行分析。单因素计算结果表明，青浦区产业发展与生态空间和土壤环境生态承载力的冲突较小，但是产业发展造成的污染物排放给水环境和大气环境带来的生态压力较大。综合计算结果表明，青浦区生态环境整体呈超载状态，生态承载力与产业发展不协调。

2）本书基于青浦区水资源可利用量及环境容量核算结果，在此基础上以水环境承载力、典型污染物水环境容量、产业调整稳定性等条件为约束，以区域经济增长最大化为目标，同时充分考虑经济、环境系统的不确定性，引入代表不确定性信息的区间数与满意度隶属函数，并通过区间模糊线性规划的方法，构建青浦区环境承载力约束下的产业优化配置模型，提出青浦区经济发展规模与产业结构调控建议，优化区域资源配置和环境承载能力。

3）利用生态承载力与产业布局一致性评价方法体系判断出某一区域自然生态系统对产业布局的支撑能力和状态，识别出超载和未超载区域，结合基于资源环境承载力产业结构优化调控方案，将各区域的产业布局优化方案一一对应并落实，形成研究全区域产业布局优化方案，为区域产业发展和生态环境承载力协调一致性调控提供支撑。

4）构建生态安全预警指标体系，包括生态承载力风险等级评价体系、产业压力风险等级评价体系，通过层次分析法与归一化方法进行各项指标值的归一化处理并建立各指标权重，最后依据权重与分值累加得到研究区域压力风险与承载力风险，相应地划分出五个等级。结果表明，生态支撑力风险呈西南高、东北低的状态；城镇产业压力风险等级整体呈西南低、东北高的状态；由风险评估矩阵表可看出整个青浦区生态安全风险处于较高水平。

第4章 高度城市化地区应用示范研究

4.1 研究区概况

4.1.1 深圳市自然地理概况

深圳市是中国南部海滨城市，位于北回归线以南，属于南亚热带地区。地处广东省南部、珠江口东岸，东临大亚湾，与惠州市相连；西濒珠江口和伶仃洋，与中山市、珠海市相望；南边深圳河与香港相连；北部与东莞、惠州两城市接壤；辽阔海域连接南海及太平洋。陆域位置为东经 113°45′44″ ~ 114°37′21″，北纬 22°26′59″ ~ 22°51′49″；海域位置为东经 113°39′36″ ~ 114°38′43″，北纬 22°09′00″ ~ 22°51′49″。全市面积 1997.47km²，呈东西长南北窄的狭长带状，海洋水域总面积 1145km²，海岸线长 260.5km。

深圳市属低山丘陵滨海区，整个地势东南高、西北低。主要山脉属莲花山系，走向由东向西贯穿中部，由此构成三个地貌带：东南为半岛海湾地貌带，中部为海岸山脉地貌带，西北部为丘陵谷地地貌带，形成天然的海岸屏障，成为河流主要发源地和分水岭。整体地形地貌对海陆气候交流及台风的影响较大，对河流的走向有明显的影响。全市海拔超过600m的山有梧桐山、七娘山、梅沙尖、大燕顶、排牙山、笔架山、田头山，其中梧桐山主峰海拔943.7m，是深圳最高峰。

深圳市属亚热带海洋性季风气候，温润宜人，降水丰富。常年平均气温 23.0°C，最高气温 38.7°C，最低气温 0.2°C。日照时间长，全年日照时数约 2000h，为生物的生存、繁衍提供了有利的条件。深圳紧邻南海，常年主导风向为东南偏东风，平均每年受热带气旋（台风）影响 4 ~ 5 次，在暖湿气流影响下，雨量充沛，降雨集中在每年 4 ~ 9 月，年降雨量 1935.8mm。

深圳市水域包含 9 个流域，300 多条河流（流域面积大于 1 km²），149 座水库，以及珠江口海域和3个海湾。境内河流受地形地貌影响，小河沟多，分布广，干流短，河流径流量小；属于雨源型河流，流量枯丰悬殊，洪峰暴涨暴落。

深圳市具有中国陆地生态系统的多种类型，其中森林类型5类、竹林类型1类、灌丛1类、草甸2类、自然湿地2类。近海海域分布滨海湿地、红树林、珊瑚礁、河口、海湾、潟湖、岛屿、海草床等典型海洋生态系统，以及海蚀与海积地貌等自然景观。人工生态系统有农田生态系统、人工林生态系统、人工湿地生态系统、人工草地生态系统和城市生态系统等。

4.1.2 深圳市社会经济发展概况

深圳市于1979年1月经国务院批准成立，是国家副省级计划单列城市。1980年8月设立深圳经济特区。目前，深圳下辖9个行政区和1个新区：福田区、罗湖区、南山区、盐田区、宝安区、龙岗区、坪山区、龙华区、光明区和大鹏新区。2017年，共有74个街道办事处和810个居民委员会。深圳自南宋末年已陆续有移民落脚，建市后人口增长迅速（图4-1）。

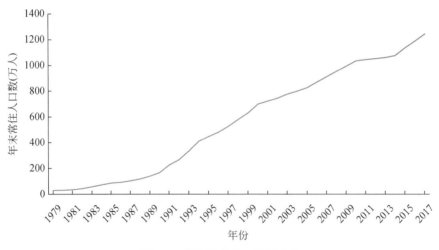

图4-1 深圳常住人口数量变化

截至2017年末，全市常住总人口为1245.26万人，其中18~64岁常住人口占81.16%。与2010年第六次全国人口普查的总人口1035.79万人相比，共增加217.04万人，增长20.95%，年平均增长率为3%。2017年，深圳市人口密度为6234人/km²（表4-1）。各区中，以福田区人口密度最大，达到19 847人/km²；罗湖区次之，为 13 044 人/km²；其余各区人口密度低于 10 000 人/km²。

表 4-1　2017 年分区土地面积、人口及人口密度

项目	土地面积（km²）	年末常住人口（万人）	人口密度（人/km²）
全市	1 997.47	1 245.26	6 234
福田区	78.66	156.12	19 847
罗湖区	78.75	102.72	13 044
盐田区	74.99	23.72	3 163
南山区	187.53	142.46	7 597
宝安区	396.61	314.90	7 940
龙岗区	388.22	227.89	5 870
龙华区	175.58	160.37	9 134
坪山区	166.31	42.80	2 574
光明区	155.44	59.68	3 839
大鹏新区	295.38	14.61	495

注：来源于《深圳统计年鉴 2020 年》。

　　1979 年以来，深圳市经济持续快速发展，地区生产总值持续上升（图4-2）。从 2010 年开始，深圳地区生产总值突破 1 万亿元。2017 年，深圳市地区生产总值达到23 280.72亿元，人均地区生产总值为 189 993 元。在现代产业中，现代服务业增加值为9306.54 亿元；先进制造业增加值为 5743.87 亿元；高技术制造业增加值为 5302.47 亿元。四大支柱产业中，金融业增加值为 3059.98 亿元；物流业增加值为 2276.39 亿元；文化及相关产业增加值为 1529.75 亿元；高新技术产业增加值为 7359.69 亿元。

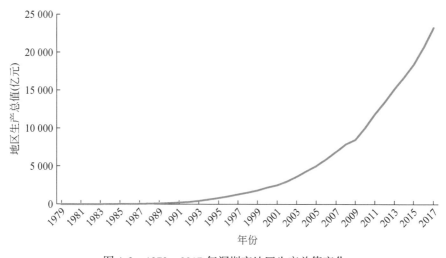

图 4-2　1979~2017 年深圳市地区生产总值变化

由表4-2可以看出，深圳市各区的地区生产总值从高到低依次是南山区、福田区、宝安区、龙岗区、罗湖区、龙华区、光明区、盐田区、坪山区、大鹏新区。各区人均地区生产总值从高到低依次是南山区、福田区、盐田区、大鹏新区、罗湖区、龙岗区、光明区、坪山区、龙华区、宝安区。各区地均地区生产总值从高到低依次是福田区、南山区、罗湖区、龙华区、龙岗区、宝安区、盐田区、光明区、坪山区、大鹏新区。

表4-2　深圳市各区2017年地区生产总值情况

项目	地区生产总值（亿元）	地均地区生产总值（亿元/km²）	人均地区生产总值（万元/人）
福田区	4007.87	50.95	25.67
罗湖区	2127.76	27.02	20.71
盐田区	573.80	7.65	24.19
南山区	5181.58	27.63	36.37
宝安区	3459.64	8.72	10.99
龙岗区	3942.71	10.16	17.30
龙华区	2155.94	12.28	13.44
坪山区	611.89	3.68	14.30
光明区	854.01	5.49	14.31
大鹏新区	330.95	1.12	22.65

注：来源于《深圳统计年鉴2020年》。

4.2　产业发展与生态环境现状评价

4.2.1　产业发展状况评价

根据城镇地区实际情况和城市发展目标等因素，参照可持续发展度量指标体系和生态市建设指标体系及已有研究中的成果，以资源消耗与污染物排放等指标为基础，构建城镇地区产业评价模型。以1km格点尺度为基本单元，计算产业压力指数（IPI），以城镇产业压力指数表征产业发展的现状。主要指标见表4-3。

表 4-3　深圳市产业发展现状评价指标体系

目标层	准则层	指标层/单位
产业压力指数（IPI）	资源消耗指数（RS）	用水总量/万 t
		用电总量/万 kW·h
	环境污染指数（P）	生活垃圾产生量/t
		工业固体废物产生量/t
		工业 SO$_2$ 排放量/t
		工业粉尘排放量/t
		工业废水排放量/t

　　指标体系中的各个指标一般都具有自身的量纲和分布区间，并且各个指标彼此量纲不同，因此无法直接进行比较和运算。为消除各评价指标量纲差异的影响和统一指标的变化范围，在利用指标体系进行定量计算之前，应首先对体系中的原始指标进行无量纲变换处理。由于产业压力指数所采用的指标均为正向指标，因此，采用下列方法进行归一化处理，见式（4-1）：

$$x'_i = \frac{x_i - x_{\min}}{x_{\max} - x_{\min}} \qquad (4-1)$$

其中，x'_i 为归一化后的结果；x_i 为计算后得到的原始结果；$x_{\max}$ 为各指标原始结果的最大值；$x_{\min}$ 为各指标原始结果的的最小值。

　　由于指标体系中指标层中的每个指标对准则层和目标层的贡献和影响是有区别的，因此在计算产业压力指数时需要确定每个指标的权重。本书采用层次分析法进行指标权重的确定，通过建立层次结构模型、构造判断矩阵、相对重要度计算和一致性检验等步骤，最终在层次分析法软件 YAAHP6.0 中确定各指标的权重。

4.2.1.1　数据源和数据处理

（1）资源消耗指数（RS）

1）用水总量：用水总量参考《2017 年深圳市水资源公报》，统计到各区，结果见表 4-4。

表 4-4　2017 年深圳市各区用水量表　　　　（单位：万 m³）

区名	农业用水量	工业用水量	居民生活用水量	城市公共用水量	生态环境用水量	总计
福田区	52.54	1 469.57	9 793.86	10 289.45	2 570.35	24 175.77

续表

区名	农业用水量	工业用水量	居民生活用水量	城市公共用水量	生态环境用水量	总计
罗湖区	121.89	900.85	6 439.47	6 277.65	452.83	14 192.69
盐田区	76.7	186.66	1 244.01	1 306.95	980.05	3 794.37
南山区	908.71	1 488.23	9 918.22	10 420.08	1 144.96	23 880.2
宝安区	1 925.89	16 680.01	16 034.29	9 857.55	1 174.52	45 672.26
龙岗区	1 120.21	11 394.22	15 903.94	9 917.34	1 910.06	40 245.77
龙华区	775.79	6 421.76	7 726.64	7 240.95	2 720.76	24 885.9
坪山区	605.43	3 428.43	2 036.85	1 081.49	457.93	7 610.13
光明区	1 472.96	6 054.6	3 085.92	2 283.82	1 139.36	14 036.66
大鹏新区	795.83	643.06	597.98	660.77	458.33	3 155.97
总计	7 855.95	48 667.39	72 781.18	59 336.05	13 009.15	201 649.72

对全市用水总量指标进行矢量化处理和归一化处理，结果见图4-3。

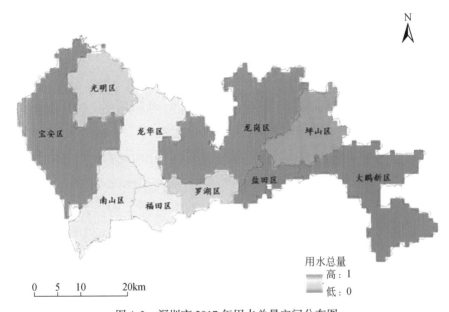

图 4-3　深圳市 2017 年用水总量空间分布图

2）用电总量：用电总量数据主要参考各区 2017 年统计年鉴，部分数据由万元 GDP 电耗数据转化，数据统计到各区（表 4-5）。

表 4-5　深圳市各区 2017 年用电总量　　　　（单位：万 kW·h）

区名	用电总量
福田区	777 292

区名	用电总量
罗湖区	442 179
盐田区	105 074
南山区	2 664 082
宝安区	898 643
龙岗区	1 613 173
龙华区	1 035 500
坪山区	404 800
光明区	802 400
大鹏新区	101 536

对全市用电总量指标进行矢量化处理和归一化处理，结果见图4-4。

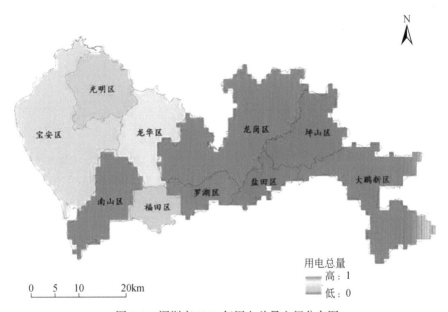

图 4-4　深圳市 2017 年用电总量空间分布图

（2）环境污染指数（P）

1）生活垃圾产生量：生活垃圾产生量数据主要参考各区 2017 年统计年鉴，数据统计到各区（表4-6）。

表 4-6　深圳市各区 2017 年生活垃圾产生量　　　　（单位：万 t）

区名	生活垃圾产生量
罗湖区	49.7

区名	生活垃圾产生量
福田区	80.3
盐田区	8.3
南山区	68.5
宝安区	172.0
龙岗区	142.1
龙华区	24.4
坪山区	25.0
光明区	20.8
大鹏新区	10.6

对全市生活垃圾产生量指标进行矢量化处理和归一化处理，结果见图4-5。

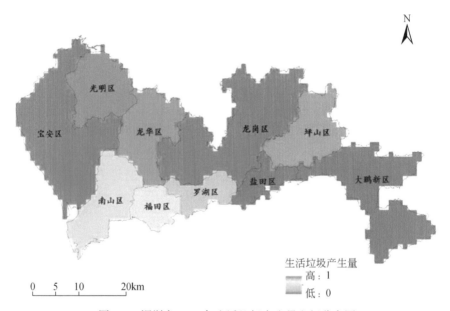

图4-5 深圳市2017年生活垃圾产生量空间分布图

2）工业固体废物产生量、工业 SO_2 排放量、工业粉尘排放量和工业废水排放量：工业固体废物产生量、工业 SO_2 排放量、工业粉尘排放量和工业废水排放量均以2017年深圳市环境统计数据为基础，对其中工业企业污染排放及处理利用情况进行分析，以1km格点尺度为基本单元对数据进行矢量化、统计并归一化处理，结果见图4-6～图4-9。

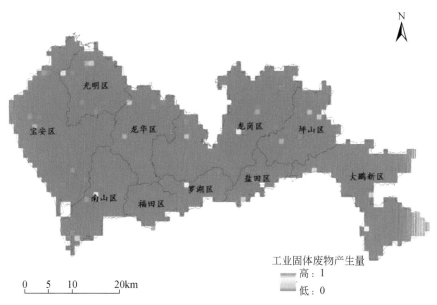

图 4-6 深圳市 2017 年工业固体废物产生量空间分布图

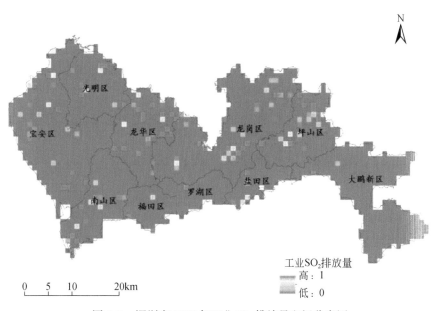

图 4-7 深圳市 2017 年工业 SO_2 排放量空间分布图

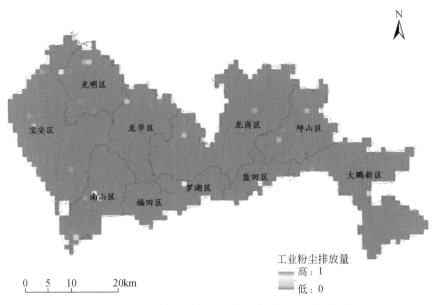

图 4-8 深圳市 2017 年工业粉尘排放量空间分布图

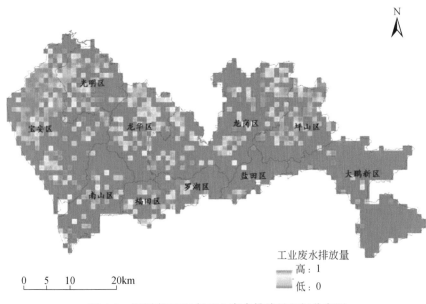

图 4-9 深圳市 2017 年工业废水排放量空间分布图

4.2.1.2 权重确定

将构建好的产业发展评价体系输入层次分析法软件 YAAHP 6.0 中，生成权重结果（表 4-7）。

表 4-7 产业发展状况评价体系权重结果

目标层	准则层	指标层/单位	权重
产业压力指数 （IPI）	资源消耗指数（RS） （40%）	用水总量/万 t	20%
		用电总量/万 kW·h	20%
	环境污染指数（P） （60%）	生活垃圾产生量/t	18%
		工业固体废物产生量/t	12%
		工业 SO_2 排放量/t	6%
		工业粉尘排放量/t	6%
		工业废水排放量/t	18%

4.2.1.3 评价结果

根据权重结果，对各指标层指标赋权，计算得出深圳市产业压力指数的空间分布情况，评估深圳市产业发展现状。结果表明，深圳市的生态压力呈现东南低、西北高的势态，其中东南的盐田区、坪山区和大鹏新区其产业发展对生态环境造成的压力较小，罗湖区和光明区次之，福田区、龙华区的生态压力偏高，而宝安区和龙岗区的生态压力最高，尤其以宝安区的西北部地区最为突出。这主要是由于宝安区的西北部地区是工业废水主要的排放区域（图 4-10）。

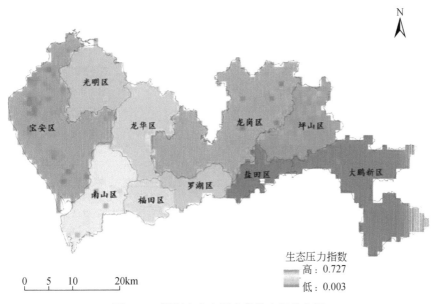

图 4-10 深圳市生态压力指数空间分布图

4.2.2 生态承载力状况评价

以水环境控制单元、大气公里网格、土地利用斑块为基础，建立适宜的格点尺度的生态承载力评价单元。以环境、资源、生态等指标为重点，以可持续发展理论、生态承载力理论、生态学理论为基础，结合区域环境影响的特征，采用层次分析法，构建适用于城市化区域生态承载力评价模型，计算生态承载指数（ECI），来表征深圳市生态环境现状，主要指标见表4-8。

表4-8　生态环境现状评价指标体系

目标层	准则层	指标层/单位
城镇生态系统自然支撑力（N）	生态弹性指数（R）	耕地面积比例/%
		绿地覆盖率/%
		自然保护区覆盖率/%
	资源供给指数（G）	人均水资源量/t
		人均建成区面积/m³
	环境容量指数（EC）	城市生活污水处理率/%
		工业固体废物处置利用率/%
		生活垃圾无害化处理率/%
		$PM_{2.5}$环境容量/t
		SO_2环境容量/t
		NO_x环境容量/t
		黑臭水体长度/km
		水体COD环境容量/t
		水体氨氮环境容量/t
		污染土地面积/hm²
城镇生态系统获得性支撑力（F）		高新技术产业产值占工业总产值比例/%
		劳动力人口占总人口比例/%
		人均GDP增长率/%

由于生态环境现状评价所采用的指标包括正向指标和负向指标，因此，采用下列方法进行归一化处理：

对于正向指标，采用式（4-2）：

$$x'_i = \frac{x_i - x_{min}}{x_{max} - x_{min}} \tag{4-2}$$

对于负向指标，采用式（4-3）：

$$x'_i = \frac{x_{\max} - x_i}{x_{\max} - x_{\min}} \qquad (4-3)$$

式中，x'_i 为归一化后的结果；x_i 为计算后得到的原始结果；$x_{\max}$ 为各指标原始结果的最大值；$x_{\min}$ 为各指标原始结果的最小值。

采用层次分析法确定指标体系指标层中的每个指标的权重。

4.2.2.1 数据源和数据处理

（1）生态弹性指数（R）

1）耕地覆盖率、绿地覆盖率：耕地覆盖率和绿地覆盖率以深圳市各行政区街道边界为基础，根据 2017 年深圳市土地利用图进行统计分析，并进行矢量化和归一化处理，结果见图 4-11 和图 4-12。

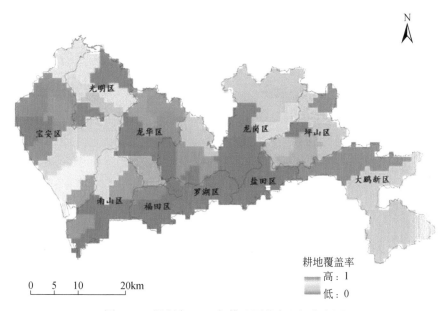

图 4-11 深圳市 2017 年耕地覆盖率空间分布图

2）自然保护区覆盖率：深圳市自然保护区主要包括广东内伶仃岛–福田国家级自然保护区、大鹏半岛市级自然保护区、田头山市级自然保护区、铁岗石岩市级自然保护区、大鹏半岛国家地质公园和梧桐山国家级风景名胜区。自然保护区覆盖率通过叠加 2017 年深圳市行政区边界图和自然保护区范围图，以街道为基本单元，统计各街道自然保护区覆盖率，并对数据进行归一化处理，结果见图 4-13。

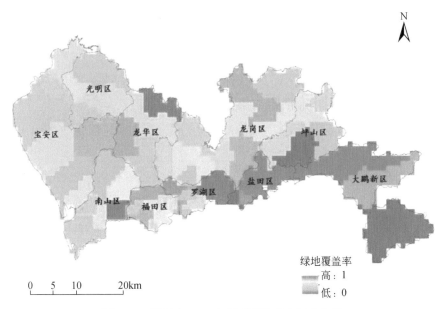

图 4-12 深圳市 2017 年绿地覆盖率空间分布图

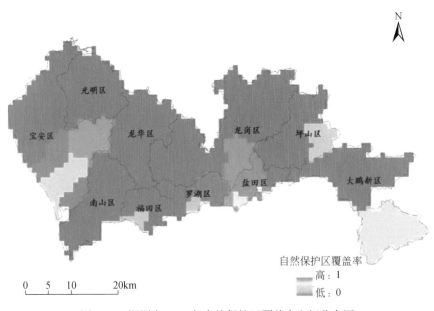

图 4-13 深圳市 2017 年自然保护区覆盖率空间分布图

（2）资源供给指数（G）

1）人均水资源量：人均水资源量参考《2017 年深圳市水资源公报》，统计到各区，结果见表 4-9。

表 4-9　深圳市各区 2017 年人均水资源量

项目	人均水资源量（m³/人）
福田区	50.19
罗湖区	88.91
盐田区	306.8
南山区	106.54
宝安区	93.57
龙岗区	180.93
龙华区	103.48
坪山区	415.55
光明区	185.33
大鹏新区	2754.28

对全市人均水资源量指标进行矢量化处理和归一化处理，结果见图 4-14。

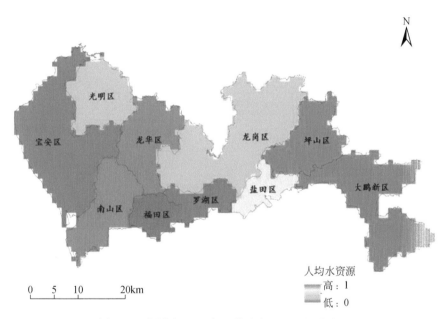

图 4-14　深圳市 2017 年人均水资源量空间分布图

2）人均建成区面积：人均建成区面积以街道边界为基础，根据 2017 年深圳市土地利用图进行统计分析，并进行矢量化和归一化处理，结果见图 4-15。

（3）环境容量指数（EC）

1）城市生活污水处理率：城市生活污水处理率参考 2017 年深圳市环境统计数据和各区统计年鉴，数据统计到各区，并对全市城市生活污水处理率指标

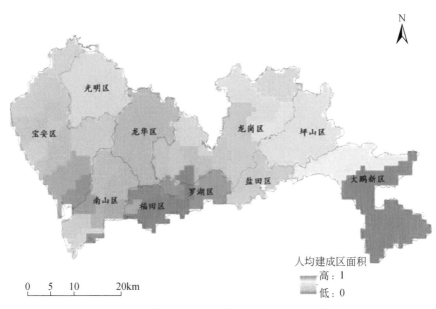

图 4-15　深圳市 2017 年人均建成区面积空间分布图

进行矢量化处理和归一化处理，结果见图 4-16。

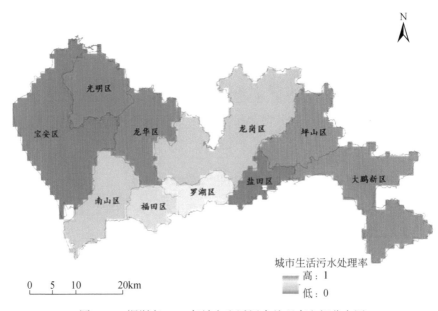

图 4-16　深圳市 2017 年城市生活污水处理率空间分布图

2）工业固体废物处置利用率、生活垃圾无害化处理率：工业固体废物处置利用率和生活垃圾无害化处理率指标主要参考《2017 年度深圳市固体废物污染环境防治信息公告》和《2017 年度深圳市环境质量报告书》：2017 年，全市工业固体废物产生总量为 209.25 万 t，其中，综合利用 168.14 万 t，无害化处理处置 40.65 万 t，暂存 0.46 万 t，即全市工业固体废物处置利用率达到 99.8%。2017 年，全市共收集处理生活垃圾 603.99 万 t（16 548t/d），主要采用焚烧和填埋方式进行无害化处理，焚烧和填埋处理量分别为 247.54 万 t 和 356.45 万 t，即生活垃圾无害化处理率达到 100%。因此，工业固体废物处置利用率和生活垃圾无害化处理率指标在全市体现不出空间差异，在评估中意义不大。

3）大气环境容量：大气环境容量是环境容量中的一种，是指一个区域在某种环境目标（如空气质量达标或酸沉降临界负荷）约束下的大气污染物最大允许排放量。大气环境容量总量在研究中有两种技术，一种是严格按当地大气边界层传输、扩散条件计算各种污染物允许排放量，另一种是按《国家制定地方大气污染物排放标准的技术方法》来计算规划区内大气污染物排放限值。后者属于地区系数法，通过控制区总面积、各功能区面积，及总量控制系数 A 值即可算出该环境控制区的大气环境容量，在一定程度上兼顾了地区性的边界层特点，比较宏观，方法简单，可以比较方便地调试到国家下达的管理目标总量限值区间范围，故此本研究采用此方法进行计算。本书根据国家《制定地方大气污染物排放标准的技术方法》（GB/T 3840—1991）应用 A–P 值法中的 A 值法计算大气环境容量，其计算公式见式（4-4）：

$$Q_{ak} = \sum_{i=1}^{n} Q_{aki} \tag{4-4}$$

式中，Q_{ak} 为总量控制区某种污染物年允许排放总量限值，万 t；Q_{aki} 为第 i 个功能区某种污染物年允许排放总量限值，万 t；n 为功能区子区总数；i 为总量控制区内各功能区分区的编号；a 为总量下标；k 为某种污染物下标。

各功能区污染物排放总量限值计算由式（4-5）决定：

$$Q_{aki} = A_{ki} \frac{S_i}{\sqrt{S}} \tag{4-5}$$

式中，S 为总量控制区总面积，km²，由式（4-6）计算：

$$S = \sum_{i=1}^{n} S_i \tag{4-6}$$

式中，S_i 为第 i 个功能区面积，km²；A_{ki} 为第 i 个功能区某种污染物排放总量控制系数，万 t/（a·km），由式（4-7）计算：

$$A_{ki} = A \times C_{ki} \tag{4-7}$$

式中，C_{ki} 为地方和国家有关大气环境质量标准所规定的与第 i 个功能区类别相应的年日平均浓度限值，mg/m^3；A 为地理区域性总量控制系数，万 km^2/a。

按原国家环境保护总局环境规划院《城市大气环境容量核定技术报告编制大纲》的补充说明计算 A 值 [式（4-8）]：

$$A = A_{min} + 0.1 \times (A_{max} - A_{min}) = 3.5 + 0.1 \times (4.9 - 3.5) = 3.64 \qquad (4-8)$$

大气污染物环境质量标准执行中华人民共和国国家标准《环境空气质量标准》（GB 3095—2012）。本次容量核定计算 SO_2、NO_x、$PM_{2.5}$ 三种污染物，各项污染物的标准见表 4-10。

表 4-10　环境空气质量标准

污染物名称	取值时间	浓度限值（$\mu g/m^3$）	
		一级	二级
$PM_{2.5}$	年平均	15	35
	24 小时平均	35	75
SO_2	年平均	20	60
	24 小时平均	50	150
	1 小时平均	150	500
NO_x	年平均	50	50
	24 小时平均	100	100
	1 小时平均	250	250

按照《广东省深圳市人民政府关于调整深圳市环境空气质量功能区划分的通知》（深府〔2008〕98 号），深圳市环境空气质量功能区划分为一类环境空气质量功能区（一类区）和二类环境空气质量功能区（二类区）。一类区为自然保护区（内伶仃岛及福田红树林自然保护区、石岩水库、铁岗水库及西丽水库二级水源保护区外围边界内缩 500m 以内的区域）、风景名胜区（梧桐山国家森林公园及仙湖植物园）和其他需要特殊保护的地区，主要包括大鹏半岛的排牙山一类区（指排牙山基本生态控制线内缩 500m 以内的区域）和大鹏半岛一类区（指大鹏半岛基本生态控制线内缩 500m 以内的区域）；二类区为城市规划中确定的居住区、商业交通居民混合区、文化区和一般工业区。一类区面积为 182.8km^2，占全市总面积的 9.15%，深圳市其他地区为二类区，面积为 1814km^2，占全市总面积的 90.85%。

按前面阐述的计算方法、选取参数、浓度限值和功能分区，深圳市大气环境容量的计算结果见表 4-11。

表 4-11　深圳市大气环境容量

地区名称	功能类别	环境容量（t/a）		
		PM$_{2.5}$	SO$_2$	NO$_x$
石岩水库–铁岗水库–西丽水库一类区	一类	901.1	1 201.5	3 003.8
福田红树林一类区	一类	48.5	64.7	161.7
梧桐山一类区	一类	224.5	299.3	748.2
内伶仃岛一类区	一类	61.5	81.9	204.9
排牙山一类区	一类	262.2	349.6	874.0
大鹏半岛一类区	一类	735.8	981.1	2 452.7
其他地区	二类	51 717.4	88 658.4	73 882.0
合计		53 951.0	91 636.5	81 327.3

对全市 PM$_{2.5}$ 环境容量、SO$_2$ 环境容量、NO$_x$ 环境容量指标进行矢量化处理和归一化处理，结果见图 4-17 ~ 图 4-19。

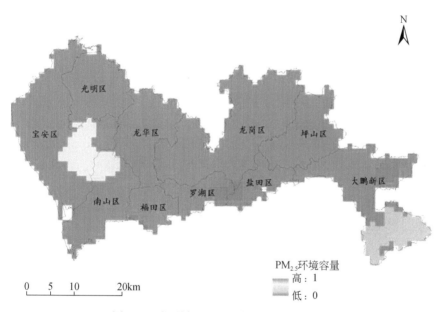

图 4-17　深圳市 PM$_{2.5}$ 环境容量空间分布图

4）黑臭水体长度：黑臭水体数据参考《2017 年度深圳市环境质量报告书》中 2017 年 12 月深圳市黑臭水体分布图，自 2016 年起，深圳市黑臭水体数量明显减少，目前全市 300 余条河流仅茅洲河流域的新陂头河、茅洲河（宝安段）、罗田水、沙井河、排涝河、石岩河，观澜河流域的君子布河（龙华段）、油松河、坂田河、白花河、龙华河，龙岗河流域的四联河、大康河，珠

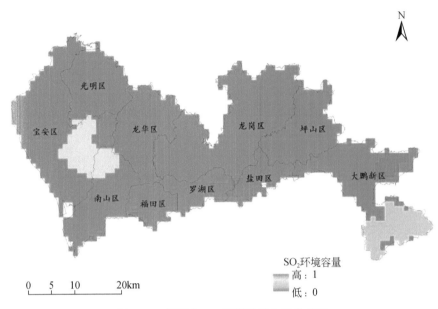

SO₂环境容量
高：1
低：0

图 4-18　深圳市 SO₂ 环境容量空间分布图

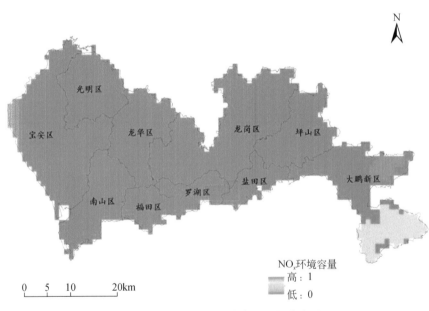

NOₓ环境容量
高：1
低：0

图 4-19　深圳市 NOₓ 环境容量空间分布图

江口流域的迖仔涌等河流仍为黑臭水体（图 4-20）。

　　以街道行政边界为基础，根据 2017 年 12 月深圳市黑臭水体空间分布图进行黑臭水体长度统计分析，并进行矢量化和归一化处理，结果见图 4-21。

　　5）水体环境容量：水体环境容量是区域水环境在不影响水资源利用的前

图 4-20　深圳市黑臭水体空间分布图

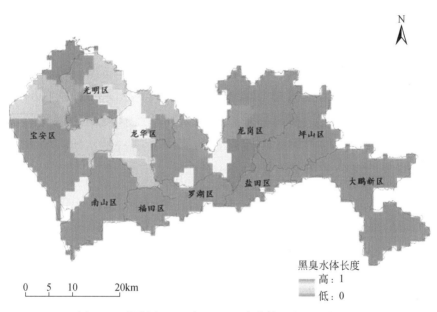

图 4-21　深圳市 2017 年 12 月黑臭水体长度空间分布图

提下所能容纳污染物的能力。基于深圳市污染源现状和各水域的具体条件，选择该区域影响最大的 2 种污染物：COD 和氨氮作为容量计算的主要控制因子，即本研究主要核算深圳市水体 COD 环境容量和水体氨氮环境容量。

　　水文条件确定：计算深圳市河流天然流量的环境容量时，根据《水域纳污能力计算规程》（GB 25173—2010），用 90% 保证率最枯月平均流量或近 10 年最枯月平均流量作为设计流量条件。水文条件为 90% 保证率下的深圳市各河流流量条件，具体见表4-12。

表 4-12 深圳市河流水环境容量计算采用的水文条件　　　　（单位：m³/s）

指标	龙岗河	观澜河	坪山河	茅洲河	深圳河	其他
90%保证率流量	5.18	3.36	2.60	4.38	3.37	8.68

由于深圳市每年调水量比较稳定，水资源量随时间变化远不如天然水资源剧烈，量的供应基本上可以全部得到保证。所以计算调水增加的环境容量时引水量和流量作为容量计算时的水文条件。

设计流速：河流的设计流速为对应设计流量条件下的流速。对于断面设计流速，采用实际测量数据（转化为设计条件下的流速）。

水质目标值：根据《水污染防治行动计划》《深圳市地面水环境功能区划》《深圳市治水提质工作计划（2015—2020年)》，结合深圳市相关的规划的水质改善要求，展开水质目标研究，确定水质目标。水（环境）功能区相应环境质量标准具体落实于功能区下游断面，断面达标即意味着水环境功能区水质达标。计算单元的初始断面浓度参考上一个功能区水质目标。

由于深圳市河流自然径流量均较小，污染物浓度仅在河流纵向上发生变化、断面横向上变化不大，横向和垂向的污染物浓度梯度可以忽略，满足河流一维水质模型的适用条件，因此河流容量计算均采用一维水质模型进行计算。

污染物浓度计算公式见式（4-9）：

$$C = C_0 e^{-K\frac{x}{u}} \tag{4-9}$$

式中，C 为完全混合的水质浓度，mg/L；C_0 为设计水质浓度，mg/L；K 为综合降解系数，1/d；u 为河流断面平均流速，m/s；x 为沿程距离，km；

此时，河流的水环境容量按式（4-10）计算：

$$W = 31.45 \frac{C_s(Q+Q_P) - C_0 e^{-K\frac{L}{u}} Q}{e^{-K\frac{x_1}{u}}} \tag{4-10}$$

式中，W 为水环境容量，t/a；C_s 为水质目标浓度值，mg/L；Q 为上游来水设计水量，m³/s；Q_P 为污水设计流量，m³/s；x_1 为概化排污口到下断面的距离，m；其余符号意义同前。

综合降解系数 K 值计算：深圳市各河流 COD 和氨氮的降解系数取值参考《地表水环境容量核定技术报告编制大纲》《全国地表水水环境容量核定技术复核要点》中的参考值，并根据历史实测数据与深圳市近年来实际情况做适当调整（表 4-13）。

表 4-13 深圳市河流 COD、氨氮降解系数 *k*（1/d）取值

指标	龙岗河	观澜河	坪山河	茅洲河	深圳河	其他
COD	0.16	0.13	0.22	0.12	0.10	0.21
氨氮	0.06	0.05	0.13	0.03	0.03	0.03

通过上述计算方法，深圳市河流水环境容量如表 4-14 所示。

表 4-14 深圳市河流天然环境容量 （单位：t/a）

河流	COD	氨氮
龙岗河	1147.8	32.9
坪山河	624.2	19.3
观澜河	996.5	30.9
茅洲河	920.9	26.9
深圳河	1269.3	41.5
其他河流	1831.1	52.5
合计	6789.8	213.9

深圳每年从境外大量调水，这部分水资源是深圳水资源量的重要组成部分，同样也是深圳水环境容量的重要构成，由于该部分水资源量的来源比较稳定，水资源量随时间变化远不如天然水资源剧烈，量的供应基本上可以全部得到保证，所以计算容量时引水量和流量作为容量计算时的水文条件。深圳市内河流总体环境容量见表 4-15。

表 4-15 深圳市河流境外调水环境容量 （单位：t/a）

河流	COD	氨氮
龙岗河	1 117.6	31.5
坪山河	553	19.5
观澜河	1 630.4	53.4
茅洲河	925.1	24.4
深圳河	4 071.9	110.6
其他河流	3 090.5	108.7
合计	11 388.5	348.1

因此，深圳市的水体环境容量，见表 4-16。

表 4-16　深圳市河流水环境容量　　　　　　（单位：t/a）

河流	COD	氨氮
龙岗河	2 265.4	64.4
坪山河	1 177.2	38.8
观澜河	2 626.9	84.3
茅洲河	1 846	51.3
深圳河	5 341.2	152.1
其他河流	4 921.6	161.2
合计	18 178.3	552.1

以流域边界为基础，根据上述计算结果进行统计分析，并进行矢量化和归一化处理，结果见图 4-22 和图 4-23。

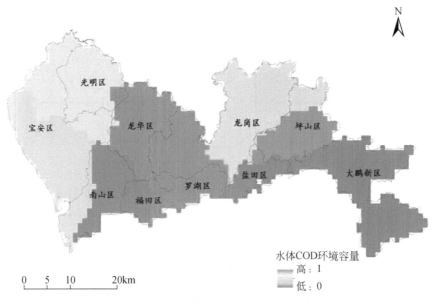

图 4-22　深圳市水体 COD 环境容量空间分布图

6）污染土地面积：污染土地面积主要依据深圳市土壤环境质量调查监测数据，对其中的汞、砷、铬、铜、铅等主要污染物的空间分布进行插值，依据《土壤环境质量标准》（GB 15618—1995），将超标的范围记作污染土地，并将污染土地面积按照 1km 格点尺度为基本单元进行计算，对其空间分布进行归一化处理，结果见图 4-24。

（4）城镇生态系统获得性支撑力（F）

1）高新技术产业产值占工业总产值比例：高新技术产业产值和工业总产

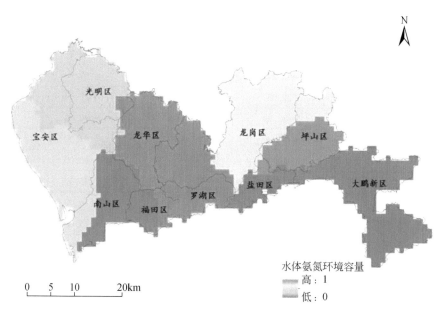

图 4-23　深圳市水体氨氮环境容量空间分布图

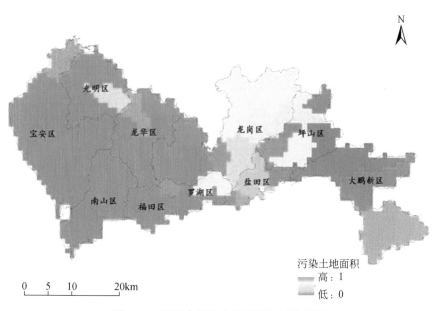

图 4-24　深圳市污染土地面积空间分布图

值数据参考深圳市各区 2017 年统计年鉴和 2017 年国民经济和社会发展统计公报，计算其比值，数据统计到各区（表 4-17）。

对全市高新技术产业产值占工业总产值比例指标进行矢量化处理和归一化处理，结果见图 4-25。

表 4-17　深圳市 2017 年工业总产值及高新技术产业产值占工业总产值比例

区名	2017 工业总产值（亿元）	高新技术产业产值占工业总产值比例（%）
罗湖区	464.73	22.71
福田区	850.27	67.90
盐田区	670.08	22.90
南山区	5 680.54	70.00
宝安区	6 647.5	62.70
龙岗区	7 940.34	56.00
龙华区	4 239.48	35.00
坪山区	1 640.72	56.00
光明区	2 004.49	45.00
大鹏新区	519.38	40.00
全市	30 657.53	55.00

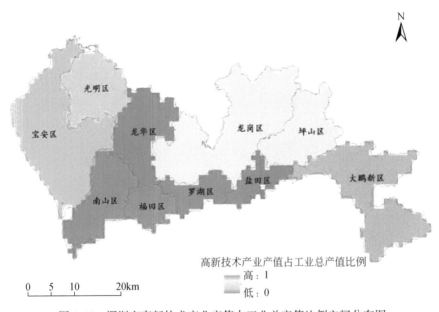

图 4-25　深圳市高新技术产业产值占工业总产值比例空间分布图

2）劳动力人口占总人口比例：劳动力人口和总人口数据参考深圳市各区 2017 年统计年鉴和 2017 年国民经济和社会发展统计公报，计算其比值，数据统计到各区，并进行矢量化处理和归一化处理，结果见图 4-26。

3）人均 GDP 增长率：人均 GDP 增长率参考深圳市各区 2017 年统计年鉴和 2017 年国民经济和社会发展统计公报，部分数据通过两年人均 GDP 增长情况计算获得，数据统计到各区（表 4-18）。

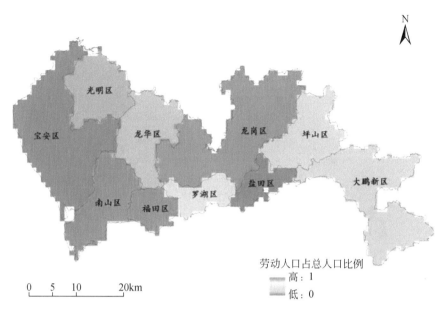

图 4-26　深圳市劳动力人口占总人口比例空间分布图

表 4-18　深圳市 2017 年人均 GDP 增长率

区名	人均 GDP 增长率（%）
罗湖区	5.80
福田区	3.06
盐田区	4.80
南山区	13.99
宝安区	4.10
龙岗区	4.20
龙华区	3.60
坪山区	2.50
光明区	10.45
大鹏新区	2.90

对全市人均 GDP 增长率比例指标进行矢量化处理和归一化处理，结果见图 4-27。

4.2.2.2　权重确定

将生态环境状况评价体系输入层次分析法软件 YAAHP 6.0 中，生成权重结果（表 4-19）。

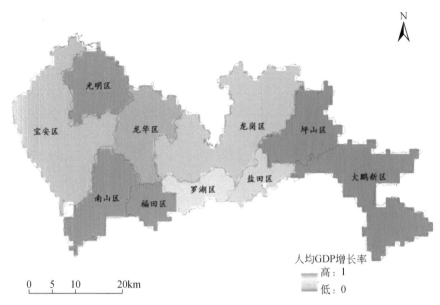

图 4-27 深圳市人均 GDP 增长率空间分布图

表 4-19 生态环境状况评价体系权重结果

目标层	准则层	指标层	权重
城镇生态系统 自然支撑力（N） 70%	生态弹性指数（R） 21%	耕地面积比例	2.1%
		绿地覆盖率	8.4%
		自然保护区覆盖率	10.5%
	资源供给指数（G） 14%	人均水资源量	7%
		人均建成区面积	7%
	环境容量指数（EC） 35%	城市生活污水处理率	3.5%
		工业固体废物处置利用率	0
		生活垃圾无害化处理率	0
		$PM_{2.5}$ 环境容量	3.5%
		SO_2 环境容量	1.75%
		NO_x 环境容量	5.25%
		黑臭水体长度	3.5%
		水体 COD 环境容量	7%
		水体氨氮环境容量	7%
		污染土地面积	3.5%
城镇生态系统 获得性支撑力（F） 30%	30%	高新技术产业产值占工业总产值比例	15%
		劳动力人口占总人口比例	6%
		人均 GDP 增长率	9%

4.2.2.3　评价结果

根据权重结果，对各指标层指标赋权，计算得出深圳市生态承载力指数（ECI）的空间分布情况，评估深圳市生态环境现状。结果表明，深圳市的生态承载力以经济最好的南山区和福田区最高，罗湖区和龙岗的西部片区、光明区、坪山区的东北部及大鹏新区中部较高，盐田区、大鹏新区的葵涌片区和宝安区的石岩片区最低。这主要是由于这几个片区位于自然保护区内，生态弹性指数（R）、环境容量指数（EC）偏低，而城镇生态系统获得性支撑力（F）不足造成（图 4-28）。

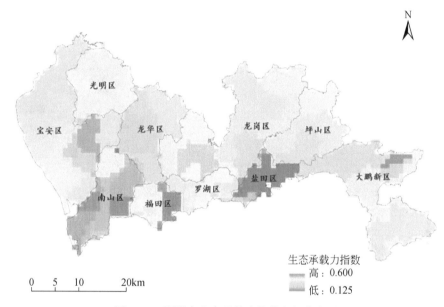

图 4-28　深圳市生态承载力指数空间分布图

4.3　生态承载力与产业一致性评价

生态承载力与产业一致性评价主要采用承压度指数法，即采用格点尺度单元内产业压力指数与生态承载指数的比值进行区域生态承载力与产业一致性评价。当承压度指数 ≤1 时，产业布局与结构不需进行调整；当承压度指数 >1 时，产业布局与结构会对区域生态安全产生重大影响，需进行调整或优化。

承压度指数可按照式（4-11）计算：

$$\mathrm{PDI}_j = \sum W_{ij}/C_j \ (i = 1,\ 2,\ \cdots,\ n;\ j = 1,\ 2,\ \cdots,\ m) \qquad (4\text{-}11)$$

式中，PDI_j 为第 j 个单元的承压度指数；i 为单元中 n 个产业中的第 i 个产业；W_{ij} 为第 j 个单元中第 i 个产业压力指数（主要以产业污染物排放量表征）；C_j 为第 j 个单元中以生态承载指数。

通过 ArcGIS 软件计算每一个公里网格上的承压度指数，得出深圳市生态承载力与产业一致性的空间分布情况，结果见图 4-29。

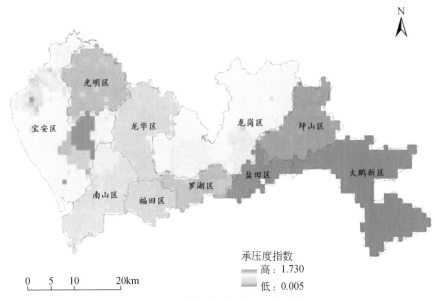

图 4-29 深圳市承压度指数空间分布图

结果表明，深圳市承压度指数呈现从东南到西北增高的趋势，其中东南区域的盐田区、坪山区和大鹏新区及西北部的光明新区承压度较低，中部的罗湖区、福田区、龙华区和南山区次之，北部的龙岗区和西部的宝安区承压度较高，尤其以宝安区的铁岗石岩、沙井街道和龙岗的园山街道最高。

由图 4-30 可知，深圳市大部分地区生态承载力和产业发展相一致，而宝安区全域及龙岗区大部分区域存在产业布局和结构与区域的生态承载力存在一定程度的不协调，有可能会对区域生态安全产生重大影响，需进行调整或优化。

总体来说，深圳市产业发展状况基本良好，除原特区外部分地区，深圳市大部分区域的产业发展状况比较理想；深圳市生态环境状况基本良好，由于经济发展迅速，城镇生态系统获得性支撑力（F）较高，并且自然本底较好，生态弹性指数（R）较高，因此生态承载力较高。产业发展的主要压力来源于废水的排放和生活垃圾的产生，生态环境状况主要依靠较高的城镇生态系统获得性支撑力。

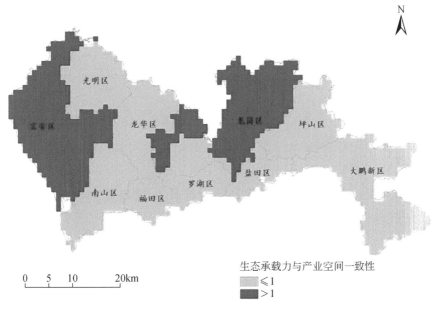

图 4-30　深圳市生态承载力与产业一致性评价空间分布图

4.4　基于环境容量约束的产业结构优化模型研究

资源–环境系统存在诸多客观或人为的不确定性，例如，各部门单位用水量的收益、水资源开发及分配成本、不同单位的需水量、区域各阶段可利用水资源量、环境污染效益等。大多数不确定性通常都以概率、模糊、区间等形式表现出来。这些不确定性主要是由水资源系统的复杂性、系统组分和过程的随机性及人类认识的不足造成的。资源环境系统存在的不确定性增加了系统管理的难度。传统的确定性产业配置模型面对这些复杂的不确定性问题往往束手无策，或采用简化的方法加以处理，其结果必然增加了规划模型失败的风险。因此，研究不确定性的优化方法在产业结构优化模型的应用具有重要的意义。

4.4.1　优化方法

4.4.1.1　区间优化（ILP）

（1）ILP 模型的建立

一般线性模型见式（4-12）：

$$\max f = CX \qquad (4\text{-}12)$$

约束条件: $AX \leqslant B$, $X \geqslant 0$.

其中, $C = (c_1, c_2, \cdots, c_n)$

$$A = \begin{pmatrix} a_{11} & \cdots & a_{1n} \\ \vdots & \ddots & \vdots \\ a_{m1} & \cdots & a_{mn} \end{pmatrix} = (A_1, A_2, \cdots, A_m)^T, A_i = (a_{i1}, a_{i2}, \cdots, a_{in}), \forall i$$

$$B = (b_1, b_2, \cdots, b_n)^T, X = (x_1, x_2, \cdots, x_n)^T$$

(注: 对于目标函数值为求最小以及线性约束符号反向的都可以转化为上面的形式, 故只讨论这种形式下的模型求解。)

而在实际问题中, A、B、C 往往是不确定的。为了有效地处理不确定性, 把区间参数引入上述规划, 由此即产生 ILP 规划 [式 (4-13)]:

$$\max \otimes f = \otimes C \otimes X \qquad (4\text{-}13)$$

约束条件: $\otimes A \otimes X \leqslant \otimes B$, $\otimes X \geqslant 0$

其中, $\otimes(A) \in \otimes(R)^{m \times n}$, $\otimes(B) \in \otimes(R)^{m \times 1}$, $\otimes(C) \in \otimes(R)^{1 \times n}$, $\otimes(R)$ 表示由灰数/区间数组成的矩阵。

(2) ILP 的适用范围

$\otimes A$, $\otimes B$, $\otimes C$ 中任意一个灰色/区间参数符号一致。

即

$$\otimes(x) \geqslant / \leqslant 0, \text{if } \underset{-}{f \otimes} x \geqslant / \leqslant 0 \text{ and } \overset{-}{\otimes} x \geqslant / \leqslant 0, x = a_{ij}, b_j, c_i, \forall i, j$$

特殊函数:

$$\text{sign}(\otimes(y)) = \begin{cases} 1, & \text{if } \otimes(y) \geqslant 0 \\ -1, & \text{if } \otimes(y) < 0 \end{cases}$$

$$\otimes(|a|) = \begin{cases} \otimes(a) & \text{if } \otimes(a) \geqslant 0 \\ -\otimes(a) & \text{if } \otimes(a) < 0 \end{cases}$$

$$\underset{-}{\otimes}(|a|) = \begin{cases} \underset{-}{\otimes}(a) & \text{if } \otimes(a) \geqslant 0 \\ -\overset{-}{\otimes}(a) & \text{if } \otimes(a) < 0 \end{cases}$$

$$\overset{-}{\otimes}(|a|) = \begin{cases} \overset{-}{\otimes}(a) & \text{if } \otimes(a) \geqslant 0 \\ -\underset{-}{\otimes}(a) & \text{if } \otimes(a) < 0 \end{cases}$$

（3）ILP 模型的求解

首先，确定 $\otimes C=(\otimes c_1,\ \otimes c_2,\ \cdots,\ \otimes c_n)$ 中 $\otimes c_j$（$j=1,\ 2,\ \cdots,\ n$）的符号，不妨假设：

$$\otimes c_j \geq 0,\ j=1,\ 2,\ \cdots,\ k,\ \otimes c_j < 0,\ j=k+1,\ k+2,\ \cdots,\ n$$

然后，写出 $\otimes \overline{f}_{\mathrm{opt}}$ 对应模型，并进行求解：

$$\max \overline{\otimes}(f)=\sum_{j=1}^{k}\overline{\otimes}(c_j)\overline{\otimes}(x_j)+\sum_{j=k+1}^{n}\overline{\otimes}(c_j)\underline{\otimes}(x_j)$$

约束条件：

$$\sum_{j=1}^{k}\underline{\otimes}(|a_{ij}|)\,\mathrm{sign}(\otimes(a_{ij}))\,\overline{\otimes}(x_j)/\overline{\otimes}(|b_i|)\ +$$

$$\sum_{j=k+1}^{n}\overline{\otimes}(|a_{ij}|)\,\mathrm{sign}(\otimes(a_{ij}))\,\underline{\otimes}(x_j)/\underline{\otimes}(|b_i|)\ \leq\ \mathrm{sign}(\otimes(b_i)),\ \forall i$$

$$\otimes(x_j)\geq 0,\forall j$$

通过求解上面线性规划，即可求出：

$$\otimes\overline{f}_{\mathrm{opt}},\otimes\overline{x}_{j\mathrm{opt}}(j=1,2,\cdots,k),\otimes\underline{x}_{j\mathrm{opt}}(j=k+1,k+2,\cdots,n)$$

把 $\otimes\overline{x}_{j\mathrm{opt}}(j=1,\ 2,\ \cdots,\ k)$，$\otimes\underline{x}_{j\mathrm{opt}}(j=k+1,\ k+2,\ \cdots,\ n)$ 构成约束条件带入 $\otimes\overline{f}_{\mathrm{opt}}$ 对应方程式求解。

接着，写出 $\otimes\underline{f}_{\mathrm{opt}}$ 对应模型，并进行求解：

$$\max \underline{\otimes}(f)=\sum_{j=1}^{k}\underline{\otimes}(c_j)\underline{\otimes}(x_j)+\sum_{j=k+1}^{n}\underline{\otimes}(c_j)\overline{\otimes}(x_j)$$

约束条件：

$$\sum_{j=1}^{k}\overline{\otimes}(|a_{ij}|)\,\mathrm{sign}(\otimes(a_{ij}))\,\underline{\otimes}(x_j)/\underline{\otimes}(|b_i|)$$

$$+\sum_{j=k+1}^{n}\underline{\otimes}(|a_{ij}|)\,\mathrm{sign}(\otimes(a_{ij}))$$

$$\overline{\otimes}(x_j)/\overline{\otimes}(|b_i|)\ \leq\ \mathrm{sign}(\otimes(b_i)),\ \forall i\ \otimes(x_j)\geq 0,\ \forall j$$

$$\underline{\otimes}(x_j)\leq\overline{\otimes}(x_j)_{\mathrm{opt}},\ j=1,\ 2,\ \cdots,\ k$$

$$\overline{\otimes}(x_j)\geq\underline{\otimes}(x_j)_{\mathrm{opt}},\ j=k+1,\ k+2,\ \cdots,\ n.$$

解上面线性规划，即得

$$\otimes\underline{f}_{\mathrm{opt}},\otimes\underline{x}_{j\mathrm{opt}}(j=1,2,\cdots,k),\otimes\overline{x}_{j\mathrm{opt}}(j=k+1,k+2,\cdots,n)$$

最后，整理出 ILP 问题的最优解及最优值：

$$\otimes(x_j)_{\text{opt}} = \left[\underline{\otimes}x_{j\text{opt}}, \overline{\otimes}x_{j\text{opt}}\right], \quad \forall j; \quad \otimes(f)_{\text{opt}} = \left[\underline{\otimes}f_{\text{opt}}, \overline{\otimes}f_{\text{opt}}\right]$$

4.4.1.2 灰色预测模型 GM (1,1)

本书运用灰色 GM (1,1) 模型对未来规划期内的关键性参数进行预测，并以此作为输入条件代入产业优化模型进行后续研究。灰色预测是通过鉴别系统因素之间发展趋势的相异程度，即进行关联分析，并对原始数据进行生成处理来寻找系统变动的规律，生成有较强规律的数据序列，然后建立相应的微分方程模型，从而预测事物未来发展趋势的状况。

灰色预测经常用来解决数据量较少且不能直接发现规律的数据。对于包含不确定信息的序列，灰色预测方法通过对原始数据进行处理，使之转化为灰色序列，并建立微分方程模型。灰色预测对于数据较少的序列具有独特作用。GM (1,1) 模型是灰色模型中常用的一种模型，是灰色预测的经典模型。

灰色模型就是将没有规律的原始数据先进行累加生成得到具有一定规律的数列，累加生成后的数据序列明显弱化了原始序列的随机性。GM (1,1) 模型建模的步骤如下所示。

原始数据序列如下：

$$X^{(0)} = \{X^{(0)}(1), X^{(0)}(2), X^{(0)}(3), \cdots, X^{(0)}(n)\}$$

对原始数据序列做一次累加，累加后数据呈现出一定的规律性，设时间数列为 $X^{(1)}$：

$$X^{(1)} = \{X^{(1)}(1), X^{(1)}(2), X^{(1)}(3), \cdots, X^{(1)}(n)\}$$

通过累加运算，新生成的数列 $X^{(1)}$ 符合指数增长规律，因此 GM (1,1) 一阶线性微分方程为

$$X^{(1)}(k) = \sum_{i=1}^{k} x^{(0)}(i), \quad k = 1, 2, 3, \cdots, n$$

$$\left[\mathrm{d}x^{(1)}/\mathrm{d}t\right] + az = b$$

$$\hat{x}^{(1)}(k+1) = \left[x^{(0)}(1) - \frac{b}{a}\right] \cdot e^{-ak} + \frac{b}{a}$$

$\hat{Y}(k)$ 为列向量，B 为构造数据矩阵：

$$\hat{Y}(k) = \{x^{(0)}(2), x^{(0)}(3), x^{(0)}(4), \cdots, x^{(0)}(n)\}^{\mathrm{T}}$$

$$\text{其中 } \hat{\theta} = \begin{bmatrix} a \\ b \end{bmatrix} = (B^T B)^{-1} B^T Y, B = \begin{bmatrix} -z^{(1)}(2) & 1 \\ -z^{(1)}(3) & 1 \\ \cdots & \cdots \\ -z^{(1)}(n) & 1 \end{bmatrix}$$

累减还原后，即一次累加过程的逆运算，得到相应的原始数列 $\hat{x}_0^{(0)}(k)$：

$$\hat{x}_0^{(0)}(k) = \hat{x}^{(1)}(k) - \hat{x}^{(1)}(k-1), k = 2, 3, 4, \cdots, n$$

4.4.2 基于环境容量约束产业优化配置模型

为探索深圳市未来的产业发展路径，建立灰色区间产业优化模型，模型从经济发展过程中生产生活带来的资源成本、不同产业污染物处理成本、居民生活污水处理成本等方面设计了目标函数。同时模型中包含若干约束条件，具体包括水环境容量约束、大气环境容量约束、单位产值水资源消耗量满意度约束、单位产值能源消耗量满意度约束、从业人口约束、产业发展意愿约束、土地利用约束等。模型设置三个规划期，第一规划期为 2021~2025 年，第二规划期为 2026~2030 年，第三个规划期为 2031~2035 年。

4.4.2.1 目标函数

目标函数的设置以深圳市各产业经济增长目标最大化，设定经济增长目标为规划期内生产总值的累计值最大，即式（4-14）：

$$\max f^{\pm} = \sum_{i=1}^{I} \sum_{t=1}^{T} CZ_{it}^{\pm} - \sum_{i=1}^{I} \sum_{t=1}^{T} CZ_{it}^{\pm} \cdot DH_{it}^{\pm} \cdot SJ_{it}^{\pm} - \sum_{i=1}^{I} \sum_{t=1}^{T} \sum_{k=1}^{K} CZ_{it}^{\pm} \cdot CW_{itk}^{\pm} \cdot CC_{itk}^{\pm}$$
$$- \sum_{t=1}^{T} \sum_{k=1}^{K} (RK_t^{\pm} \cdot RC_{tk}^{\pm} \cdot RB_{tk}^{\pm}) \tag{4-14}$$

式中，i 为不同产业，结合深圳市当前产业结构特点及未来发展规划，选取典型重点行业作为变量，其中 $i=1$ 为农业，$i=2$ 为工业，$i=3$ 为建筑业，$i=4$ 为交通业，$i=5$ 为批发零售业，$i=6$ 为住宿餐饮业，$i=7$ 为金融业，$i=8$ 为房地产业，$i=9$ 为其他服务业。t 为不同规划期，$t=1$ 为第一规划期，$t=2$ 为第二规划期，$t=3$ 为第三规划期。k 为不同污染物，$k=1$ 为 COD，$k=2$ 为氨氮，$k=3$ 为总磷，$k=4$ 为 SO_2，$k=5$ 为 NO_x，$k=6$ 为粉尘。$CZ_{it}^{\pm}$ 为 i 产业 t 时期产值，$DH_{it}^{\pm}$ 为 i 行业 t 时期单位产值水资源的消耗量；$SJ_{it}^{\pm}$ 为 i 行业 t 时期单位水资源价格；$CW_{itk}^{\pm}$ 为 i 行业 t 时期单位产值 k 污染物产污系数；$CC_{itk}^{\pm}$ 为 i 行业 t 时期 k 污染物单位处理成本；$RC_{tk}^{\pm}$ 为 t 时期单位人口 k 种污染物排放量；$RB_{tk}^{\pm}$ 为 t 时期单位 k 种污染物处理成本；$RK_t^{\pm}$ 为 t 时期人口。

4.4.2.2 约束条件

（1）水资源量约束

各产业生产用水量、居民生活用水量以及生态需水量之和要小于当地最大可利用水资源量。

$$\sum_{i=1}^{I} CZ_{it}^{\pm} \cdot DH_{it}^{\pm} + SL_t^{\pm} + EL_t^{\pm} \leqslant TL_t^{\pm}$$

式中，$SL_t^{\pm}$ 为 t 时期生活可用水总量；$EL_t^{\pm}$ 为 t 时期生态用水量；$TL_t^{\pm}$ 为 t 时期地区可用水总量。

（2）环境容量约束

各产业排污量与生活排污量之和要小于各时期不同污染物的环境容量。

$$\sum_{i=1}^{I} CZ_{it}^{\pm} \cdot CW_{itk}^{\pm} \cdot (1 - \alpha_{itk}^{\pm}) + RK_t^{\pm} \cdot RC_{tk}^{\pm} \cdot (1 - \beta_{tk}^{\pm}) \leqslant TP_{tk}^{\pm}$$

式中，$\alpha_{itk}^{\pm}$ 为 i 行业 t 时期 k 种污染物去除效率；$\beta_{tk}^{\pm}$ 为生活污水 t 时期 k 种污染物去除效率；$TP_{tk}^{\pm}$ 为 t 时期 k 种污染物环境容量。

（3）从业人口约束

建立人口与产值之间相关关系，保障区域具有足够的人口支撑经济发展。

$$\sum_{i=1}^{I} CZ_{it}^{\pm} \cdot DR_{it}^{\pm} \leqslant RK_t^{\pm} \cdot \theta_t^{\pm}$$

式中，$DR_{it}^{\pm}$ 为 t 时期 i 行业单位产值从业人口。

（4）产业发展意愿约束

该约束条件用来体现产能变化实际情况的同时保证产业结构的相对稳定性，防止各产业过快的增长或衰退，式中 $a_1 \geqslant 1 \geqslant a_2 \geqslant 0$。

$$a_1 CZ_{i,t-1}^{\pm} \geqslant CZ_{it}^{\pm} \geqslant a_2 CZ_{i,t-1}^{\pm}, \quad \forall i, t$$

（5）产值约束

该约束条件用来保障区域经济健康合理的发展，防止政府管理者片面追求产值增长，同时保证一定的发展速度。

$$LZ_t^{\pm} \geqslant \sum_{i=1}^{I} CZ_{it}^{\pm} \geqslant SZ_t^{\pm}, \quad \forall t$$

式中，$LZ_t^{\pm}$ 为 t 时期最小地区总产值目标；$SZ_t^{\pm}$ 为 t 时期最大地区总产值目标。

（6）耕地面积约束

该约束条件用来保障农业发展不超出耕地面积的限制。

$$SL_t^{\pm} \cdot RL_t^{\pm} \geqslant CZ_{i=1,t}^{\pm} \geqslant LL_t^{\pm} \cdot RL_t^{\pm}, \quad \forall t$$

式中，$SL_t^{\pm}$ 为 t 时期区域最小可利用耕地面积；$RL_t^{\pm}$ 为 t 时期单位耕地面积产值；$LL_t^{\pm}$ 为 t 时期区域最大可利用耕地面积。

通过交互式算法对模型进行拆分，分别得到上限模型与下限模型，具体方法步骤见 4.4.1 节。

4.4.3 结果分析

4.4.3.1 人口及生活用水量预测

随着深圳市经济水平的快速发展，人口及生活用水量也呈现出逐步增加的趋势（表4-20，表4-21），人口数量由 2008 年的 954.28 万人增加到 2017 年的 1245.26 万人，生活用水量由 2008 年的 71 351 万 m³ 增加到 2017 年的 72 781.18 万 m³。因此，作为优化模型的关键输入参数，需运用灰色 GM（1，1）模型对人口及生活用水量进行系统预测。

表4-20 2008~2017 年深圳市人口数据

年份	人口（万人）
2008	954.28
2009	995.01
2010	1037.20
2011	1046.74
2012	1054.74
2013	1062.89
2014	1077.89
2015	1137.87
2016	1190.84
2017	1245.26

表 4-21　2008～2017 年深圳市生活用水量数据　　　（单位：万 m³）

年份	生活用水量
2008	71 351
2009	62 781
2010	66 907
2011	66 292
2012	70 938.70
2013	70 880.70
2014	69 614.46
2015	71 448.44
2016	71 974.30
2017	72 781.18

对表 4-20 中时间序列数据开展 GM（1，1）建模，建模结果如下：

时间响应函数见式（4-15）：

$$x(K+1) = 36\ 919.76\exp(0.026 \times k) - 35\ 965.48 \quad (4\text{-}15)$$

其中，$a = -0.026$，$b = 945.44$，平均相对误差为 1.95。模型具有非常良好的预测效果，预测期内深圳人口将由 2021 年的 1313.13 万人增长到 2035 年的 1947.85 万人（表 4-22）。

表 4-22　2021～2035 年深圳市人口预测数据

年份	城市人口（万人）
2021	1313.13
2025	1497.58
2035	1947.85

对表 4-22 中时间序列数据开展 GM 建模，建模结果如下：

时间响应函数见式（4-16）：

$$x(K+1) = 4\ 235\ 098.18\exp(0.015 \times k) - 4\ 163\ 747.18 \quad (4\text{-}16)$$

其中，$a = -0.015$，$b = 63\ 551.53$，平均相对误差为 1.70。预测期内深圳市生活用水量将由 2020 年的 77 044.03 万 m³ 增长到 2035 年的 96 865.46 万 m³（表 4-23）。

表 4-23 2021~2035 年深圳市生活用水量数据   （单位：万人）

年份	城市人口
2021	77 044.03
2025	83 153.84
2035	96 865.46

4.4.3.2 优化模型结果分析

模型设置三个规划期，第一规划期为 2021~2025 年，第二规划期为 2026~2030 年，第三个规划期为 2031~2035 年。区间数包含信息量大，可以帮助决策者制定灵活多变的决策方案，因此本研究得到的结果以区间数形式表示。满意度约束 $\lambda_t^{\pm}$ 不同取值会产生不同的优化结果，本书取 $\lambda_t^{\pm} \geqslant 0.7$。

深圳市不同规划期各行业产值的上限和下限，总体来说，第三产业是该地区的支柱产业。第二产业中，工业产值最高，并且在 2025 年前仍有发展的趋势，但随着社会发展，至 2035 年，工业规模大幅缩减，约缩减至第一个规划期的水平；建筑业在不同规划期内稳步上升发展。第三产业中，批发零售业、金融、房地产业和其他服务业迅猛发展，规划期内产值增长较快。交通业的产值在未来规划期内有下降趋势，其产值在不同规划期将分别为 [502.11 亿元，561.03 亿元]、[377.85 亿元，448.82 亿元] 和 [286.33 亿元，359.06 亿元]（图 4-31）。

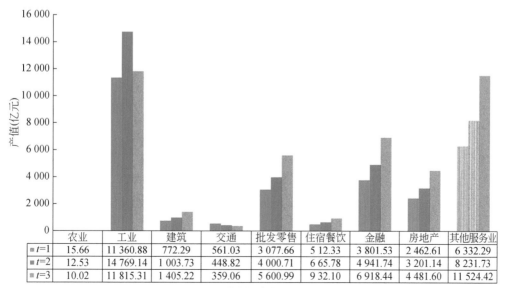

	农业	工业	建筑	交通	批发零售	住宿餐饮	金融	房地产	其他服务业
$t=1$	15.66	11 360.88	772.29	561.03	3 077.66	5 12.33	3 801.53	2 462.61	6 332.29
$t=2$	12.53	14 769.14	1 003.73	448.82	4 000.71	6 65.78	4 941.74	3 201.14	8 231.73
$t=3$	10.02	11 815.31	1 405.22	359.06	5 600.99	9 32.10	6 918.44	4 481.60	11 524.42

(a) 规划期各产业产值(上限)

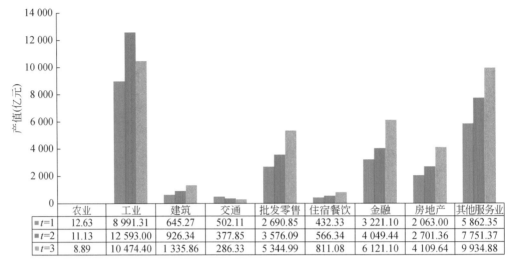

	农业	工业	建筑	交通	批发零售	住宿餐饮	金融	房地产	其他服务业
t=1	12.63	8 991.31	645.27	502.11	2 690.85	432.33	3 221.10	2 063.00	5 862.35
t=2	11.13	12 593.00	926.34	377.85	3 576.09	566.34	4 049.44	2 701.36	7 751.37
t=3	8.89	10 474.40	1 335.86	286.33	5 344.99	811.08	6 121.10	4 109.64	9 934.88

(b) 规划期各产业产值(下限)

图 4-31　深圳市不同规划期各产业产值

图 4-32 为深圳市不同规划期各行业水资源消耗量上限与下限结果。工业是水资源消耗量最大的产业，在不同规划期呈现先上升后下降的趋势，分别达到 [1.05 亿 m^3，1.33 亿 m^3]、[1.40 亿 m^3，1.64 亿 m^3] 和 [1.10 亿 m^3，1.24 亿 m^3]。建筑业和其他服务业的水资源消耗量也较大，且在不同规划期内处于上升趋势。批发零售业、金融业、房地产业等水资源消耗量在不同规划期内也呈增长趋势。农业的水资源消耗量较大，但在不同规划期内处于下降趋势。交通业和住宿餐饮业在规划期内的水资源消耗量较小。

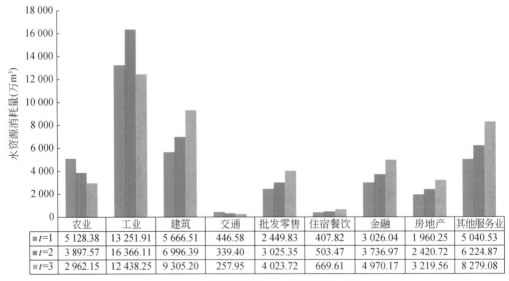

	农业	工业	建筑	交通	批发零售	住宿餐饮	金融	房地产	其他服务业
t=1	5 128.38	13 251.91	5 666.51	446.58	2 449.83	407.82	3 026.04	1 960.25	5 040.53
t=2	3 897.57	16 366.11	6 996.39	339.40	3 025.35	503.47	3 736.97	2 420.72	6 224.87
t=3	2 962.15	12 438.25	9 305.20	257.95	4 023.72	669.61	4 970.17	3 219.56	8 279.08

(a) 规划期各产业水资源消耗量(上限)

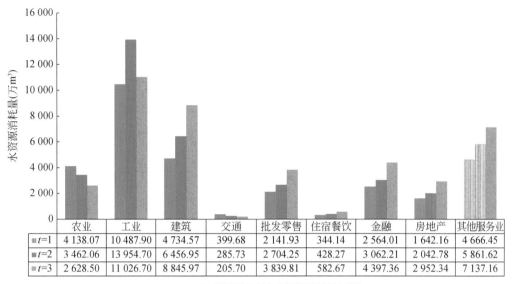

(b) 规划期各产业水资源消耗量(下限)

图 4-32　深圳市不同规划期各产业水资源消耗量

图 4-33 为深圳市不同规划期各行业 COD 排放量上限与下限结果。深圳市农业污染 COD 总量很小，且呈下降趋势。工业污染次之，其 COD 排放量呈先增长后下降的趋势，在不同规划期分别为［2892.38t，3654.64t］、［3443.36t，4038.37t］和［2434.45t，2746.09t］。第三产业及生活污染 COD 排放占绝对优势，在规划期内仍呈增长趋势，在不同规划期分别为［30 776.82t，32 608.12t］、［33 255.73t，37 880.65t］和［37 439.02t，39 077.34t］。

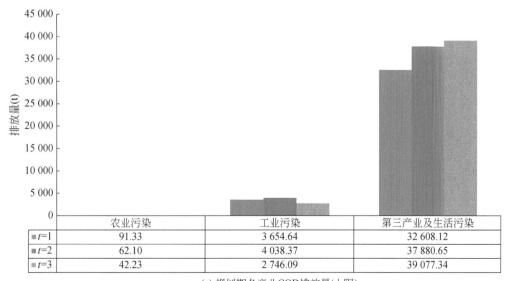

(a) 规划期各产业COD排放量(上限)

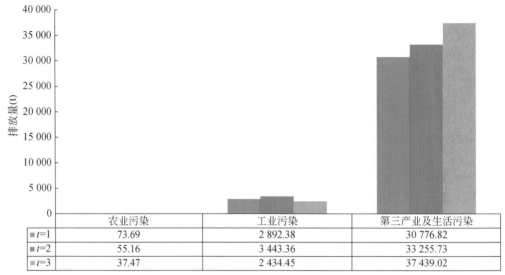

	农业污染	工业污染	第三产业及生活污染
▪ t=1	73.69	2 892.38	30 776.82
▪ t=2	55.16	3 443.36	33 255.73
▪ t=3	37.47	2 434.45	37 439.02

(b) 规划期各产业COD排放量(下限)

图4-33   深圳市不同规划期各产业 COD 排放量

图 4-34 为深圳市不同规划期各行业氨氮排放量上限与下限结果。深圳市农业污染和工业污染的氨氮排放量都很低，占比不超过总量的1%，氨氮主要是由第三产业和生活污染排放。根据预测结果，深圳市第三产业及生活污染的氨氮排放量在规划期内呈下降趋势，且降幅较大，在规划期内分别为 [4325.09t，4500.10t]、[3092.73t，3405.09t] 和 [2533.93t，2774.03t]。

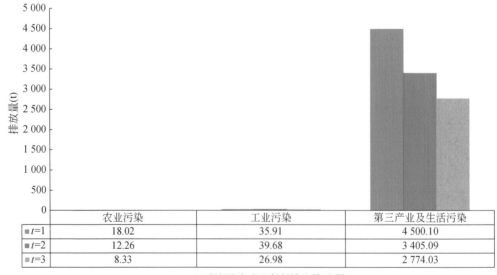

	农业污染	工业污染	第三产业及生活污染
▪ t=1	18.02	35.91	4 500.10
▪ t=2	12.26	39.68	3 405.09
▪ t=3	8.33	26.98	2 774.03

(a) 规划期各产业氨氮排放量(上限)

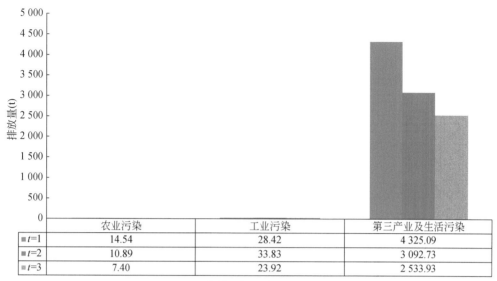

	农业污染	工业污染	第三产业及生活污染
■ t=1	14.54	28.42	4 325.09
■ t=2	10.89	33.83	3 092.73
■ t=3	7.40	23.92	2 533.93

(b) 规划期各产业氨氮排放量(下限)

图 4-34 深圳市不同规划期各产业氨氮排放量

　　图 4-35 为深圳市不同规划期各行业总磷排放量上限与下限结果。深圳市农业污染和工业污染的总磷排放量占全市总排放量的比例较低，其中，农业污染在不同规划期内呈下降趋势，工业污染呈先上升后下降的趋势。工业污染的总磷排放量在规划期内分别为 ［23.92t，26.98t］、［51.57t，58.80t］ 和 ［19.99t，22.88t］。第三产业及生活污染是深圳市总磷的主要排放源，超过全市 90% 的排放量，其排放量在不同规划期呈下降趋势，排放量分别为 ［612.46t，635.99t］、［519.55t，544.98t］ 和 ［467.35t，508.42t］。

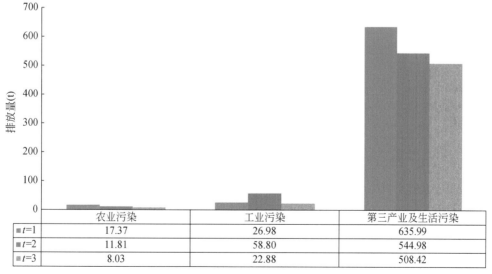

	农业污染	工业污染	第三产业及生活污染
■ t=1	17.37	26.98	635.99
■ t=2	11.81	58.80	544.98
■ t=3	8.03	22.88	508.42

(a) 不同规划期各产业总磷排放量(上限)

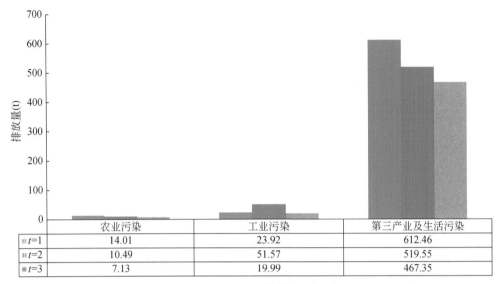

(b) 不同规划期各产业总磷排放量(下限)

图 4-35　深圳市不同规划期各产业总磷排放量

图 4-36 为深圳市不同规划期各行业 SO_2 排放量上限与下限结果。工业污染是深圳市最主要的 SO_2 排放源，在规划期内呈先上升后下降的趋势，排放量在规划期内分别为 [637.28t，781.22t]、[732.87t，863.25t] 和 [418.41t，587.01t]。第三产业及生活污染排放的 SO_2 量也较大，但规划期内呈快速下降的趋势，至第三规划期已经降至较低水平 [43.53t，56.51t]。深圳市农业污染的二氧化碳排放量极低，且排放量在不同规划期内处于下降趋势。

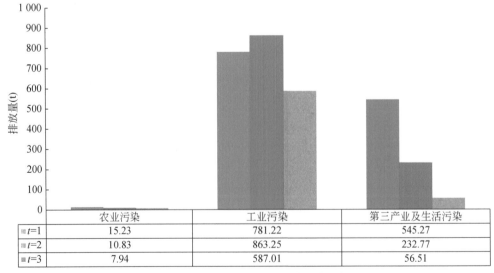

(a) 不同规划期各产业二氧化硫排放量(上限)

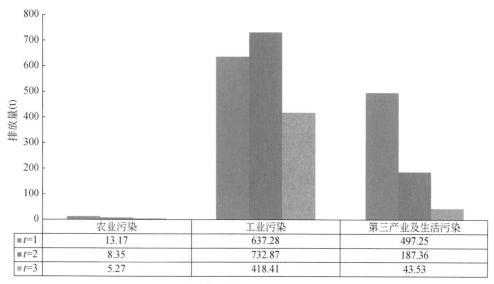

(b) 不同规划期各产业二氧化硫排放量(下限)

图 4-36　深圳市不同规划期各产业 SO$_2$ 排放量

图 4-37 为深圳市不同规划期各行业 NO$_x$ 排放量上限与下限结果。工业污染的 NO$_x$ 排放量最大，占全市 NO$_x$ 排放量的 98% 以上，在规划期内呈下降的趋势，排放量在规划期内分别为 ［86 121.57t，97 472.58t］、［62 169.67t，69 665.16t］ 和 ［42 677.46t，47 372.31t］。农业污染，第三产业及生活污染的 NO$_x$ 排放量很小，且在规划期内呈下降趋势。

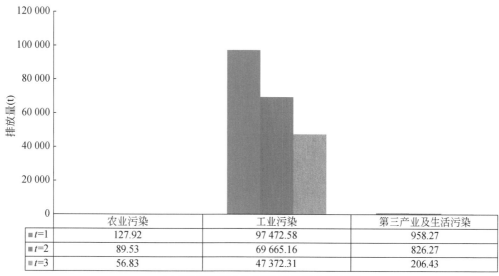

(a) 不同规划期各产业氮氧化物排放量(上限)

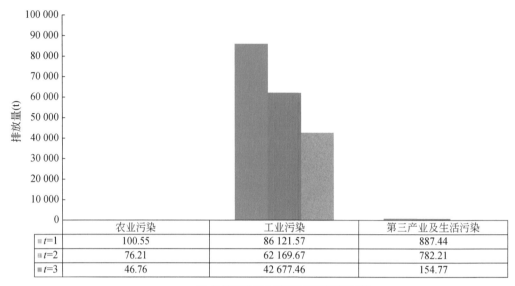

	农业污染	工业污染	第三产业及生活污染
t=1	100.55	86 121.57	887.44
t=2	76.21	62 169.67	782.21
t=3	46.76	42 677.46	154.77

(b) 规划期各产业氮氧化物排放量(下限)

图 4-37　深圳市不同规划期各产业 NO$_x$ 排放量

图 4-38 为深圳市不同规划期各行业粉尘/颗粒物的排放量上限与下限结果。工业污染市粉尘/颗粒物的最重要排放源,规划期内呈先上升后下降趋势,排放量在不同规划期内分别为 [2026.56t, 2706.16t]、[3944.55t, 4634.65t] 和 [2214.00t, 2683.90t]。第三产业及生活污染排放的粉尘/颗粒物在规划期内呈下降趋势,排放量在不同规划期内分别为 [534.27t, 629.36t]、[467.22t, 530.84t] 和 [192.53t, 276.38t]。

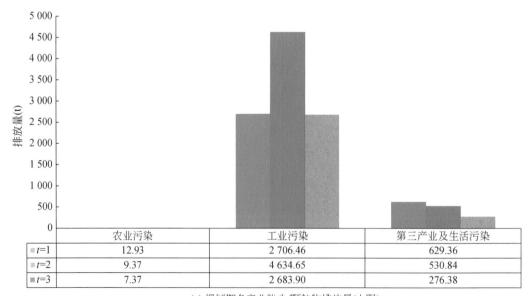

	农业污染	工业污染	第三产业及生活污染
t=1	12.93	2 706.46	629.36
t=2	9.37	4 634.65	530.84
t=3	7.37	2 683.90	276.38

(a) 规划期各产业粉尘/颗粒物排放量(上限)

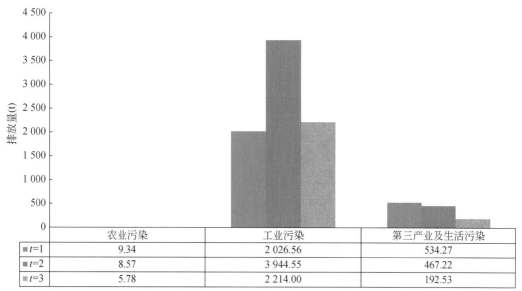

(b) 规划期各产业粉尘/颗粒物排放量(下限)

图 4-38　深圳市不同规划期各产业粉尘/颗粒物排放量

4.4.4　小结

基于深圳市环境容量和水资源消耗建立灰色区间产业优化模型，开展研究区域经济发展规模、产业结构调控、资源优化配置研究、资源分配、污染物排放状况。具体结论如下。

1）在 2021 年至 2035 年的规划期内，工业产值呈现先增长后降低趋势，产值逐渐增长的行业有建筑业、批发零售业、住宿餐饮业、金融业、房地产业和其他服务业；产值逐渐减少的行业有农业及交通运输业。以第一产业、第二产业及第三产业划分，深圳市的产业结构不断优化，受城市化发展和土地资源的限制等，第一产业逐渐萎缩，产值规划期内将进一步减少。随着产业升级和优化，第二产业也将在 2025 年后逐步减产，第三产业的规模及发展速度均持续增长，并呈现多元化、新型化和高附加值的发展趋势，金融、信息、商贸、房地产等已逐渐发展成为深圳的优势产业。

2）各行业的水资源消耗量变化情况，第二产业仍然是深圳最主要的水资源消耗行业，其中工业消耗量在第二至第三规划期内下降较明显，第三产业随着其产值的增加，水资源消耗量也呈稳步上升的趋势。

3）各行业排放典型污染物变化情况，未来深圳市 COD、氨氮、总磷的排放主要以第三产业和生物源污染排放为主，COD 排放量在规划期内仍将小幅增加，氨氮和总磷则逐步减少。SO_2、NO_x 和粉尘/颗粒物等排放未来仍以工业源为主，工业排放 SO_2 和粉尘/颗粒物在规划期内先增加后减少，工业 NO_x 排放量则持续减少；第三产业及生活排放的 SO_2、NO_x 和粉尘/颗粒物均呈减少趋势，且其排放量在第三规划期内快速降低。

4.5 小　　结

1) 基于承压度指数法的深圳市生态承载力与产业一致性评价结果表明，深圳市产业发展状况基本良好，产业发展的主要压力来源于废水的排放和生活垃圾的产生；深圳市生态环境状况基本良好，具有较高的城镇生态系统获得性支撑力（F）和生态弹性（R），因此具有较高的生态承载力。

2) 基于环境容量约束的产业结构优化模型结果表明，在水资源消耗、环境容量等约束条件下，深圳市产业未来仍需不断调整优化，第二产业规模逐渐减小，第三产业的规模及发展速度均持续增长，并逐渐偏重为金融、信息、商贸、房地产等多元化、新型化和高附加值的第三产业。

第 5 章 | 农产品主产区应用示范研究

5.1 研究区概况

本章选取福建省三明市为代表，开展农产品主产区生态承载力与产业一致性研究，已通过文献调研、资料收集等方式获得相关数据与材料。

5.1.1 地理位置

三明市位于武夷山脉与戴云山脉之间，地处闽中和闽西北结合部，地理坐标为北纬 25°30′~27°07′、东经 116°22′~118°39′。东依福州市，西毗江西省，南邻泉州市，北傍南平市，西南接龙岩市，全境总面积 22 965km²。辖 1 个县级市（永安市）、2 个市辖区（梅列区、三元区）、9 个县（明溪县、清流县、宁化县、建宁县、泰宁县、将乐县、沙县、尤溪县、大田县）（图 5-1）。

5.1.2 地形地势

三明境内以中低山及丘陵为主，北西部为武夷山脉，中部为玳瑁山脉，东南角依傍戴云山脉。峰峦耸峙，低丘起伏，溪流密布，河谷与盆地错落其间，全境地势总体上西南部高，东北部低，海拔最高（建宁白石顶）1858m，最低 50m，如图 5-2 所示。

三明地跨福建三大构造单元，地质结构上存在四条断裂带：沙县—南日岛北西向断裂带，途经泰宁、将乐、沙县、尤溪等地；永安—晋江北西向断裂带，途经明溪、永安、大田等地；邵武—河源北东向断裂带，途经泰宁、建宁、宁化等地；政和—海丰北东向断裂带，贯穿尤溪、大田、永安、沙县及三明城区。

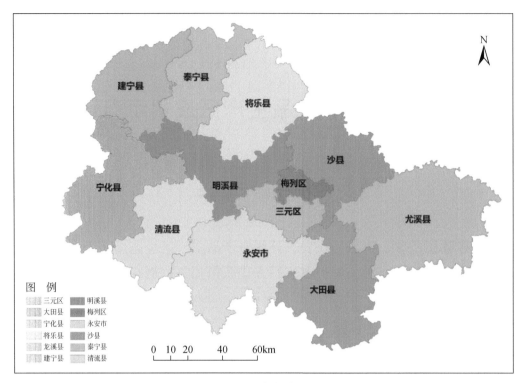

图 5-1　三明市行政区划图

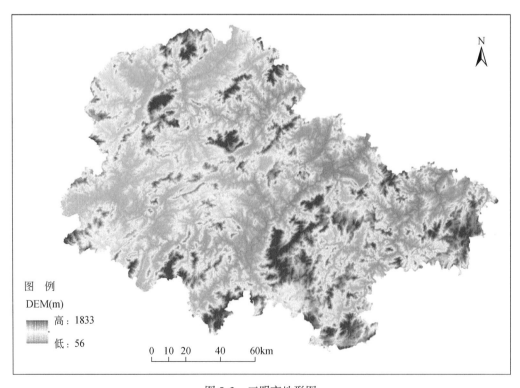

图 5-2　三明市地形图

5.1.3　气候特征

　　三明地处沿海低纬度区，气候属中亚热带季风气候区，宁化、清流、建宁、泰宁、明溪、将乐高海拔山区为中亚热带气候；南部、东南部的尤溪、沙县、三明市区及永安、大田的低海拔区具有南亚热带气候特点。气候温暖湿润，四季分明，雨量充沛，夏半年多东风炎热多雨，冬半年多东北风寒冷干燥。由于境内地形差异很大又可造成局部性小气候，特别是垂直分布的小区域气候差异更大，常有"一山有四季，十里不同天"的立体气候现象出现。

　　各地年平均气温中低海拔地区（600m 以下，下同）从南到北为 19.4 ~ 16.8℃，800m 以上的中山山地低于 16℃，其余的为 16 ~ 17℃。年内逐月气温分布呈单峰型，最热月是 7 月，最冷月出现在 1 月，气温年较差为17.4 ~ 21.7℃；极端最高气温为 42.4℃（2003 年 7 月 16 日，尤溪县），极端最低气温达-12.8℃（1991 年 12 月 29 日，建宁县）。以 1、4、7、10 月分别代表冬、春、夏、秋四季，春季平均气温为 15.9 ~ 19.7℃，夏季为 24.2 ~ 28.4℃，秋季为 16.9 ~ 20.6℃，冬季为 5.5 ~ 9.8℃。

　　雨量丰沛，各地年降水量为 1440 ~ 1825mm。总体分布是沿沙溪河、尤溪河两岸低海拔地区降水量较少，年降水量较多的区域位于武夷山、戴云山两大山带主体部分和迎风坡上，一般在 1760mm 以上，如西北部的建宁、泰宁、宁化等县和东南部的尤溪县汤川等；在两大山带之间的整个河谷地年雨量一般为 1500 ~ 1700mm。日照充足，各地年日照时数为 1544.5 ~ 1723.5 小时。

5.1.4　水文特征

　　全市多年地表水资源量为 213.39 亿 m^3，折合年径流深928m。三明市各行政分区地表水资源量多年平均值相比，尤溪县的地表水资源量最多，为 31.9 亿 m^3，约占全市地表水资源总量的 17%；三明市区最少，为 9.46 亿 m^3，占全市地表水资源总量的 5%。三明市主要河流沙溪、金溪、尤溪的地表水资源量分别为 86.17 亿 m^3（含入境水量 9.94 亿 m^3）、52.75 亿 m^3（含入境水量 2.35 亿 m^3）、53.46 亿 m^3（含入境水量 5.55 亿 m^3）。

5.1.5 土地资源

2017 年，三明市土地总面积 229.65 万 hm²，其中耕地面积 19.6 万 hm²，占土地总面积 8.53%；园地面积 6.88 万 hm²，占土地总面积 3.01%；林地面积 182.92 万 hm²，占土地总面积 79.65%；草地面积 3.41 万 hm²，占土地总面积 1.48%；城镇村及工矿用地面积 5.38 万 hm²，占土地总面积 2.34%；交通运输用地面积 2.84 万 hm²，占土地总面积 1.24%；水域及水利设施用地面积 4.51 万 hm²，占土地总面积 1.96%；其他土地面积 4.11 万 hm²，占土地总面积 1.79%。

5.2 三明市产业发展与生态环境现状

5.2.1 三明市产业发展现状

近年来，三明市坚持稳中求进工作总基调，积极推进供给侧结构性改革，实施创新驱动发展战略，以"五比五晒"为抓手，全力稳增长、促改革、调结构、惠民生、防风险，经济社会发展保持稳中有进、稳中向好的良好态势。

5.2.1.1 综合实力

如图 5-3 所示，2017 年，三明市全年实现地区生产总值 2102.64 亿元，比

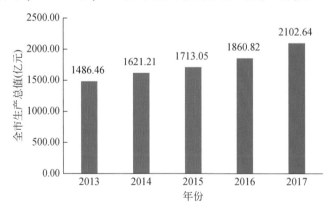

图 5-3 三明市 2013 ~ 2017 年生产总值

上年增长 12.99%。分产业来看，第一产业产值 282.52 亿元，增长 4.2%；第二产业产值 1095.15 亿元，增长 6.8%；第三产业产值 758.38 亿元，增长 11.1%。第一产业增加值占地区生产总值的比例为 13.2%，第二产业增加值比例为 51.3%，第三产业增加值比例为 35.5%。人均地区生产总值 83 440 元，比上年增长 7.1%。

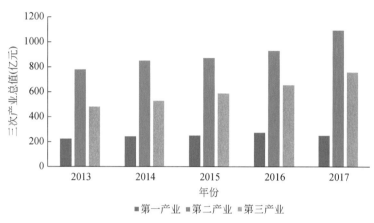

图 5-4　三明市 2013～2017 年三次产业总值

如图 5-4 和图 5-5 所示，2017 年三次产业结构为 11.89∶52.08∶36.03。第一产业比例略有下降，相应地，第三产业比例则有增加。

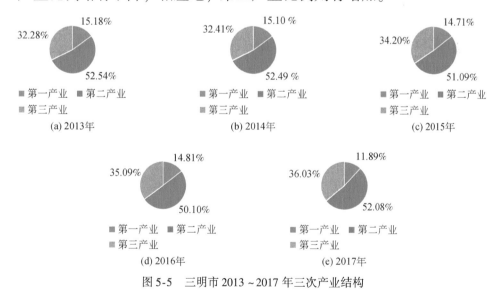

图 5-5　三明市 2013～2017 年三次产业结构

5.2.1.2　农林牧渔业

如图 5-6 所示，2017 年三明市农林牧渔业总产值完成 467.35 亿元，同比增长 4.2%。其中，农业产值 236 亿元，增长 3.89%；林业产值 100.89 亿元，增长 2.47%；牧业产值 52.80 亿元，增长 4.7%；渔业产值 21.14 亿元，增长 11.98%；农林牧渔业服务业产值 6.12 亿元，增长 6.12%。各产业比例来看，农业居于主导地位。

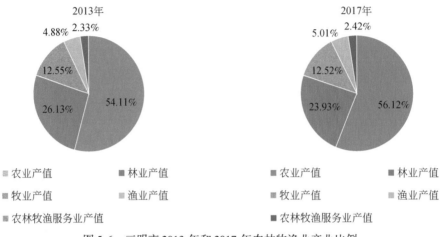

图 5-6　三明市 2013 年和 2017 年农林牧渔业产业比例

5.2.2　三明市农业生态环境现状

农业的发展在很大程度上取决于农业生态环境状况，良好的农业生态环境是农业可持续发展的重要保障。三明市地处福建西北部，是福建主要的粮食主产区。土壤肥沃，气候温和，雨量充沛，具有发展农业的优越自然条件。近年来，三明农村经济蓬勃发展，人民生活水平大幅度提高。2017 年全市农业总产值 460.45 亿元，粮食种植面积 15.95 万 hm^2，产量 93.37 万 t，面积与产量位居全国前列，"中国稻种基地"建设项目落户三明；蔬菜种植面积 7.27 万 hm^2，产量 120 万 t。农业和农村经济发展较为强劲，但是，三明市农业生态环境仍存在许多薄弱环节，农业环境存在污染，影响了农业的可持续发展。

5.2.2.1　农业资源不容乐观

三明市地处亚热带，气候温和，热量偏多，雨量充足，日照时间和无霜期长，有利于农业生产。但自然灾害多，生态破坏严重，农业资源主要面临以下问题：

（1）耕地质量退化

长期以来，由于缺乏严格的土地管理制度，工矿、交通、水利、城乡建设等占用耕地普遍，人口增长与耕地减少之间矛盾突出，加上农村乡镇企业的发展和农民建房兴起，占用耕地现象日趋严重。三明市以丘陵山地为主，林地居多，耕地总量少，后备资源匮乏，人均耕地更少，而且耕地质量低下。据统计，三明市中低产田面积达 12.31 万 hm²，占水田总面积的 79.4%。此外，农田耕作粗放，施肥上重施化肥，忽视施用有机肥，"只用不养"或"重用轻养"的掠夺性经营造成耕地生产力衰退，肥力下降。

（2）林草质量下降

三明市森林覆盖率高达 76%，但阔叶林所占比例小，并呈逐年下降趋势。食用菌为农村经济发展做出了贡献，而生产食用菌要使用阔叶木，造成每年 20 万 m³ 的树木被砍伐，有些地方阔叶林资源已枯竭。长期的重砍轻造，使林草生态系统严重退化，现多数是人工营造的中幼林。林草自然植被的开发强度超过了农地系统所能承受的阈值，导致土壤肥力衰退和水土流失，使地表生态系统难以恢复，生物群落结构趋于简单，群落成分趋于单一，造成农地系统对自然灾害的抵抗能力较弱。

（3）农村能源消费结构不合理

三明市是福建省重点林区和粮食产区，农村能源资源品种常规的有：小水电、煤矿、薪炭林和秸秆。当前，农村能源消费主要是薪柴、煤、电。常年的生活用燃料，加上许多地方依靠采伐木材来支撑财政的格局仍然存在，导致木材蓄积量逐年下降，水土流失严重，森林生态功能减弱。

5.2.2.2 农业环境存在污染

近年来，三明市农业发展迅速，农民纯收入逐年增加，但给农村生态环境带来了污染。水质污染严重影响农业生产和农村生活。

（1）农业污染现状

化肥、农药等农用物质科学合理的使用对农业生产率提高起到了一定的作用。但是化肥的长期使用使土壤板结，团粒结构破坏，土壤有机质降低，肥力下降，化肥未被植被吸收的部分通过地表径流和土壤淋湿进入水体，水体出现富营养化。农用地膜在自然条件下难以分解，累积在土壤里老化变硬，破坏耕作土壤结构，使土壤孔隙减少，降低土壤的通气性和透水性，阻碍农作物发芽、出苗和根系生长。农药的大量使用不仅污染了农作物，还通过食物链浓缩危害人类，经雨水冲刷进入水体，造成水体污染。其次，农业生产过程中会产生许多附属物，如稻草秸秆、食用菌培养废弃物等，许多生产者没有将其再利用，三明市每年产生的农业废弃物约 10 亿 kg，只有 60%进行再利用，而 40%的废弃物被随地堆放或焚烧，污染大气环境和农田环境。

（2）工业"三废"对农田的污染

农田的大气污染随着工业和乡镇企业的发展污染状况日趋严重。此外，由于严重的大气污染同时会造成酸雨污染，酸雨导致附近农田的土壤酸化，对农作物生产构成威胁。农业用水污染源主要来自工业废水和生活污水。工业废水中含有挥发酚、石油类、氨氮、溶解氧、BOD、COD、砷、汞、镉、铅、氰化物等污染物质，污染农业用水和河流水库。农业用水另一污染源来自城市或居民聚居地产生的生活污水。未经处理的生活污水直接排放，导致水体自净力下降，水体呈富营养化。工业废弃物长期露天堆放，日晒雨淋，其中的有害成分向地下渗透，不仅污染土壤、水质，危害生物生存条件，影响作物生长，同时还因固体废弃物排入河流，造成河道淤塞变窄掩埋农田，给农业生产带来很大的危害。

5.2.2.3 农业生态受到破坏

三明市地处山区，山高坡陡、降雨集中、强度大，加上不合理的资源开发利用和各种基础建设，致使水土流失面积不断扩大。水土流失是农业生态破坏的重要环节。三明市水土流失严重，据调查，2005 年全市水土流失面积 15.23 万 hm²，占全市总面积的 6.64%，其中轻度流失 6.37 万 hm²，占流失总面积的 42.5%；中度流失面积 4.49 万 hm²，占流失面积的 30.1%；强度流失 3.85 万 hm²，占流失面积的 25.3%；极强度流失面积 0.09 万 hm²，占流失面积的 0.6%。生产建设过程中人为因素造成的新的水土流失平均近 3000hm²/a，且流失程度强。植被破坏，开坡种果，采矿业和采砂石的无序进行加大水土流失面积和加重流失程度。水土流失的加速，造成许多溪流河床抬高、河道变窄，严重影响了泄洪能力，致使洪涝灾害增加，阻碍农业生产的发展。

水土流失类型有水力侵蚀和重力侵蚀两种类型，以水力侵蚀为主，占水土流失总面积的 98%，重力侵蚀呈零散分布，面积小，仅占水土流失总面积的 2%。水土流失程度以中、轻度为主，轻、中度水土流失面积占水土流失总面积的 72.6%，其次是强度流失，占水土流失总面积的 25.3%，极强度和剧烈流失面积比例小。水土流失分布范围较广，从上游到下游，从山上到山下，从农地到水田，都存在不同程度的水土流失。水土流失状况与人为活动有密切关系，严重水土流失区多分布于人口密度大，人为活动频繁的地区。全市水土流失较严重的乡镇有 40 个，东南部主要有大田大部分乡镇，永安市的槐南，尤溪县的联合、新阳、沙县的南阳、夏茂，西南部主要有宁化县石壁、淮土，清流县的邓家、李家、灵地，西北部主要有建宁县的客坊、里心和泰宁县的朱口、上青等乡镇尤为严重。水土流失分布的主要地类有：荒山荒坡地、疏林地、幼林地、油茶林地、幼龄果茶园、矿区、公路建设带、紫色区、陡坡农地、水利工程区以及各类开发区。

造成水土流失的主要原因有：①水土保持意识淡薄。在山地农业综合开发中，任意破坏地形、地貌、植被，尤其是规模开发茶果园没有因地制宜，建园标准低，以及不合理的耕作措施，使幼龄期间茶果园存在严重的水土流失，生态恶化，致使产量低、产品质量差。对开发建设项目造成的严重水土流失采取容忍态度，不落实水保实施方案也使水土流失加剧。②生产方式落后。不重视科学，使用传统落后的生产方式，乱砍滥伐、顺坡种植、陡坡开荒、全垦深翻等，造成山地表土裸露引发大量土壤流失。③自然条件易造成水土流失。三明市由于地处闽江流域上游，区内贯穿沙溪河、金溪、尤溪三大水系，山体切割强烈，山高坡陡，境内山地、丘陵面积多，雨量充沛，多年平均降水量为 1500～2100mm，且降水大而集中，日最大降水量为 347.9mm，地形和气候特征极易产生水土流失。加之山林以人工纯针叶林为主，林种、树种和龄组结构不尽合理，生态较脆弱，分布着较大面积紫色土，紫色页岩发育的紫色土抗蚀性和抗物理风化能力差，也容易造成水土流失。

5.3 三明市生态承载力评价

5.3.1 评价方法

本书采用的生态承载力研究方法是由高吉喜提出的综合评价法，其认为承载力可通俗地理解为承载媒体对承载对象的支持能力。确定一个特定生态系统承载情况，首先必须知道承载媒体的客观承载能力大小，被承载对象的压力大小，然后才可了解该生态系统是否超载或低载。所以，本书提出生态系统承载指数、压力指数和承载压力度用以描述特定生态系统的承载状况。

5.3.1.1　生态系统承载指数表达模式

根据生态承载力定义，生态承载力的支持能力大小取决于生态弹性能力、资源承载能力和环境承载能力三个方面，因此生态系统承载指数也相应地从这三个方面确定，分别称为生态弹性指数、资源承载指数和环境承载指数。

生态弹性指数表达式见式（5-1）：

$$CSI^{eco} = \sum_{i=1}^{n} S_i^{eco} W_i^{eco} \tag{5-1}$$

式中，S_i^{eco} 为生态系统特征要素，分别代表地形地貌、土壤、植被、气候和水文要素；W_i^{eco} 为相应的权重值。

资源承载指数表达式见式（5-2）：

$$CSI^{res} = \sum_{i=1}^{n} S_i^{res} W_i^{res} \tag{5-2}$$

式中，S_i^{res} 为资源组成要素，$n = 1$，2，3，4 分别代表土地资源、水资源、旅游资源和矿产资源；W_i^{res} 为要素 i 的相应权重值。

环境承载指数表达式见式（5-3）：

$$CSI^{env} = \sum_{i=1}^{n} S_i^{env} W_i^{env} \tag{5-3}$$

式中，S_i^{env} 为环境组成要素，$n = 1$，2，3 分别代表水环境、大气环境和土壤环境；W_i^{env} 为要素 i 的相应权重值。

5.3.1.2　生态系统压力指数表达模式

生态系统的最终承载对象是具有一定生活质量的人口数量，所以生态系统压力指数可通过承载的人口数量和相应的生活质量来反映。其表达式见式（5-4）：

$$CPI^{pop} = \sum_{i=1}^{n} P_i^{pop} W_i^{pop} \tag{5-4}$$

式中，CPI^{pop} 为以人口表示的压力指数；P_i^{pop} 为不同类群人口数量；W_i^{pop} 为相应类群人口的生活质量权重值。

5.3.1.3 生态系统承载压力度表达模式

承载压力度的基本表达式见式 (5-5)：

$$CCPS = CCP/CCS \qquad (5\text{-}5)$$

式中，CCS 和 CCP 分别为生态系统中支持要素的支持能力大小和相应压力要素的压力大小。

在实际应用中，指标选取并不是越多越好，选取太多有时反而抓不住重点，需要根据研究需要和实际情况，按照科学性、实用性、简单性、系统性、灵活性等原则，选择合适的指标。

5.3.2 综合评价法思路

根据综合评价法的思路，在实际的综合评价中，需要进行三个层次的评价，即生态系统弹性力、资源环境承载力、压力度三个层次。

其中，生态系统弹性力，主要目的是衡量不同区域生态系统的自然潜在承载能力，其评价结果主要反映生态系统的自我抵抗能力和受到干扰后的自我恢复与更新能力，即生态系统的稳定性。资源环境承载力以资源和环境的单要素承载力为基准，评价结果主要反映资源与环境的承载能力的高低。承载压力度，反映生态系统的压力大小，其分值越高，表示系统所受压力越大。

综合评价法，从三个维度分别评价生态系统的承载情况，而综合这三个层次的评价结果，可以得出生态承载力的综合指数，来反映生态承载力的综合情况。生态承载力受承载媒体的支持作用和承载对象的压力作用两方面来表征，根据上述的评价指标体系，可以形成以下生态承载力综合指数评价模型：

生态承载力综合指数 = 支持度/压力度

$$= \left(\begin{matrix} 生态系统 \\ 弹性力 \end{matrix} \times 0.5 + \begin{matrix} 资源环境 \\ 承载力 \end{matrix} \times 0.5 \right) / 压力度 \qquad (5\text{-}6)$$

如图 5-7 所示，生态承载力综合指数的大小由支持度和压力度共同决定，其中支持度由生态系统弹性力和资源环境承载力共同决定，而压力度指标与支持力作用相反，所以才形成此模型。

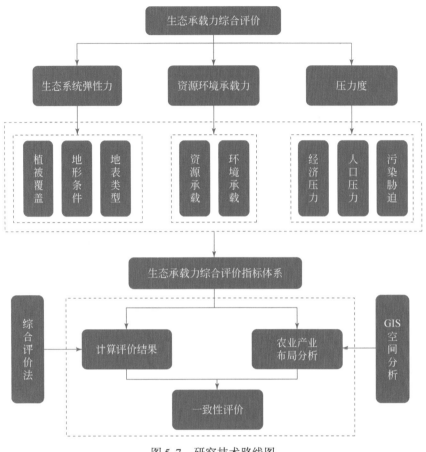

图 5-7　研究技术路线图

5.3.3　评价体系

根据综合评价法的思想，需要建立指标递阶层次结构模型，通过目标层、准则层、指标层，层层深入，构建出科学严谨、层次分明的评价体系。

5.3.3.1　指标体系构成

建立指标体系，首先要明确指标内容。如表 5-1 所示，三明市生态承载力评价指标体系分为了三个准则层，分别为：生态系统弹性力、资源环境承载力及压力度三个层面。

生态系统弹性力是指生态系统的支持条件。可以通过地形、地表类型、植被覆盖等方面来表征生态系统弹性力状况。根据指标选取原则和现有资料情况，分别选取农田坡度、土地覆盖类型、植被覆盖度等指标表征。

表 5-1 三明市生态承载力评价指标体系及参数赋值

目标层	准则层	指标层（权重）	分指标层	参数赋值				
				1	2	3	4	5
三明市生态承载力综合评价	生态系统弹性力	地表类型（0.2）	地表覆盖类型	其他	耕地	水体	草地	林地、灌丛
		地形条件（0.5）	农田平均坡度	>11	9~11	7~9	5~7	<5
		植被覆盖（0.3）	植被覆盖度	<20	20~40	40~60	60~80	>80
	资源环境承载力	资源承载（0.75）	人均林地面积	<6	6~9	9~12	12~15	>15
			人均耕地面积	<0.5	0.5~1.5	1.5~2.0	2.0~3.0	>3.0
		环境承载（0.25）	水质指数	>3.5	3.0~3.5	2.5~3.0	2.0~2.5	<2.0
	压力度	经济压力（0.2）	第一产业占比	<5	5~10	10~15	15~20	>20
		人口压力（0.3）	人口密度	<100	100~200	200~300	300~400	>400
		污染胁迫（0.5）	单位面积化肥施用量	<10	10~20	20~30	30~40	>40

资源环境承载力分为资源承载和环境承载两个方面。其中，资源承载力是生态承载力的基础条件，根据实际情况，主要考虑三明的耕地、林地两个方面，对应选取人均耕地面积、人均林地面积等量化指标表征。而环境承载力是生态承载力的约束条件，农产品主产区主要需要考虑水环境方面的因素，对应选取具有代表性的水质指数来表征。

对人类生态系统而言，生态系统最终的承载对象是具有一定生活质量的人。同时，人类活动对生态环境承载造成的压力，来自于经济、人口、污染等方面，是各因素共同作用的结果。因此，压力度指标的选取主要考虑经济、人口、污染等方面的因素，分别选取第一产业占生产总值的比例、人口密度及单位面积化肥施用量等指标来表征。

5.3.3.2 权重及等级划分

在明确指标体系的内容之后，需要利用科学的方法，针对各种指标，根据其相对重要程度或影响力的大小，确定其权重，并且需要结合具体资料中的数据，对不同的指标数值进行等级的划分，这对后续的多指标综合评价非常重要。

在权重及等级划分方面，参考其他地区相关研究的文献（陈晨，2013；金悦，2015；王维，2017；刘婷，2018），对不同准则层的各个目标层，赋予相对应的权重值。同时，为了使各项指标既保持科学性又具有一定的区分度，利用 ArcGIS 软件中的分类模块，采取等间隔法和自然断点法等分类方法，将各个指标分为 1~5 共五个等级，生态系统弹性力和资源环境承载力各个指标等级越高，代表其抗干扰能力、环境供给和容纳能力越强，环境承载能力越强；反之等级越小，承载能力越弱。而压力度从产业经济、人口压力、污染胁迫三个方面表征生态承载压力状况，等级越高，压力越大，综合承载力越低。

5.3.4 数据来源与处理

以遥感监测数据和多源地面基础信息为基础，以 GIS 空间分析为主要技术手段。主要的数据源包括：①遥感数据。30m 分辨率的 2015 年地表覆盖类型数据，用来提取三明市的土地覆盖类型，计算区县林地面积等信息。②基础地理信息数据。GTOPO30 全球数字高程模型 DEM 数据、行政区划矢量数据。用来提取海拔、坡度等地形信息及各个区县空间分布信息等。③监测数据。2017 年水环境质量监测数据，用来提取各区县水环境质量指数等信息。④统计数据。2014~2018 年三明市统计年鉴。用来获取承载力评价中所需的三明市各区县人口、耕地、化肥施用量、第一产业占比等数据。

在最终的指标评价结束后，可以得到四方面的评价结果，即生态系统弹性力评价结果（稳定性）、资源环境承载力的评价结果（承载度）、压力度（压力）评价结果以及生态环境承载力综合指数的评价结果，结合各个结果的计算数值，运用 GIS 技术进行制图展示，可以看出各个评价结果的空间分布特征，从稳定性、承载度、压力度等各方面了解三明市各个区县的承载状况，为进一步的产业一致性评价提供支持。

5.3.5 评价结果

5.3.5.1 生态系统弹性力指标评价结果

（1）地表覆盖类型

经过遥感影像的预处理（波段提取、拼接、裁剪等）后，根据不同地物的生态功能类型，参考陈晨（2013）的相关研究，将不同地物划分为不同等级：森林、灌丛为最高的第五等级，草地为第四等级，水体为第三等级，耕地为第二等级，其他类型用地为第一等级，分别赋予 1～5 分的分值。由图 5-8 可以看出，三明市境内主要的地表覆盖类型为林地和灌丛，其中林地覆盖率高达 76.8%，农田分布较为分散，主要集中在西北部的建宁县以及东部的尤溪县、大田县等区域。

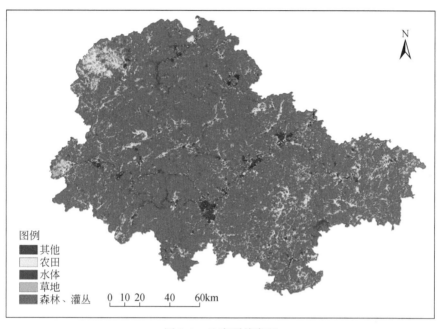

图 5-8　地表覆盖类型

（2）农田平均坡度

根据三明市 DEM 高程数据，利用 ArcGIS 坡度计算提取出坡度的分布情况，根据土地类型数据提取出农田所在区域的坡度数据，经过分区统计后得到农田生态系统的平均坡度。利用等间隔法经过分级后，大于 11° 为第一等级，9°～11° 为第二等级，7°～9° 为第三等级，5°～7° 为第四等级，小于 5° 为第五等级。分别赋予 1～5 分的分值。由图 5-9 可以看出，由于地形原因，东南部区域的大田、尤溪、永安县以及市辖区三元区、梅列区农田坡度较大，存在较高的水土流失风险。

（3）植被覆盖度

植被覆盖度方面，选取归一化植被指数数据作为提取植被覆盖度的基础数据。经过影像的预处理，利用像元二分模型方法计算出植被覆盖度的具体数值，并利用等间隔法对不同植被覆盖度的像元赋予 1～5 分等不同的分值，植被覆盖度越高，分值越高。由图 5-10 可知，三明市总体植被覆盖条件优越，

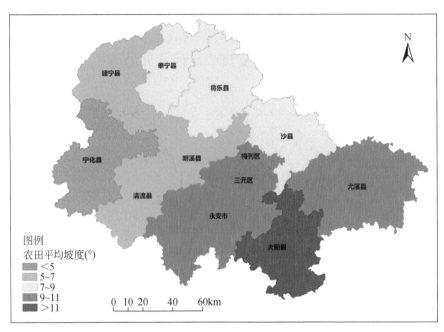

图 5-9　农田平均坡度

尤其是西北部的将乐、泰宁、建宁等县，部分区域植被覆盖度达到 80% 以上，经过分区统计计算，三明市所有区县的平均植被覆盖度均在 60% 以上，植被覆盖条件十分优越。

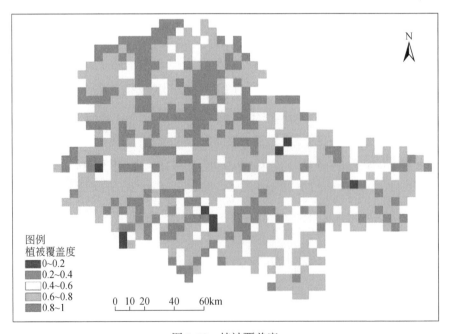

图 5-10　植被覆盖度

5.3.5.2 资源环境承载力指标评价结果

（1）人均耕地面积

人均耕地面积方面，根据 2017 年统计年鉴中的各个县区的播种面积数据，结合对应区县的人口数据，可以计算得出各个区县人均的耕地面积。利用自然断点法，将数据分为小于 0.5 亩，0.5~1.5 亩，1.5~2.0 亩，2.0~3.0 亩以及大于 3.0 亩共五个等级，分别赋予 1~5 分的分值。由图 5-11 可以看出，人均耕地面积较大的地方主要集中在西部明溪、清流、建宁、宁化四县，梅列区、三元区人均耕地面积较小。

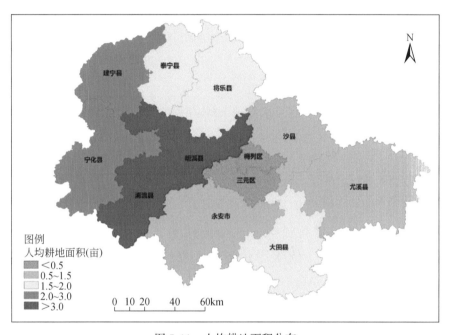

图 5-11　人均耕地面积分布

（2）人均林地面积

人均林地面积方面，根据土地覆盖数据，可以统计出不同区县林地生态系统所占像元个数，进而求出各区县林地面积，结合各区县人口数据，得出各区县人均林地面积数据。根据等间隔法，将数据分为小于 6.0 亩，6.0~9.0 亩，9.0~12.0 亩，12.0~15.0 亩以及大于 15.0 亩等共五个等级，分别赋予 1~5 分的分值。由图 5-12 可以看出，人均林地面积较多的地方主要集中在西北部的泰宁、将乐、明溪、清流、建宁等县，市辖区梅列、三元以及东南部的大田县人均林地面积相对较少。

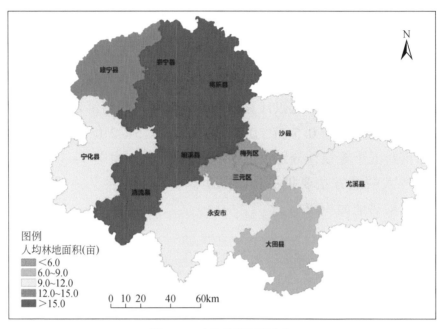

图 5-12　人均林地面积分布

（3）水质指数

三明市生态环境局根据三明市 110 个小流域考核断面的水质监测结果，参照生态环境部印发的《城市地表水环境质量排名技术规定（试行)》，对各县（市、区）城市水质指数进行排名。按小流域考核断面评价，各县（市、区）水质从相对较好开始排名，依次为建宁县、宁化县、将乐县、清流县、泰宁县、明溪县、尤溪县、永安市、大田县、沙县、三元区、梅列区。

5.3.5.3　压力度指标评价结果

（1）第一产业占比

第一产业占比方面，根据 2017 年统计年鉴中的各个县区的第一产业产值及总产值数据，可以得到第一产业占比的计算结果。第一产业产值占比越高，表明产业发展对农业发展所需要的水、土、气候等自然生态环境条件依赖性越强。根据等间隔法，将数据分为小于 5%，5%～10%，10%～15%，15%～20% 及大于 20% 等五个等级，分别赋予 1～5 分的分值，分值越高，代表对生态系统产生的压力越高。由图 5-13 可以看出，梅列区、三元区、永安市等区县（市）第一产业占比较低，尤溪、大田、清流、明溪等县第一产业占比相对较高，农业依赖性相对较强。

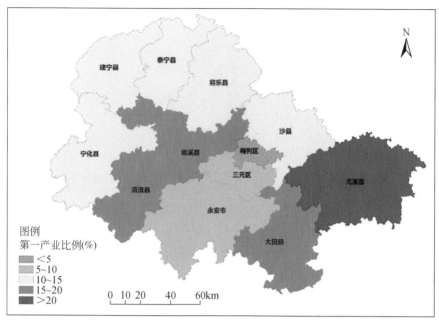

图 5-13　第一产业占比分布

（2）人口压力

人口压力方面，选取人口密度这一指标来衡量，即每平方千米内的人口数量。根据等间隔法进行分级，小于 100 人/km² 为第一等级，100～200 人/km² 为第二等级，200～300 人/km² 为第三等级，300～400 人/km² 为第四等级，大于 400 人/km² 为第五等级，分别赋予 1～5 分的分值。分值越高，代表人口压力越大，对生态系统产生的压力越高。由图 5-14 可以看出，人口压力较大的地区集中在市辖区梅列区和三元区，人口压力相对较小的地方位于西北部的建宁、泰宁、将乐、明溪、清流等县。

（3）单位面积化肥施用量

化肥是农田生态系统最主要的污染压力来源。过量的化肥施加，会导致土壤结构变差、孔隙度减少，降低土壤肥力，导致耕地退化；同时部分化肥未被作物吸收利用和未被根层土壤吸收固定，在土壤根层以下积累或转入地下水，成为污染物质，导致自然水体的富营养化，造成严重的水体污染。因此，选取单位面积化肥施加量来表征污染对农田生态系统的胁迫，根据等间隔法进行级别划分，小于 10kg/亩为第一等级，10～20kg/亩为第二等级，20～30kg/亩为第三等级，30～40kg/亩为第四等级，大于 40kg/亩为第五等级，分别赋予 1～5 分的分值。分值越高，代表污染压力越大，对生态系统产生的压力越高。由

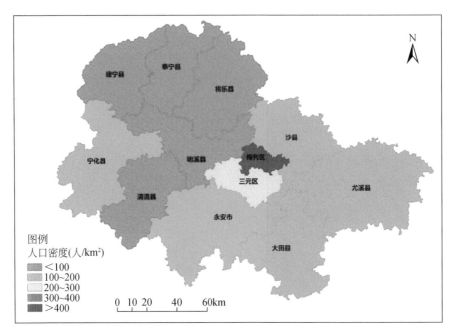

图 5-14　人口密度分布

图 5-15 可以看出，单位面积化肥施用量较多的地区集中在尤溪、永安以及明溪、沙县、梅列、三元等县区，施用量相对较少的区域主要为清流、泰宁、将乐等县。

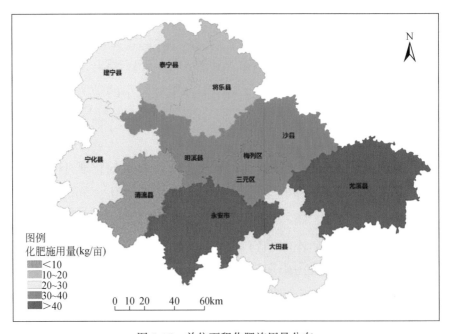

图 5-15　单位面积化肥施用量分布

5.3.5.4 生态承载力综合评价结果

按照综合评价法的评价思路，在分别评价三明市的生态系统弹性力、资源环境承载力和压力度之后，将三者综合起来，即综合考虑生态系统的稳定性、承载能力及压力现状，按照式（5-6）计算得出生态承载力的综合评价结果。

如表 5-2 所示，按照此模型最终得到的生态承载力综合指数，以 1 为界线，大于 1 表示生态压力层面指数小于支持层面指数，生态承载力盈余，生态承载力处于可承载的范围；小于 1 表示生态压力层面指数大于支持层面指数，生态承载力处于有所超载的状态；等于 1 则表示支持层面指数与压力层面指数相当，生态承载力处于平衡状态。

表 5-2 生态承载力综合指数评价标准

项目	盈余	可承载	弱超载	超载	严重超载
分值	>2	1~2	0.7~1	0.5~0.7	≤0.5

由图 5-16 可以看出，生态承载力评价结果具有很明显的空间异质性。三明市生态承载力总体上呈现"西北高，东南低"的特点，总体上未出现严重

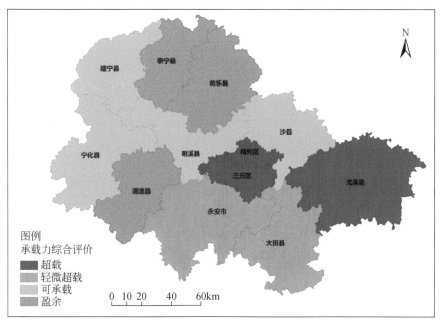

图 5-16 生态承载力综合评价结果

超载等级，说明三明市各个区县生态环境本底较好，生态承载能力较强，同时生态系统的压力控制在较为合理的范围内，未对生态环境造成十分严重的影响。12 个县（区、市）中，梅列区、三元区及尤溪县生态承载力处于超载等级，永安市、大田县生态承载力轻微超载，其他县区处于可承载或者盈余状态。

5.4 生态承载力与产业一致性评价

5.4.1 三明市农业产业布局评价

根据 2014～2017 年《三明市统计年鉴》中各县（区、市）播种面积数据可以分析出，近年来三明市各县（区、市）农作物播种面积的变化情况，作为评价农业发展产业布局的评判标准，按照农作物播种面积增长百分比计算，可以分为四个级别：增长率小于 0 的为第一等级，0～5% 为第二等级，5%～10% 为第三等级，大于 10% 为第四等级。由图 5-17 可以看出，除了三元区、永安市两地区以外，2013～2016 年，其他地区农作物播种面积均有一定程度增加，增长较为明显的区县主要为清流、宁化、尤溪、大田等 4 个县，其中，

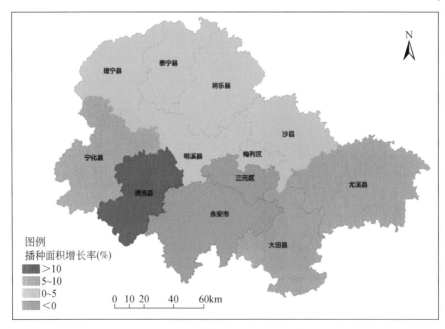

图 5-17 农作物播种面积增长率

清流县增长率最高，达到了 23.38%。

5.4.2 生态承载力与产业一致性评价

根据生态承载力计算结果，以及三明市农业产业布局分析结果，结合产业发展与生态承载力相适宜的原则，如表 5-3 所示，本书提出以下评价矩阵。

表 5-3 三明市生态承载力与产业一致性评价矩阵

项目		生态承载力评价结果			
		超载	轻微超载	可承载	盈余
播种面积增长率（%）	<0	好	好	一般	差
	0~5	差	一般	好	好
	5~10	差	差	一般	好
	>10	差	差	差	一般

根据以上评价矩阵，将产业一致性评价结果分为一致性较好、一般、较差等三个等级。由图 5-18 可以看出，评价等级为好的区县有 7 个，一般等级的区县 2 个，较差等级的区县 3 个。总体上来说，三明市生态承载力与产业一致性较好，但是也存在部分农业产业发展和生态承载力不太协调的地区，主要一

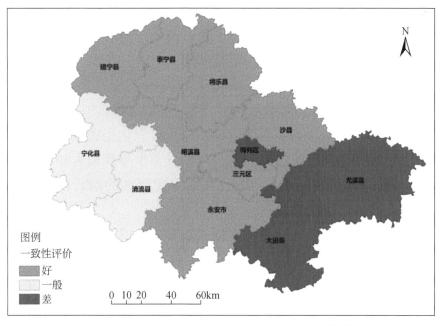

图 5-18 三明市生态承载力与产业一致性评价结果

致性较差的地区主要是市辖区梅列区以及市区东南部的尤溪县、大田县等地。

5.4.3　原因分析

根据评价结果，生态承载力与产业一致性评价较差的 3 个区县分别是梅列区、尤溪县、大田县。三个区县各项指标的评价得分情况如表 5-4 所示。

表 5-4　区县评价指标得分情况

指标	梅列区	尤溪县	大田县
第一产业比例	1	5	4
单位面积化肥	4	5	3
人口密度	5	2	2
人均耕地面积	1	2	3
人均林地	1	3	2
水质得分	4	5	5
农田平均坡度	2	2	1
植被覆盖度	4	4	4
地表类型	5	5	5
承载力综合评价	0.67	0.73	0.98

由表 5-4 可以看出，三个区县中梅列区、尤溪县处于生态承载力超载状态，大田县也处于轻微超载状态。但三个区县超载的原因各有不同，生态承载力与产业一致性评价相对较差的原因也有所不同。

梅列区是三明市的市辖区，城镇化比例较高，人口聚集度较大，达到 535 人/km²，同时，由于人口基数较大，导致单位人口内的耕地、林地等指标值相对较小，加上农田生态系统坡度较高，单位面积化肥施用量较多，导致梅列区总体生态承载力达到超载状态。另一方面，在生态承载力超载的同时，梅列区总体农作物播种面积在 2013～2016 年有一定幅度的增长，从而导致生态承载力与产业一致性评价结果较差。

尤溪县位于三明市最东部，是典型的农业县。尤溪县第一产业比例达到了 23.33%，远高于三明市平均水平，产业发展对农业依赖性较强。同时，尤溪县农田平均坡度较大，人均耕地面积相对较少，且农作物施肥较为粗放，单位面积内化肥施用量达到了 42.76kg/亩，明显高于其他区县的平均水平。以上结果共同导致了尤溪县生态承载力的超载。另一方面，在生态承载力超载的同时，尤溪县总体农作物播种面积在 2013～2016 年有较大幅度的增长，达到 5.36%，从而导致生态承载力与产业一致性评价结果较差。

大田县位于三明市东南部，地形条件相对较差，农田平均坡度达到 11.37°，水土流失风险较高。同时，第一产业比例较高，达到 19.92%，明显高于三明市平均水平。人均林地面积与其他区县相比相对较少，总体植被覆盖率低于全市的平均水平，以上结果共同导致大田县生态承载力达到轻微超载等级。另一方面，在生态承载力轻微超载的同时，大田县总体农作物播种面积在 2013～2016 年有了较大幅度的增长，达到 7.54%，从而导致大田县生态承载力与产业一致性评价结果较差。

总体来看，三个区县农业产业发展与生态承载力一致性较差的原因各有不同：人口基数较大导致的压力较重、相对粗放的农业管理以及地形条件较差的先天不足等，都是导致产业发展与生态承载力不协调的重要原因。

5.5　农业发展对生态安全影响预警研究

5.5.1　区域生态安全评估及预警方法研究进展

20 世纪 90 年代以来，国外针对生态安全问题的研究，主要是围绕生态安全的含义、生态安全与可持续发展、生态安全与国际化的关系、国家安全与区域安全、生态安全与军事化等主题展开。如经济合作与发展组织于 1990 年就首创了"压力-状态-响应"（PSR）模型，并进行概念界定与框架构建，其可作为典型的生态安全评价结构，用来衡量区域甚至国家的生态环境承载力，以及衡量压力对生态环境的影响程度与反之的社会响应度。另外，另有一部分学者在 PSR 模型的基础上进行完善，如提出驱动力-压力-状态-暴露-影响-响应（DPSEEA）模型。

2000 年后，国外学者针对生态安全问题的研究，逐渐扩展到如生物化学制品对农业生态安全系统的危害等农业相关领域，并对此开展了生态风险评价分析，如 Charles Eason 等通过毒物学中的生物标记分析了化学药品及有害物等对人类产生的影响。此外，研究相对较多的领域主要是关于水资源的污染，如有研究归纳总结了沿海区域生态安全的影响因素，并对孟加拉国的海岸地区开展了评价研究，此研究即是将生态安全的理论实际应用到海岸区域的生态安全评价研究中。Henri Decamps 等运用生态安全的理论研究了河流污染对人类的影响，以此通过实证研究来证明人类活动对河流的负面影响。

生态安全预警主要分为两部分：预警分析和预控对策。"预警分析"主要是对生态系统现状进行甄别诊断，并针对性地发出警告；而"预控对策"是"预警分析"工作的进一步延续，即对生态系统的不协调现象予以及时调整，或针对生态安全危机所表现的征兆及时控制。国外大部分学者是在生态风险评价和预报基础上，对生态安全预警开展的研究。欧美等多个国家的学者分别从不同方面开展了生态安全的单项、综合预警体系研究，如美国针对国家西南部草原的沙漠化问题，结合 GPS 监测和地面观测站等方法，并以植被裸露区指数、牧草盖度等指标，预警了当地区域草场生态系统不同沙漠化阶段的阈值。有俄罗斯学者将俄罗斯生态状况分布图作为国家生态安全预报基础，将整个俄罗斯的生态状况分为三级，即灾难性、危机性和临界性。

我国关注生态安全研究的时间较短，但发展很快，研究对象广泛，涉及土地、森林、湿地、河流、绿洲和草原等；研究范围较广泛，如全国水平和区域水平等，但全国范围的研究比区域的要少；研究内容也较为宽泛，一般分为生态安全的评价指标体系研究、生态安全的预警研究等。傅伯杰从自然资源、社会发展现状、经济发展水平等选取评价指标，以此对我国的生态环境质量开展了预警研究；陈国阶和何锦峰提出了环境预警的数学模式如临界点预警、不良状态预警等，认为生态环境的预警应集中于环境质量的变化过程研究；张大任提出了生态环境预警的思想，并以生态危机论为理论基础，定性阐述了洞庭湖的生态环境质量现状并开展了预警研究。

根据对已有文献的归纳总结可以看出，虽然研究方法多样，但大致可归纳为两方面：在构建评价指标体系方面，所采用的理论框架模型一般为"压力–状态–响应"（PSR）、"压力–状态–影响–响应"（PSIR）、"驱动力–状态–影响"（DSR）、"驱动力–压力–状态–影响–响应"（DPSIR）、"驱动力–压力–状态–暴露–响应"（DPSER）模型，在选取指标时会因研究对象及区域等因素不同而有所变化。

随着预警理论的广泛应用，目前定量预警方法主要为数学模型法、生态模型法与数字地面模型法三种。其中数学模型法相应的方法主要为多指标计算法（主要包括综合指数法、物元可拓法、灰色模糊评价法、BP 神经网络法）与指标数据量化法（极差分类法）、指标权重确定法（主要为层次分析法、专家打分法）。生态模型法中主要使用的方法为生态系统尺度模型法、景观尺度模型

法与生境区域尺度模型法。数字地面模型法主要以数字字面模型为参照，结合
3S 技术，构建数字生态安全模型。

5.5.2 三明市农业生态安全评估及预警方法研究

农业是对自然资源、环境影响和依赖最大的产业部门，《中国 21 世纪议
程》指出，农业和农村可持续发展是中国可持续发展的优先领域和根本保证，
因此区域农业可持续发展的生态安全又是区域生态安全的基础。加强区域农业
可持续发展的生态安全研究，对于推进农业生产，促进农村发展均有重要
意义。

结合区域生态安全的概念，有的学者认为（姚成胜和朱鹤健，2007），区
域农业生态安全是指在一定的时空范围内，在自然和人类活动干扰下，农业生
态系统能保持持续的生产力，农产品数量和质量能满足人们的需求，农业生产
的生态环境条件及其所面临的生态环境问题不对农业持续发展和人类生存构成
威胁的一种状态。

5.5.2.1 三明市农业生态安全评价指标体系

结合上述生态安全的定义，本书将农业生态安全分为农业生产环境安全、
农业资源安全和农村社会发展三个分类指标，并结合三明市的实际情况，在三
个分类指标之下，提出了一系列评价的单项指标。根据系统性，指标选择的独
立性可比性、科学性和实用性，以及指标数据的可得性，在广泛研究国内外区
域生态安全评价指标体系和区域农业生态安全评价指标体系，并征询众多专家
的基础上，筛选出 12 项评价指标，构建三明市农业生态安全评价的指标体系
（表 5-5）。

表 5-5 三明市农业生态安全评价指标体系

分类指标	单项指标	指标说明
农业生产环境安全	化肥使用强度	化肥折纯施用量/农作物播种面积
	农药使用强度	农药施用量/农作物播种面积
	旱涝保收率	旱涝保收面积/耕地总面积
	畜禽粪便资源化利用率	畜禽粪便利用量/畜禽粪便总产生量

分类指标	单项指标	指标说明
农业资源安全	人均耕地面积	耕地面积/总人口
	人均粮食占有量	粮食总产量/总人口
	复种指数	农作物播种面积/耕地面积
	农业科技人员拥有率	农业科技人员总数/农业总人口数
农村社会发展	单位面积农业 GDP 产值	农业总产值/农作物播种面积
	城乡居民收入比	城镇居民人均可支配收入/农村居民人均可支配收入
	农村人口自然增长率	（当年人口–上年人口）/上年人口
	农民文化水平	高中以上文化农业人口数/农业总人口数

各指标选用理由分别是：在农业生产环境安全分类指标方面，各单项指标分别能从农业生产物质投入、农业的抗灾能力和废弃物处理对农业生产环境的影响来充分说明农业生产环境的安全状况；在农业资源安全方面，各指标分别能从土地资源、光热资源、粮食资源、农业科技资源等方面来说明农业资源安全状况；在农村社会发展方面，各指标分别能从单位土地面积产值、农民收入状况、农村人口状况、农民文化水平程度等多个方面充分反映农村社会的发展状况。

5.5.2.2 评价指标权重的确定及标准化处理

指标权重是指在相同目标约束下，各指标的重要性关系。在多指标综合评价中，权重具有举足轻重的作用。本书拟采用层次分析法对评价指标赋予权重。层次分析法是 20 世纪 70 年代中期提出的一种定性与定量相结合的决策分析方法，是一种对复杂社会经济现象的决策思维过程进行具体化、模型化与形象化的方法。该方法主要用于评价区域生态环境总体质量及其变化及对社会经济综合决策分析。其具体的计算过程主要包含建立层次结构模型、构造判断矩阵、计算权重、一致性检验等内容。

从以上所选取的评价指标中可知，农业生态安全评价指标性质各不相同，缺乏可比性。因此必须对各指标的原始数据进行标准化处理，本书采用极差标准化法对原始数据进行标准化（极差标准化的缺陷是有时某些指标很难判断是正作用指标还是负作用指标，而且有些指标是相对最优型指标，过大或过小均存在问题）。农业生态安全评价存在两类指标，一类是正作用指标，该类指标越大越好；另一类是负作用指标，该类指标越小越好。针对这两类指标，其标准化的处理方法如下：

对于正作用指标，见式（5-7）：

$$X_{ij}' = (X_{ij} - \min X_j) / (\max X_j - \min X_j) \qquad (5-7)$$

对于负作用指标，见式（5-8）：

$$X_{ij}' = (\max X_j - X_{ij}) / (\max X_j - \min X_j) \qquad (5-8)$$

式中，X_{ij}' 和 X_{ij} 分别为第 i 年第 j 项指标标准化后的值和原始值；$\max X_j$ 和 $\min X_j$ 分别为第 j 项指标的最大值和最小值。

由于三明市农业生态安全存在复杂性和层次性，农业生态安全的每一项指标只从某一侧面反映农业的生态安全状况，为全面反映农业可持续发展的生态安全，本书利用农业生态安全综合指数，即将各项指标采用加权函数法进行计算，结果表示为三明市生态安全的评价结果：

$$CESI = \sum_{i=1}^{n} X_i W_i \qquad (5-9)$$

式中，X_i 为第 i 项单项指标的标准化值；W_i 为地第 i 项单项指标相对应的权重；CESI 为综合评价值，用以反映各分类指标的生态安全程度。

5.6 对策建议

根据以上原因分析结果，结合三明市农业发展实际情况，本书提出以下四方面针对性的对策建议建议。

1）大力开展化肥减量增效行动。针对尤溪、永安、明溪、沙县等单位面积化肥施用量较大的市县，大力推进化肥减量增效行动。充分利用商品有机肥示范推广等补助项目，加大有机肥推广力度，建立一批有机肥替代化肥和绿色优质农产品生产基地，减少农作物对化肥的过度依赖，提升土壤有机质含量，改善耕地质量，提高耕地肥力。推广测土配方施肥，在做好测土配方施肥技术普及、指导农民科学施肥的基础上，大力开展测土配方施肥示范片建设，以示范带动面上推广。推广秸秆还田，将稻草等秸秆进行机械翻压还田腐烂，改善耕地质量，提高土壤肥力。

2）推进坡改梯行动，改善农田水土流失。针对东南部农田坡度较大的大田、永安、尤溪等市县，结合生态修复工程，开展坡改梯行动，减少水土流失风险。实施坡耕地标准化治理。结合茶园、油茶林水土流失治理工作，配套建设游步道、观景台等基础设施，致力把茶园经营成观光园、花园、庄园。同时，协同推进高标准农田建设，保证耕地质量。

3）优化农业产业结构，推进农村产业融合发展。一是强化推进示范创建。立足资源优势和产业特色，突出创新和示范，加强规划设计和工作指导，充实完善实施方案，有序推进乡（镇）试点示范工作。二是强化推进合力。为进一步做好农村第一、第二、第三产业融合发展试点示范工作，协同有关部门重点加大对产业融合发展园区、农业农村基础设施、公共服务平台等建设的倾斜支持，加快形成推动合力。三是强化项目带动。根据各县自身优势及产业特色，通过建设休闲田园综合体、打造茶叶产业集中区和茶文化产业融合示范园、加快推进文化主题旅游等项目，加快产业融合对接，不断提升农村产业融合发展水平。

4）加强农业生态安全管理。农业生态环境是农业发展的前提基础，农业生态安全是农业可持续发展的关键。一方面，要加强宣传和教育力度，提高全民生态安全意识和生态环境保护的危机感和紧迫感，强化生态意识。另一方面要建立生态安全的预警系统，及时掌握区域内生态安全的现状和变化趋势，为三明市有关部门提供相关的决策依据。根据地方生态环境的不同状况，有重点地建立和完善专项的生态安全预警和防护体系，如气象预报体系、防汛体系、疫情预报与防治体系、动植物检疫体系、环境监测和预报体系等。

5.7 小 结

1）基于综合评价法，利用 GIS 空间分析技术，以县（区、市）为最小单元，系统评价了三明市生态承载力，明确了其空间分布特征。评价结果显示，三明市生态承载力总体上呈现"西北高，东南低"的特点，12 个县（区、市）中，梅列区、三元区及尤溪县生态承载力处于超载等级，永安市、大田县生态承载力轻微超载，其他县区处于可承载或者盈余状态。

2）根据各县（区、市）农作物播种面积变化趋势分析得出各县区农业产业发展布局评价结果，结合生态承载力评价结果，进而得到生态承载力与农业产业发展一致性的评价结果。评价结果显示，总体上，三明市生态承载力与产业一致性较好，但是也存在部分农业产业发展和生态承载力不太协调的地区，一致性较差的地区包括市辖区梅列区以及市区东南部的尤溪县、大田县等地。

3）梳理了区域生态安全评估及预警方法研究进展，根据三明市农业发展实际情况，开展了三明市农业生态安全评价预警方法研究。将农业生态安全分为农业生产环境安全、农业资源安全和农村社会发展三个分类指标，在三个分类指标之下，提出了 12 个单项指标，采用层次分析法确定指标权重，利用极差标准化方法进行指标标准化处理，利用农业生态安全综合指数对三明市农业生态安全进行综合评价。

4）对于生态承载力较弱及生态承载力与产业发展一致性较差的县（区、市），针对具体问题，提出大力开展化肥减量增效行动、推进坡改梯行动，改善农田水土流失、优化农业产业结构，推进农村产业融合发展、加强农业生态安全管理等方面的对策建议。

第6章 | 重点生态功能区应用示范研究

6.1 研究区概况

6.1.1 地理位置

武夷山市位于福建省西北部、闽赣两省交界处，地处东经 117°37′22″ ~ 118°19′44″、北纬27°27′31″ ~ 28°04′49″（图 6-1），东连浦城县、南接建阳市、西临光泽县、北与江西省铅山县毗邻，土地总面积 2813km²，2015 年总人口

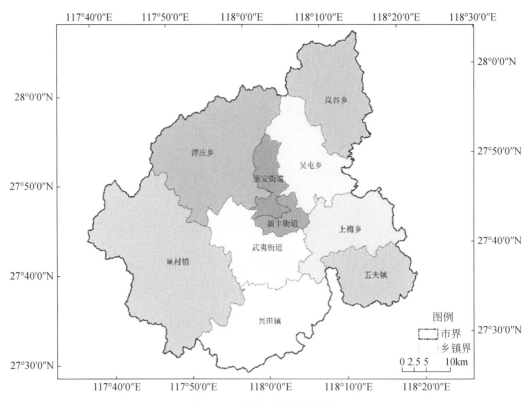

图 6-1 武夷山市行政区划图

24.05 万人，辖 3 镇、4 乡、3 个街道、4 个农茶场、115 个行政村。1992 年 12 月，被联合国教育、科学及文化组织批准列入《世界遗产名录》，成为全国第 4 处、世界第 23 处世界文化与自然"双遗产"地之一，2016 年正式被纳入国家重点生态功能区范围。

6.1.2 地形地貌

武夷山市东、西、北部群山环抱，峰峦叠嶂，中南部较平坦，为山地丘陵区。地势由西北向东南倾斜，最高处黄岗山海拔 2158m，在我国大陆称为"华东屋脊"，最低处兴田镇，海拔 165m，最高与最低点高差 1993m。地面高程和坡度见图 6-2 和图 6-3。

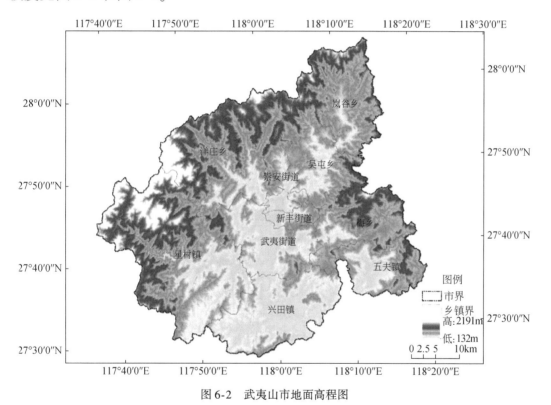

图 6-2 武夷山市地面高程图

6.1.3 气候气象

武夷山市属于中亚热带季风湿润气候区，四季分明，光照充足，雨量充沛。全市年平均降水量 1926.9mm，年平均降雨日数 164.6 天，最多达 209 天

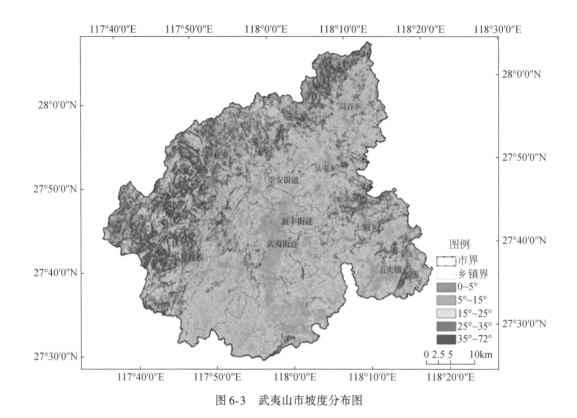

图 6-3 武夷山市坡度分布图

（1975 年），最少为 110 天（2003 年）；年平均气温 18.3℃，1 月平均气温 7.8℃，极端最低气温 −8.1℃；7 月平均气温 27.8℃，极端最高气温 41.2℃，平均气温年较差 20.4℃。年平均生长期 263 天，年平均无霜期 270 天，最长达 307 天，最短为 237 天。

6.1.4 河流水系

武夷山有建溪、崇阳溪、南浦溪、麻溪等 4 条主要河流，河流面积 3.89 万亩，全市水利资源蕴藏量 21.5 万 kW，可开发 8.3 万 kW，已开发 4.3 万 kW，水资源十分丰富（图 6-4）。

6.1.5 生态系统状况

（1）生态系统类型及其变化

根据武夷山市 2010 年和 2015 年土地利用变更数据重归类分析，武夷山市

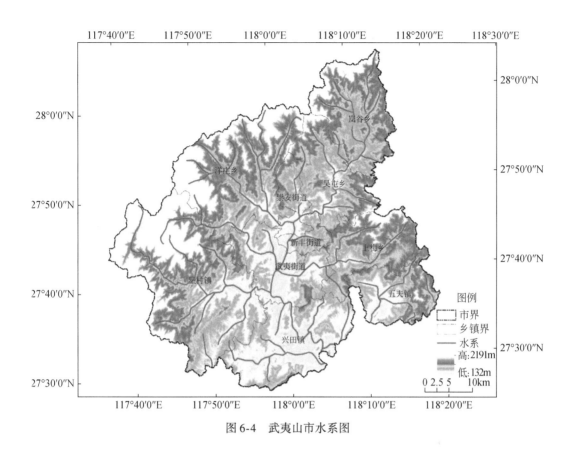

图 6-4 武夷山市水系图

生态系统类型以森林为主，2015 年森林面积为 2249.8km²，占国土总面积的比例为 80.3%；其次为农田，面积为 389.2km²，占国土面积的比例为 13.9%；城镇、湿地、草地等类型面积相对较低（图 6-5）。

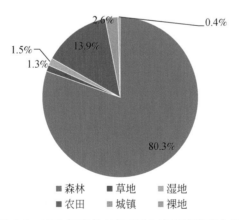

图 6-5 2015 年武夷山市不同生态系统类型占比

2010～2015 年，森林、草地、湿地、农田等类型面积呈减少趋势，减少量分别为 5.0 km²、2.9 km²、0.6 km²、2.7km²；城镇、裸地呈增加趋势，增加量分别为 7.9km²、3.3 km²（表 6-1）。2010 年和 2015 年生态系统类型分别见图 6-6 和图 6-7。

表 6-1　2010～2015 年武夷山市生态系统类型面积及其变化　　（单位：km²）

类型	2010 年	2015 年	面积变化量
森林	2254.8	2249.8	-5.0
草地	39.0	36.1	-2.9
湿地	42.5	41.9	-0.6
农田	392.0	389.2	-2.7
城镇	65.5	73.4	7.9
裸地	9.1	12.4	3.3

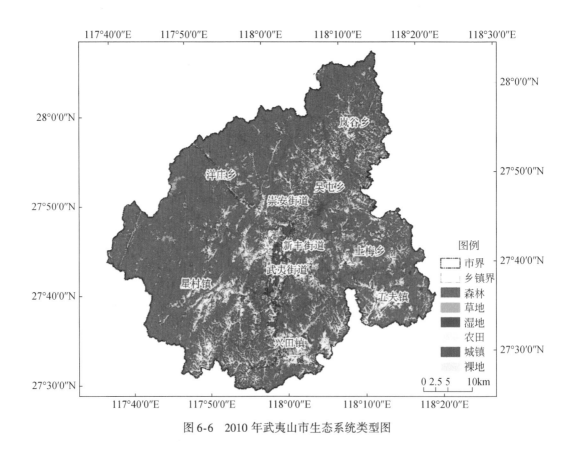

图 6-6　2010 年武夷山市生态系统类型图

（2）自然保护地

武夷山市现有国家公园 1 处，为武夷山国家公园，其位于武夷山部分面积

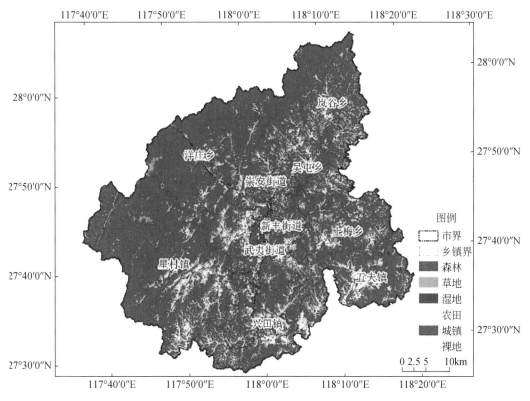

图 6-7　2015 年武夷山市生态系统类型图

为 595.1km^2；省级自然保护区 1 处，为武夷山黄龙岩省级自然保护区，面积为 47.67km^2；自然保护小区 9 处，总面积为 99.67km^2；自然保护点 32 处，总面积为 0.96km^2，其中黄连坑阔叶树、青龙阔叶树、桐木野猴 3 处自然保护小区与武夷山国家公园重叠，综上所述，武夷山现有自然保护地总面积约 700.1km^2（表 6-2，图 6-8）。

表 6-2　武夷山市自然保护地名录　　　　　　　（单位：km^2）

序号	名称	面积
1	武夷山国家公园（武夷山部分）	595.1
2	武夷山黄龙岩省级自然保护区	47.67
3	黄连坑阔叶树自然保护小区	5.79
4	培石坑阔叶树自然保护小区	7.05
5	青龙阔叶树自然保护小区	2.70
6	陶观阔叶树自然保护小区	26.09
7	田垱阔叶树自然保护小区	0.78
8	桐木野猴自然保护小区	34.83

序号	名称	面积
9	小武夷公园自然保护小区	1.79
10	大王山阔叶树自然保护小区	16.61
11	樟村猕猴自然保护小区	4.03
12	星村朝阳自然保护点	0.01
13	星村程墩自然保护点	0.003
14	星村枫林自然保护点	0.01
15	星村黎前自然保护点	0.002
16	星村洲头自然保护点	0.002
17	兴田城村渡边自然保护点	0.003
18	兴田大渚东际自然保护点	0.000
19	兴田汉城自然保护点	0.49
20	兴田马埠头自然保护点	0.002
21	兴田南岸乌渡头自然保护点	0.002
22	兴田南树下峡自然保护点	0.01
23	兴田南源岭麦场自然保护点	0.000
24	兴田南源岭双门自然保护点	0.003
25	兴田南源岭下厅自然保护点	0.003
26	洋庄浆溪黄坛自然保护点	0.000
27	洋庄浆溪毛岭自然保护点	0.000
28	洋庄浆溪长滩自然保护点	0.02
29	洋庄坑口横山自然保护点	0.003
30	洋庄五渡桥自然保护点	0.000
31	洋庄西际地源自然保护点	0.001
32	洋庄西际沙渠洋自然保护点	0.01
33	洋庄西际长洲自然保护点	0.000
34	洋庄西际自然保护点	0.004
35	洋庄小浆留墩自然保护点	0.001
36	紫阳书院自然保护点	0.24
37	锅灶头自然保护点	0.07
38	上梅地尾自然保护点	0.02
39	上梅荷墩坊头自然保护点	0.01
40	上梅楼下自然保护点	0.003
41	上梅培万坑自然保护点	0.01
42	上梅厅下沙帽畲自然保护点	0.01
43	吴屯排头自然保护点	0.01

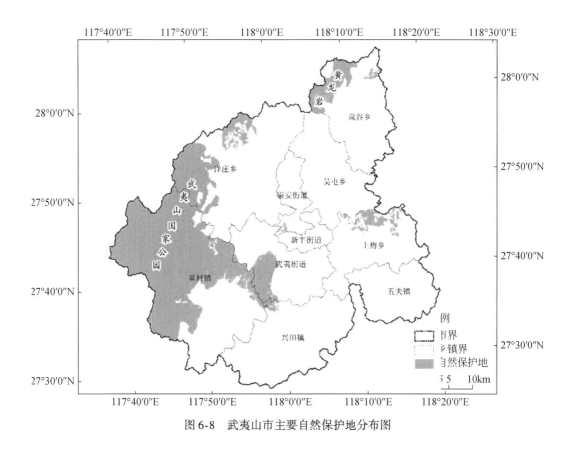

图 6-8　武夷山市主要自然保护地分布图

6.2　产业发展现状评价

6.2.1　经济发展总体状况

2010～2015 年，武夷山市地区生产总值增长较快。如图 6-9 所示，按不变价计算，地区生产总值由 65.79 亿元增长至 138.88 亿元，其中第一产业增加值由 12.53 亿元增加到 24.54 亿元，第二产业增加值由 21.95 亿元增加到 55.54 亿元，第三产业增加值由 31.31 亿元增加到 58.80 亿元。按可比价计算，地区生产总值由 65.79 亿元增长至 111.7 亿元，年均增长率为 11.2%；其中第一产业增加值由 12.1 亿元增加到 15.3 亿元，年均增长率 4.8%；第二产业增加值由 21.95 亿元增加到 45.6 亿元，年均增长率 15.7%；第三产业增加值由 31.8 亿元增加到 50.8 亿元，年均增长率 9.9%。

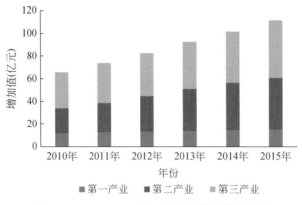

图 6-9　2010～2015 年三次产业增加值变化图

如图 6-10 所示，武夷山市产业结构由 2010 年的 19.05：33.37：47.58 调整为 2015 年的 17.67：39.99：42.34。第一产业和第三产业比例分别下降 1.38、5.24 个百分点，第二产业比例上升 6.62 个百分点。

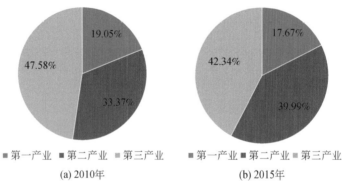

图 6-10　2010 年和 2015 年武夷山市产业结构图

6.2.2　主导产业发展情况

根据《武夷山市国民经济和社会发展第十三个五年规划纲要》，武夷山市主导产业为旅游业和茶产业，受客观因素影响发展放缓。

6.2.2.1　旅游业

如图 6-11 所示，2010～2017 年武夷山游客接待人数和旅游总收入呈逐年增加趋势，到 2017 年共接待 1283.11 万人次，旅游总收入 240.7 亿元。

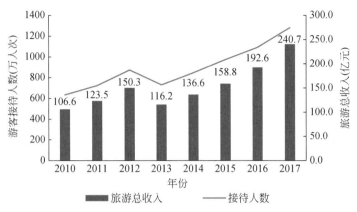

图 6-11　武夷山市 2010～2017 年旅游业发展情况

根据 2015 年土地利用变更调查数据，武夷山市风景名胜及特殊用地共 3.98km²，主要分布于武夷街道、崇安街道等城镇集中区，如图 6-12 所示。

图 6-12　2015 年武夷山市风景名胜用地分布图

6.2.2.2　茶产业

截至 2015 年，全市有茶山面积 14.8 万亩，比 2009 年新增 2.4 万亩（主要是 2010~2012 年新增面积，2013 年起全面禁止开垦茶山）。其中投产面积 13.9 万亩，无公害茶园面积 14.8 万亩，机械化修剪面积 14 万亩，机械化采摘面积 13 万亩。全市 14 个乡（镇）、街道、农茶场均有种植茶叶，种茶区域遍及 96 个行政村，占行政村总数的 83.48%，涉茶人口达 8 万余人。

2015 年茶叶总产量 7800t，比 2009 年的 6600t，增长 18.18%，总产值 15.36 亿元，比 2009 年的 10.3 亿元，增长 49.13%。2014 年茶企业纳税入库 5371.89 万元，比 2009 年的 2439.25 万元，增长 120.23%。目前已挖掘记录茶树品种 280 种，科技保护可用品种 70 多个，其中以大红袍、肉桂、水仙、奇种为重点。茶产业的快速健康发展，有效地带动了包装业、物流业等相关第二、第三产业的发展和解决农村富余劳动力转移与就业问题。

武夷山市现有茶园分布情况如表 6-3 和图 6-13 所示，茶园总面积 74.21km²，主要分布于中部及南部地区，其中星村镇最多，茶园面积为 31.11km²，占比 41.9%；武夷街道、兴田镇次之，茶园面积分别为 21.13km²、14.38km²，占比分别为 28.5%、19.4%；其余乡镇茶园面积相对较少。

表 6-3　2015 年武夷山市各乡镇茶园面积及比例

项目	面积（km²）	比例（%）
武夷街道	21.13	28.5
崇安街道	1.05	1.4
新丰街道	0.65	0.9
岚谷乡	0.62	0.8
上梅乡	0.99	1.3
吴屯乡	1.33	1.8
洋庄乡	2.26	3.1
五夫镇	0.69	0.9
星村镇	31.11	41.9
兴田镇	14.38	19.4
总计	74.21	100

6.2.2.3　工业主导产业

根据《武夷山市 2017 年国民经济和社会发展统计公报》，2017 年武夷山市工业主导产业不断壮大。酒、饮料和精制茶制造业，食品、农副食品加工业、纺织服装业、木材加工业等主导产业完成产值 1 149 301 万元，占规模以

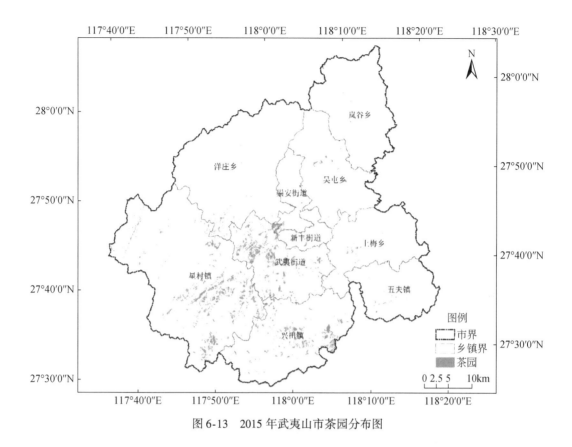

图 6-13　2015 年武夷山市茶园分布图

上工业产值的比例达 83.12%，增长 13.37%，对全市规模工业的贡献率达 79.84%，拉动全市规模工业增长 6.5 个百分点。其中，酒、饮料和精制茶制造业完成产值 444 544 万元，增长 6.96%（现价，下同）；食品、农副食品加工行业完成产值 34 628 万元，增长 8.71%；竹木加工行业完成产值 608 855 万元，增长 18.63%；纺织服装行业完成产值 61 274 万元，增长 15.59%。

6.2.3 产业内部结构分析

6.2.3.1 第一产业

2015 年第一产业增加值以农业为主，比例为 69.4%；其次为林业、畜牧业、渔业，比例分别为 15.4%、11.0%、4.2%。与 2010 年相比，农业比例有所上升，上升 9.4 个百分点，林业、畜牧业、渔业比例均呈下降趋势，分别下降 2.9%、4.5%、2%（图 6-14）。

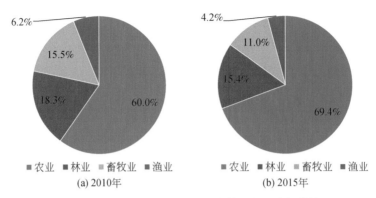

图 6-14 2010~2015 年武夷山市第一产业内部结构

根据《武夷山市 2017 年国民经济和社会发展统计公报》，2017 年农业生产增长平稳。全年实现农林牧渔业总产值 450 799.52 万元，比上年增长 1.9%。其中，农业产值 296 620.62 万元，增长 0.5%；林业产值 69 061.4 万元，增长 3.9%；牧业产值 56 476.05 万元，增长 6.6%；渔业产值 16 971.69 万元，增长 5.2%。

其中，种植业结构调整步伐加快，粮食作物播种面积，蔬菜、烤烟、茶叶等非粮作物种植面积在产业化进程中不断调整。全年粮食作物播种面积 335 317 亩，比上年增加 11 288 亩，增长 3.48%；非粮食作物种植面积 235 006 亩，减少 7102 亩，下降 2.93%。全年粮食总产量 141 227t，比上年增产 7158t，增长 5.34%；稻谷产量 118 529t，增长 6.6%；油料产量 2801t，增长 2.3%；烟叶产量 3873t，下降 18.22%；蔬菜产量 148 104t，下降 1.29%；水果产量 47 257t，下降 5.92%；食用菌产量 10 514t，下降 4.51%；茶叶产量 16 386t，增长 1.31%。

林业生产持续发展。全年完成造林更新面积 78 093 亩，完成幼林抚育面积 55 923 亩。森林防火和林木病虫害防治工作得到加强，全市森林覆盖率达 80.46%。主要林产品产量笋干 13 150t，比上年增长 0.5%；板栗 2848t，下降 22.02%。

畜牧业生产稳中有增。全年肉蛋总产量达 19 754t，比上年增长 8.47%。其中，肉类产量 12 694t，增长 16.12%；禽蛋产量 7060t，下降 3.02%。

渔业生产稳定增加。全年水产品产量 11 483t，比上年增长 4.5%。其中捕捞产量 1618t，增长 1.44%；养殖产量 9865t，增长 5.01%。

6.2.3.2　第二产业

2015 年，第二产业以工业为主，比例为 57.7%，其次为建筑业，比例为 42.3%。2015 年规模以上工业增加值为 36.05 亿元，占当年工业增加值的比例为 94.4%。工业内部以制造业为主，占整个第二产业增加值的比例为 54.2%，占工业增加值的比例为 93.9%，采矿业和电力、燃气及水的生产和供应业所占比例较低。与 2010 年相比，建筑业比例有所上升，工业比例有所下降，其中采矿业下降较为明显，电力、燃气及水的生产和供应业也呈下降趋势，制造业比例有所上升（图 6-15）。

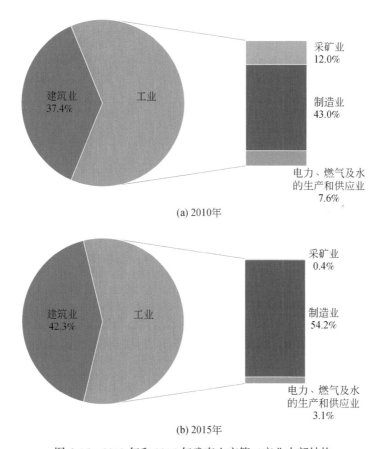

(a) 2010年

(b) 2015年

图 6-15　2010 年和 2015 年武夷山市第二产业内部结构

从工业内部总产值的构成看，2015 年武夷山市工业主要以酒、饮料和精制茶制造业，木材加工和木、竹、藤、棕、草制品业为主，两者所占工业总产值的比例分别为 38.2%、37.9%。与 2010 年相比，酒、饮料和精制茶制造业比例上升 6.1 个百分点，木材加工和木、竹、藤、棕、草制品业上升 9.2 个百分点，有色金属矿采选业，蔬菜、水果和坚果加工，皮革、毛皮、羽毛及其制品和制鞋业，木制品制造，家具制造业，造纸及纸品业，化学纤维制造业，电气机械及器材制造业，工艺品及其他制造业等行业已淘汰，新增化学原料和化学制品制造业，计算机、通信和其他电子设备制造业（图6-16）。

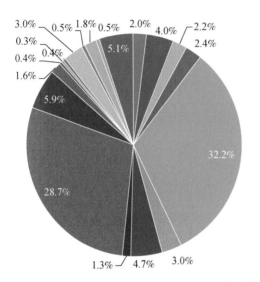

有色金属矿采选业
农副食品加工
蔬菜、水果和坚果加工
食品制造业
酒、饮料和精制茶制造业
纺织业
纺织服装、鞋、帽制造业
皮革、毛皮、羽毛及其制品和制鞋业
木材加工和木、竹、藤、棕、草制品业
木制品制造
家具制造业
造纸及纸品业
文教体育用品制造业
化学纤维制造业
非金属矿物制品业
专用设备制造业
电气机械及器材制造业
工艺品及其他制造业
电力、燃气及水的生产和供应业

(a) 2010年

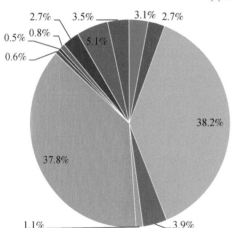

农副产品加工
食品制造业
酒、饮料和精制茶制造业
纺织业
皮革、毛皮、羽毛及其制品和制鞋业
木材加工和木、竹、藤、棕、草制品业
文教、工美、体育和娱乐用品制造业
化学原料和化学制品制造业
非金属矿物制造业
专用设备制造业
计算机、通信和其他电子设备制造业
电力、热力、燃气及水生产和供应业

(b) 2015年

图6-16　2010年和2015年工业内部行业结构

6.2.3.3　第三产业

2015年武夷山市第三产业以金融业、批发和零售业、房地产开发、租赁和商务服务业等为主，比例分别为15%、14%、10%、10%。与2010年相比，批发和零售业下降 2 个百分点，金融业上升 2 个百分点，房地产开发下降 1 个百分点，租赁和商务服务业上升 4 个百分点（图 6-17）。

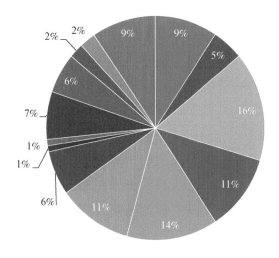

(a) 2010 年

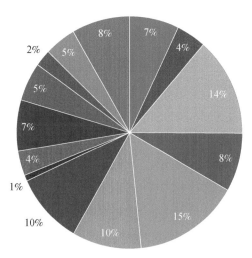

(b) 2015 年

图 6-17　2010 年和 2015 年第三产业内部结构

6.2.4　产业发展的限制因素分析

根据调查，武夷山市茶产业发展的主要生态问题是水土流失、违规开发茶山，因此水土保持是主要制约因素，受坡度影响较大；工业发展主要受水环境、大气环境约束；旅游业发展主要受生物多样性保护因素限制。

6.3   一致性评价及预警方法

根据《全国主体功能区划》，重点生态功能区是指生态系统十分重要，关系全国或较大范围区域的生态安全，目前生态系统有所退化，需要在国土空间开发中限制进行大规模高强度工业化城镇化开发，以保持并提高生态产品供给能力的区域；重点生态功能区要把增强提供生态产品能力作为首要任务，同时可适度发展不影响主体功能的适宜产业。

因此，在重点生态功能区开展生态承载力与产业一致性评价，应重点关注区域生态产品供给能力的上限、阈值或底线，尤其是主导生态功能提供能力上限，确保区域主要生态功能不降低，维持区域生态产品的持续供给能力。

6.3.1   生物多样性保护优先区评价

（1）指示物种的选取

根据《中国·福建武夷山生物多样性研究信息平台》《中国生物多样性红色名录·高等植物卷》《中国生物多样性红色名录·脊椎动物卷》《国家重点保护野生植物名录（第一批)》《国家重点保护野生动物名录》等资料，结合专家意见及文献总结（张路等，2011；史雪威等，2018；徐卫华等，2010），选取国家保护物种、受威胁物种（极危、濒危、易危）中的陆生脊椎动物、高等植物作为武夷山市指示物种，并根据指示物种的保护等级、受威胁程度等划分保护等级，其中一级为国家Ⅰ级保护且濒危、极危物种，二级为国家Ⅱ级保护且濒危、极危物种，三级为其他濒危、极危物种，武夷山特有植物物种，国家保护且易危物种。

（2）栖息地评价

栖息地评价主要依据《中国·福建武夷山生物多样性研究信息平台》《武夷山国家公园保护专项规划》《中国植物志》《中国动物志数据库》等多种资料，同时结合专家知识和相关文献综合确定每个指示物种的生境因子，主要包括指示物种分布的海拔、生态系统类型、距水源距离、距干扰源距离等。其中，利用30m分辨率数字高程模型提取每个物种的海拔分布范围，数据来源为地理空间数据云；利用研究区生态系统类型数据提取每个物种的适宜生态系统类型；距水源和干扰源距离主要通过GIS建立缓冲区，其中水源数据主要包括河流湖库等水域，干扰源数据主要包括城乡居民点、道路等，水源、干扰源数据均通过生态系统类型数据提取得到。将上述四类生境因子进行空间叠加分析，公共区域即每个物种的栖息地分布范围，空间分辨率为 30m。以国家 I 级保护且濒危动物黑麂为例，根据《武夷山国家公园保护专项规划》中国家重点保护野生动物分布图，初步获取该物种的分布点位并提取生境因子信息，其中海拔为 1100～1962m，生态系统类型以针阔混交林为主；结合已有文献研究结果（郑祥等，2006），其栖息地通常选择远离人为干扰（>1000m）且离水源较近的生境（<250m），据此确定距水源和干扰源因子，将以上因子进行叠加，综合得到黑麂的潜在栖息地范围。

（3）保护优先区评价

采用系统保护规划模型 MARXAN 进行区域生物多样性优先区评价。该模型是一种基于模拟退火法的系统保护规划模型，主要用于选择一定经济条件限制下的最小成本的保护体系。它最早用于海洋保护体系规划，近年来随着模型不断完善，目前已广泛应用于陆地保护体系规划（张路等，2011；史雪威等，2018；郭云等，2018）。

其总体框架为：设保护体系中规划单元总数为 m，保护指示物种总数（或其他保护目标因素，如植被型）为 n，根据物种信息构建物种分布矩阵 A，则矩阵中数值（a_{ij}）如式（6-1）所示：

$$a_{ij} = \begin{cases} 1, & \text{若物种 } j \text{ 在规划单元 } i \text{ 中出现} \\ 0, & \text{若物种 } j \text{ 未在规划单元 } i \text{ 中出现} \end{cases} \quad (6\text{-}1)$$

式中，i 为 1，2，3，$\cdots$，m；j 为 1，2，3，$\cdots$，n。

设 m 维向量 X 表示规划单元是否被选入保护体系，则元素 x_i 可表示为式（6-2）：

$$x_i = \begin{cases} 1, & \text{若规划单元 } i \text{ 被选入保护体系} \\ 0, & \text{若规划单元 } i \text{ 未被选入保护体系} \end{cases} \quad (6\text{-}2)$$

运算需满足如下条件：目标函数为最小规划单元集合 $\left[\min\left(\sum\limits_{i=1}^{m} x_i\right)\right]$，且 $\sum\limits_{i=1}^{m} a_{ij}x_i \geqslant 1$，其中，$j$ 为 1，2，3，$\cdots$，n（每个物种至少出现一次），x_i，$a_{ij} \in [0，1]$。

由于集水区内部小气候等生态因子较为相似，有助于减少系统误差，因此本书选用集水区作为规划单元进行迭代运算。采用 GIS 的水文分析模块，基于

30m 分辨率数字高程模型，共提取 2372 个集水单元作为规划单元进行迭代运算（图 6-18）。

图 6-18　武夷山市集水区划分

利用 GIS 的 Zonal Statistics as Table 工具统计每个指示物种在每个规划单元中的栖息地分布面积，构建物种分布矩阵。根据已有研究，保护比例一般设置为 10%~50%（张路等，2011；史雪威等，2018；苏美娜，2019），同时结合专家知识分别设置一级、二级、三级保护物种的保护目标分别占各自栖息地总面积的 50%、30%、10%。利用 GIS 的 JNCC 扩展模块计算每个规划单元与相邻单元的临边长度。

边界修正系数（boundary length modifier，BLM）是保护区边界长度的修正参数，用于确定边界长度在目标函数中的比例，以平衡边界长度与成本支出，从而得出保护体系建设成本最低且边界长度短的建设方案。每次模拟运算修改 BLM 参数，找到保护体系紧密度最适宜的点，以避免保护体系过度密集或过度分散。保护体系建设与运行成本主要采用规划单元土地面积近似计算。模型迭代运算 100 次，每个规划单元在 100 次运算中被选择到的次数为"规划单元不可替代性"，该值越高表示保护效益越高，在保护体系中的不可替代性越强（张路等，2011）。最后将规划单元按照不可替代性值的高低进行排序，评估武夷山市生物多样性保护优先区域，作为该地区生物多样性保护的空间阈值。

6.3.2 水土保持功能阈值

《水土保持法》明确提出"禁止在二十五度以上陡坡地开垦种植农作物。省、自治区、直辖市根据本行政区域的实际情况，可以规定小于二十五度的禁止开垦坡度"，因此本研究利用 GIS 空间分析模块中的 Reclassify 工具，基于数字高程模型提取坡度大于二十五度的图层，作为生态系统水土保持功能阈值。

6.3.3 空间叠加分析

通过空间叠加分析，将生物多样性保护优先区图层与农业、工业用地、风景名胜区等图层进行叠加相交分析，将水土保持功能阈值图层与茶园分布图层进行叠加相交分析，得到的交集部分即为不一致性区域。

6.3.4 预警技术思路

（1）重点产业（旅游业）发展对生物多样性保护影响预警
生物多样性保护阈值主要包括生境面积、距离人类活动干扰距离。本书选取区域濒危、特有物种作为指示物种，结合自然保护区科考等文献资料、野外样线调查数据等，明确指示物种的实际活动点位、空间范围、生境特征等信息及其变化；进一步统计分析指示物种的出现频次、种群数量特征及其变化。结合重点产业（如旅游业）布局变化情况，选取关键时间节点，分析指示物种出现点位距离人工干扰源（如旅游业布局）的距离，建立距干扰源距离与指示物种的种群数量、出现频次之间的响应函数，分析指示物种在距干扰源不同距离下的种群变化特征、栖息行为变化特征。最后，根据上述分析提出指示物种距干扰源的距离预警阈值（图 6-19）。
（2）重点产业（茶产业）发展对水土保持影响预警
一般而言，影响生态系统水土保持功能的因子主要有坡度、土壤质地、降雨、植被覆盖等。其中，降雨受自然因素影响较大，暂不考虑。主要考虑坡

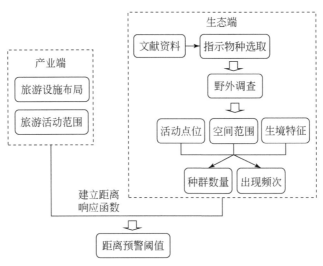

图 6-19　重点产业（旅游业）发展对生物多样性保护影响预警技术路线

度、土壤质地、植被覆盖三项指标的生态阈值。首先结合已有相关数据资料，开展水土流失敏感性评价，识别茶园水土流失较为敏感区域；在茶园水土流失敏感区域，设立调查样带，开展茶园水土流失敏感区的土壤侵蚀野外调查监测，重点记录位置、植被覆盖、坡度、土壤类型与质地、坡面侵蚀量等数据；基于调查数据，采用单因子变量法，分别建立植被覆盖、坡度、土壤质地与坡面实测侵蚀量之间的响应函数，根据水土流失敏感性标准，将侵蚀量达到较高时的变量值分别作为三项指标的阈值（图 6-20）。

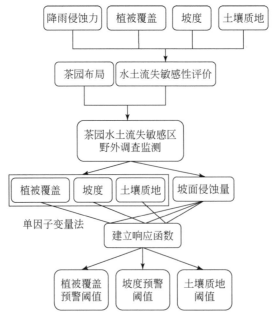

图 6-20　重点产业（茶产业）发展对水土保持影响预警技术路线

6.4 生态阈值分析

6.4.1 水土保持

根据国家退耕还林的政策要求，大于25°坡耕地易产生水土流失问题，需进行退耕。研究表明，坡度大于25°的区域主要位于武夷山市西部的星村镇、洋庄乡，北部的岚谷乡和东部的上梅乡等区域，总面积约885.0km²，空间分布情况如图 6-21 所示。

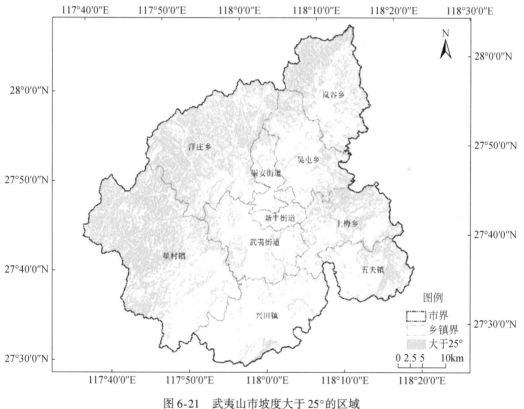

图 6-21 武夷山市坡度大于25°的区域

6.4.2 生物多样性保护

生物多样性保护的空间阈值主要通过生物多样性保护优先区评价得出。

6.4.2.1　重要保护动植物筛选

依据福建省科学技术厅编著的《中国·福建武夷山生物多样性研究信息平台》，结合我国最新的生物多样性红色名录等资料，本书详细梳理了武夷山国家级自然保护区内的珍稀濒危保护高等植物、哺乳动物、鸟类、鱼类、两栖动物、爬行动物、昆虫等物种信息，详细信息如下所述。

（1）高等植物

经初步筛选，武夷山国家公园共有各类保护植物 104 种，其保护等级、濒危状况、特有性等信息如表6-4所示。其中，属于国家Ⅰ级保护的野生植物有5 种，国家Ⅱ级保护的野生植物有 19 种，福建省级重点保护植物 32 种，武夷山特有植物约42 种，未受保护但濒危、极危的9 种。列入《中国生物多样性红色名录·高等植物卷》的有 70 种，其中极危植物5 种，分别是银杏、黄石斛、长苞羊耳蒜、宽叶粗榧、福建假稠李；濒危植物6 种，分别是水杉、短萼黄连、宽距兰、短茎萼脊兰、金线兰（金线莲）、浙江金线兰；易危植物14种，近危植物8 种，无危植物 33 种，数据缺乏4 种。特有性植物约118 种，其中武夷山特有42 种。列入 CITES（2017）附录Ⅱ的有 8 种。此外，属于极小种群的植物3 种。

表6-4　武夷山自然保护区重要珍稀濒危保护植物名录

序号	中文名称	科名	保护等级	中国生物多样性红色名录	特有性	极小种群	CITES 附录
1	银杏	银杏科	国家Ⅰ级	极危（CR）	中国特有	—	—
2	水杉	杉科	国家Ⅰ级	濒危（EN）	中国特有	是	—
3	水松	杉科	国家Ⅰ级	易危（VU）	中国特有	是	—
4	南方红豆杉	红豆杉科	国家Ⅰ级	易危（VU）	—	—	Ⅱ
5	伯乐树（钟萼木）	伯乐树科	国家Ⅰ级	近危（NT）	中国特有	—	—
6	白豆杉	红豆杉科	国家Ⅱ级	易危（VU）	中国特有	—	—
7	半枫荷	金缕梅科	国家Ⅱ级	易危（VU）	中国特有	—	—
8	水蕨	水蕨科	国家Ⅱ级	易危（VU）	中国特有	—	—
9	金钱松	松科	国家Ⅱ级	易危（VU）	中国特有	—	—
10	闽楠	樟科	国家Ⅱ级	易危（VU）	中国特有	—	—
11	浙江楠	樟科	国家Ⅱ级	易危（VU）	中国特有	—	—
12	喜树（旱莲木）	蓝果树科	国家Ⅱ级	无危（LC）	中国特有	是	—
13	花榈木	豆科	国家Ⅱ级	易危（VU）	—	—	—

续表

序号	中文名称	科名	保护等级	中国生物多样性红色名录	特有性	极小种群	CITES 附录
14	红椿	楝科	国家Ⅱ级	易危（VU）	—	—	—
15	香果树	茜草科	国家Ⅱ级	近危（NT）	中国特有	—	—
16	金毛狗蕨	蚌壳蕨科	国家Ⅱ级	无危（LC）	—	—	Ⅱ
17	鹅掌楸	木兰科	国家Ⅱ级	无危（LC）	—	—	—
18	粗齿桫椤	桫椤科	国家Ⅱ级	无危（LC）	—	—	—
19	金荞（金荞麦）	蓼科	国家Ⅱ级	无危（LC）	—	—	—
20	厚朴	木兰科	国家Ⅱ级	无危（LC）	中国特有	—	—
21	香樟	樟科	国家Ⅱ级	无危（LC）	—	—	—
22	蛛网萼	虎耳草科	国家Ⅱ级	无危（LC）	—	—	—
23	野大豆	豆科	国家Ⅱ级	无危（LC）	中国特有	—	—
24	福建柏	柏科	国家Ⅱ级	易危（VU）	—	—	—
25	黄石斛	兰科	无	极危（CR）	—	—	Ⅱ
26	长苞羊耳蒜	兰科	无	极危（CR）	中国特有	—	Ⅱ
27	短萼黄连	毛茛科	无	濒危（EN）	中国特有	—	—
28	宽距兰	兰科	无	濒危（EN）	中国特有	—	Ⅱ
29	短茎萼脊兰	兰科	无	濒危（EN）	中国特有	—	Ⅱ
30	金线兰	兰科	无	濒危（EN）	—	—	Ⅱ
31	浙江金线兰	兰科	无	濒危（EN）	中国特有	—	Ⅱ
32	宽叶粗榧	三尖杉科	无	极危（CR）	中国特有	—	—
33	福建假稠李	蔷薇科	无	极危（CR）	武夷山特有	—	—
34	沉水樟	樟科	福建省级	易危（VU）	—	—	—
35	油杉	松科	福建省级	易危（VU）	—	—	—
36	密花梭罗	梧桐科	福建省级	易危（VU）	中国特有	—	—
37	天女花	木兰科	福建省级	近危（NT）	—	—	—
38	银钟花	安息香科	福建省级	近危（NT）	中国特有	—	—
39	银钟花	安息香科	福建省级	近危（NT）	中国特有	—	—
40	福建冬青	冬青科	福建省级	近危（NT）	中国特有	—	—
41	糙叶楤木	五加科	福建省级	近危（NT）	中国特有	—	—
42	福建青冈	壳斗科	福建省级	无危（LC）	中国特有	—	—
43	乌冈栎	壳斗科	福建省级	无危（LC）	—	—	—
44	银鹊树	瘿椒树科	福建省级	无危（LC）	中国特有	—	—
45	江南油杉	松科	福建省级	无危（LC）	—	—	—
46	青钱柳	胡桃科	福建省级	无危（LC）	中国特有	—	—
47	多脉青冈	壳斗科	福建省级	无危（LC）	中国特有	—	—

续表

序号	中文名称	科名	保护等级	中国生物多样性红色名录	特有性	极小种群	CITES 附录
48	乌冈栎	壳斗科	福建省级	无危（LC）	—	—	—
49	华南桂	樟科	福建省级	无危（LC）	中国特有	—	—
50	青檀	榆科	福建省级	无危（LC）	中国特有	—	—
51	黄樟	樟科	福建省级	无危（LC）	—	—	—
52	香桂	樟科	福建省级	无危（LC）	—	—	—
53	刨花润楠	樟科	福建省级	无危（LC）	中国特有	—	—
54	黄山花楸	蔷薇科	福建省级	无危（LC）	中国特有	—	—
55	福建石楠	蔷薇科	福建省级	无危（LC）	中国特有	—	—
56	黑叶锥	壳斗科	福建省级	无危（LC）	福建特有	—	—
57	福建悬钩子	蔷薇科	福建省级	数据缺乏（DD）	武夷山特有	—	—
58	南方铁杉	松科	福建省级	未列入	中国特有	—	—
59	柳杉	杉科	福建省级	未列入	中国特有	—	—
60	黄山木兰	木兰科	福建省级	未列入	中国特有	—	—
61	福建杜鹃	杜鹃花科	福建省级	未列入	武夷山特有	—	—
62	鳞果椴	椴树科	福建省级	未列入	—	—	—
63	八瓣糙果茶	茶科	福建省级	未列入	—	—	—
64	浙江桂	樟科	福建省级	未列入	—	—	—
65	天女木兰	木兰科	福建省级	未列入	—	—	—
66	武夷山苦竹	禾本科	—	近危（NT）	武夷山特有	—	—
67	崇安鼠尾草	唇形科	—	无危（LC）	武夷山特有	—	—
68	武夷山玉山竹	禾本科	—	无危（LC）	武夷山特有	—	—
69	迷人鳞毛蕨（异盖鳞毛蕨）	鳞毛蕨科	—	无危（LC）	武夷山特有	—	—
70	尖头耳蕨	鳞毛蕨科	—	无危（LC）	武夷山特有	—	—
71	尾叶悬钩子	蔷薇科	—	无危（LC）	武夷山特有	—	—
72	铅山悬钩子	蔷薇科	—	无危（LC）	武夷山特有	—	—
73	无刺空心泡	蔷薇科	—	无危（LC）	武夷山特有	—	—
74	长鞘玉山竹	禾本科	—	无危（LC）	武夷山特有	—	—
75	武夷山花楸	蔷薇科	—	无危（LC）	武夷山特有	—	—
76	武夷山凸轴蕨	金星蕨科	—	数据缺乏（DD）	武夷山特有	—	—
77	无盖耳蕨	鳞毛蕨科	—	数据缺乏（DD）	武夷山特有	—	—
78	武夷蒲儿根	菊科	—	数据缺乏（DD）	武夷山特有	—	—
79	武夷瘤足蕨	瘤足蕨科	—	未列入	武夷山特有	—	—
80	黄岗山鳞毛蕨	鳞毛蕨科	—	未列入	武夷山特有	—	—
81	武夷山鳞毛蕨	鳞毛蕨科	—	未列入	武夷山特有	—	—

续表

序号	中文名称	科名	保护等级	中国生物多样性红色名录	特有性	极小种群	CITES 附录
82	挂墩鳞毛蕨	鳞毛蕨科	—	未列入	武夷山特有	—	—
83	武夷耳蕨	鳞毛蕨科	—	未列入	武夷山特有	—	—
84	武夷山粉背蕨	中国蕨科	—	未列入	武夷山特有	—	—
85	武夷山铁角蕨	铁角蕨科	—	未列入	武夷山特有	—	—
86	武夷假瘤蕨	水龙骨科	—	未列入	武夷山特有	—	—
87	武夷杜鹃	杜鹃花科	—	未列入	武夷山特有	—	—
88	建阳鳞盖蕨	碗蕨科	—	未列入	武夷山特有	—	—
89	武夷拟粉背蕨	中国蕨科	—	未列入	武夷山特有	—	—
90	圆叶蹄盖蕨	蹄盖蕨科	—	未列入	武夷山特有	—	—
91	福建铁角蕨	铁角蕨科	—	未列入	武夷山特有	—	—
92	武夷铁角蕨	铁角蕨科	—	未列入	武夷山特有	—	—
93	密鳞鳞毛蕨	鳞毛蕨科	—	未列入	武夷山特有	—	—
94	崇安鳞毛蕨	鳞毛蕨科	—	未列入	武夷山特有	—	—
95	光泽鳞毛蕨	鳞毛蕨科	—	未列入	武夷山特有	—	—
96	假同型鳞毛蕨	鳞毛蕨科	—	未列入	武夷山特有	—	—
97	密果瓦韦	水龙骨科	—	未列入	武夷山特有	—	—
98	福建剑蕨	剑蕨科	—	未列入	武夷山特有	—	—
99	福建樱桃	蔷薇科	—	未列入	武夷山特有	—	—
100	武夷山悬钩子	蔷薇科	—	未列入	武夷山特有	—	—
101	武夷山石楠	蔷薇科	—	未列入	武夷山特有	—	—
102	撕裂玉山竹	禾本科	—	未列入	武夷山特有	—	—
103	长鞘茶竿竹	禾本科	—	未列入	武夷山特有	—	—
104	斑箨茶竿竹	禾本科	—	未列入	武夷山特有	—	—

（2）哺乳动物

经初步筛选，武夷山国家级自然保护区共有 35 种重要珍稀濒危保护哺乳动物，其保护等级、濒危状况、特有性等信息如表 6-5 所示。其中，属于国家 I 级保护野生动物的有 4 种，分别是云豹、金钱豹华南亚种、华南虎、黑麂；属于国家 II 级保护野生动物的有 11 种，分别为猕猴、中国穿山甲、金猫、黑熊、水獭、小灵猫、大灵猫、黄喉貂、中华鬣羚、毛冠鹿、短尾猴；国家保护的有益的或者有重要经济、科学研究价值的陆生野生动物（三有动物）共 22 种。初步筛选的 35 种重要珍稀濒危保护野生动物全部列入了《中国生物多样性红色名录·脊椎动物卷》，其中极危 4 种、濒危 3 种、易危 8 种、近危 9 种、无危 11 种。列入 CITES（2017）附录 I 的有 9 种，中国特有哺乳动物 2 种。

表 6-5 武夷山国家级自然保护区重要珍稀濒危保护野生哺乳动物名录

序号	中文名称	科名	保护等级	中国生物多样性红色名录	特有性	CITES 附录
1	云豹	猫科	国家 I 级	极危（CR）	—	I
2	华南虎	猫科	国家 I 级	极危（CR）	—	I
3	金钱豹华南亚种	猫科	国家 I 级	濒危（EN）	—	I
4	黑麂	鹿科	国家 I 级	濒危（EN）	中国特有	I
5	中国穿山甲	鲮鲤科	国家 II 级	极危（CR）	—	I
6	金猫	猫科	国家 II 级	极危（CR）	—	I
7	水獭	鼬科	国家 II 级	濒危（EN）	—	I
8	小灵猫	灵猫科	国家 II 级	易危（VU）	—	—
9	黑熊	熊科	国家 II 级	易危（VU）	—	I
10	中华鬣羚	牛科	国家 II 级	易危（VU）	—	I
11	毛冠鹿	鹿科	国家 II 级，三有动物	易危（VU）	—	—
12	短尾猴（红面猴）	猴科	国家 II 级	易危（VU）	—	—
13	大灵猫	灵猫科	国家 II 级，三有动物	易危（VU）	—	—
14	黄喉貂（青鼬）	鼬科	国家 II 级，三有动物	近危（NT）	—	—
15	猕猴	猴科	国家 II 级	无危（LC）	—	—
16	红背（棕）鼯鼠福建亚种	松鼠科	三有动物	易危（VU）	—	—
17	小麂	鹿科	三有动物	易危（VU）	中国特有	—
18	貉华南亚种	犬科	三有动物	近危（NT）	—	—
19	鼬獾	鼬科	三有动物	近危（NT）	—	—
20	黄腹鼬	鼬科	三有动物	近危（NT）	—	—
21	猪獾	鼬科	三有动物	近危（NT）	—	—
22	亚洲狗獾	鼬科	三有动物	近危（NT）	—	—
23	果子狸（花面狸）	灵猫科	三有动物	近危（NT）	—	—
24	食蟹獴	灵猫科	三有动物	近危（NT）	—	—
25	华南兔指名亚种	兔科	三有动物	无危（LC）	—	—
26	赤腹松鼠宁波亚种	松鼠科	三有动物	无危（LC）	—	—
27	珀氏长吻松鼠福建亚种	松鼠科	三有动物	无危（LC）	—	—
28	隐纹花松鼠福建亚种	松鼠科	三有动物	无危（LC）	—	—
29	中华竹鼠福建亚种	竹鼠科	三有动物	无危（LC）	—	—
30	银星竹鼠华南亚种	竹鼠科	三有动物	无危（LC）	—	—
31	北社鼠指名亚种	鼠科	三有动物	无危（LC）	—	—
32	马来豪猪华南亚种	豪猪科	三有动物	无危（LC）	—	—

序号	中文名称	科名	保护等级	中国生物多样性红色名录	特有性	CITES 附录
33	黄鼬	鼬科	三有动物	无危（LC）	—	—
34	野猪华南亚种	猪科	三有动物	无危（LC）	—	—
35	大菊头蝠华南亚种	菊头蝠科	无	近危（NT）	—	—

（3）鸟类

经初步筛选，武夷山国家级自然保护区共有 53 种重要珍稀濒危保护鸟类，其保护等级、濒危状况、特有性等信息如表 6-6 所示。其中，属于国家 Ⅰ 级保护野生动物的有 4 种，分别是黑鹳、中华秋沙鸭、黄腹角雉、白颈长尾雉；属于国家 Ⅱ 级保护野生动物的有 36 种，属于福建省级重点保护野生动物的有 8 种。初步筛选的 53 种重要珍稀濒危保护鸟类全部列入了《中国生物多样性红色名录·脊椎动物卷》，其中濒危 4 种，分别是中华秋沙鸭、黄腹角雉、海南鳽、乌雕；易危 7 种，近危 18 种，无危 23 种，数据缺乏 1 种。列入 CITES（2017）附录 Ⅰ 和附录 Ⅱ 的各 3 种，中国特有鸟类 3 种。

表 6-6 武夷山国家级自然保护区重要珍稀濒危保护鸟类名录

序号	中文名称	科名	保护等级	中国生物多样性红色名录	特有性	CITES 附录
1	中华秋沙鸭	鸭科	国家 Ⅰ 级	濒危（EN）	—	—
2	黄腹角雉	雉科	国家 Ⅰ 级	濒危（EN）	中国特有	Ⅰ
3	黑鹳	鹳科	国家 Ⅰ 级	易危（VU）	—	Ⅱ
4	白颈长尾雉	雉科	国家 Ⅰ 级	易危（VU）	中国特有	Ⅰ
5	海南（夜）鳽（qian）	鹭科	国家 Ⅱ 级	濒危（EN）	—	—
6	乌雕	鹰科	国家 Ⅱ 级	濒危（EN）	—	—
7	草原雕	鹰科	国家 Ⅱ 级	易危（VU）	—	—
8	林雕	鹰科	国家 Ⅱ 级	易危（VU）	—	—
9	白腿小隼	隼科	国家 Ⅱ 级	易危（VU）	—	—
10	小天鹅	鸭科	国家 Ⅱ 级	近危（NT）	—	—
11	角䴙䴘（pìtī）	䴙䴘科	国家 Ⅱ 级	近危（NT）	—	—
12	鸳鸯	鸭科	国家 Ⅱ 级	近危（NT）	—	—
13	苍鹰	鹰科	国家 Ⅱ 级	近危（NT）	—	—
14	黑翅鸢	鹰科	国家 Ⅱ 级	近危（NT）	—	—
15	灰脸鵟鹰	鹰科	国家 Ⅱ 级	近危（NT）	—	—
16	鹰雕	鹰科	国家 Ⅱ 级	近危（NT）	—	—

续表

序号	中文名称	科名	保护等级	中国生物多样性红色名录	特有性	CITES 附录
17	蛇雕	鹰科	国家Ⅱ级	近危（NT）	—	—
18	白尾鹞	鹰科	国家Ⅱ级	近危（NT）	—	—
19	鹗	鹰科	国家Ⅱ级	近危（NT）	—	—
20	游隼	隼科	国家Ⅱ级	近危（NT）	—	Ⅰ
21	灰鹤	鹤科	国家Ⅱ级	近危（NT）	—	—
22	黄嘴角鸮	鸱鸮科	国家Ⅱ级	近危（NT）	—	—
23	鹰鸮	鸱鸮科	国家Ⅱ级	近危（NT）	—	—
24	黑冠鹃隼（凤头鹃隼）	鹰科	国家Ⅱ级	无危（LC）	—	—
25	黑鸢	鹰科	国家Ⅱ级	无危（LC）	—	—
26	赤腹鹰	鹰科	国家Ⅱ级	无危（LC）	—	—
27	雀鹰	鹰科	国家Ⅱ级	无危（LC）	—	—
28	松雀鹰	鹰科	国家Ⅱ级	无危（LC）	—	—
29	普通鵟	鹰科	国家Ⅱ级	无危（LC）	—	—
30	燕隼	隼科	国家Ⅱ级	无危（LC）	—	—
31	红隼	隼科	国家Ⅱ级	无危（LC）	—	—
32	白鹇	雉科	国家Ⅱ级	无危（LC）	—	—
33	勺鸡	雉科	国家Ⅱ级	无危（LC）	—	—
34	红翅绿鸠	鸠鸽科	国家Ⅱ级	无危（LC）	—	—
35	褐翅鸦鹃	鸦鹃科	国家Ⅱ级	无危（LC）	—	—
36	西红角鸮	鸱鸮科	国家Ⅱ级	无危（LC）	—	—
37	领角鸮	鸱鸮科	国家Ⅱ级	无危（LC）	—	—
38	领鸺鹠	鸱鸮科	国家Ⅱ级	无危（LC）	—	—
39	斑头鸺鹠	鸱鸮科	国家Ⅱ级	无危（LC）	—	—
40	东方草鸮	草鸮科	国家Ⅱ级	数据缺乏（DD）	—	—
41	画眉	画眉科	福建省级	近危（NT）	—	Ⅱ
42	苍鹭	鹭科	福建省级	无危（LC）	—	—
43	大白鹭	鹭科	福建省级	无危（LC）	—	—
44	白鹭	鹭科	福建省级	无危（LC）	—	—
45	三宝鸟	佛法僧科	福建省级	无危（LC）	—	—
46	家燕	燕科	福建省级	无危（LC）	—	—
47	金腰燕	燕科	福建省级	无危（LC）	—	—
48	喜鹊	鸦科	福建省级	无危（LC）	—	—
49	白眉山鹧鸪	雉科	—	易危（VU）	中国特有	—
50	斑头大翠鸟	翠鸟科	—	易危（VU）	—	—
51	花脸鸭	鸭科	—	近危（NT）	—	Ⅱ

序号	中文名称	科名	保护等级	中国生物多样性红色名录	特有性	CITES 附录
52	罗纹鸭	鸭科	—	近危（NT）	—	—
53	红胸田鸡	秧鸡科	—	近危（NT）	—	—

（4）鱼类

经初步筛选，武夷山国家级自然保护区共有 31 种重要珍稀濒危保护鱼类，其保护等级、濒危状况、特有性信息如表 6-7 所示。其中，属于国家 Ⅱ 级保护野生动物的有 1 种，为花鳗鲡；属于福建省级重点保护野生动物的有 1 种，为鳗尾鱿。列入《中国生物多样性红色名录·脊椎动物卷》的有 26 种，其中濒危 1 种，为花鳗鲡；易危 2 种，近危 2 种，无危 8 种，数据缺乏 13 种。属于中国特有的鱼类 25 种，福建特有鱼类 2 种。

表 6-7 武夷山国家级自然保护区重要珍稀濒危保护鱼类名录

序号	中文名称	科名	保护等级	中国生物多样性红色名录	特有性
1	花鳗鲡	鳗鲡科	国家 Ⅱ 级	濒危（EN）	—
2	鳗尾鱿	鲵科	福建省级	数据缺乏（DD）	中国特有
3	长薄鳅	鳅科	—	易危（VU）	中国特有
4	长身鳜（长体鳜）	鮨科	—	易危（VU）	中国特有
5	暗鳜	鮨科	—	近危（NT）	中国特有
6	台湾白甲鱼（台湾铲颌鱼）	鲤科	—	近危（NT）	中国特有
7	似鲚	鲤科	—	无危（LC）	中国特有
8	须鱲	鲤科	—	无危（LC）	中国特有
9	细纹颌须鮈	鲤科	—	无危（LC）	中国特有
10	侧条光唇鱼（侧条厚唇鱼）	鲤科	—	无危（LC）	中国特有
11	带刺光唇鱼（带刺厚唇鱼）	鲤科	—	无危（LC）	中国特有
12	福建小鳔鮈	鲤科	—	数据缺乏（DD）	中国特有
13	乐山小鳔鮈	鲤科	—	数据缺乏（DD）	中国特有
14	短须颌须鮈	鲤科	—	数据缺乏（DD）	中国特有
15	拟腹吸鳅	平鳍鳅科	—	数据缺乏（DD）	中国特有
16	纵纹原缨口鳅	平鳍鳅科	—	数据缺乏（DD）	中国特有
17	裸腹原缨口鳅	平鳍鳅科	—	数据缺乏（DD）	中国特有
18	斑纹缨口鳅	平鳍鳅科	—	数据缺乏（DD）	中国特有
19	缨口鳅	平鳍鳅科	—	数据缺乏（DD）	中国特有
20	台湾缨口鳅	平鳍鳅科	—	数据缺乏（DD）	中国特有
21	花尾缨口鳅	平鳍鳅科	—	数据缺乏（DD）	中国特有

序号	中文名称	科名	保护等级	中国生物多样性红色名录	特有性
22	叉尾鲴	鲴科	—	未列入	中国特有
23	粗唇鲴	鲴科	—	未列入	中国特有
24	切尾鲴	鲴科	—	未列入	中国特有
25	达氏栉鰕虎鱼	鰕虎鱼科	—	未列入	中国特有
26	中华光盖刺鳅	刺鳅科	—	未列入	中国特有
27	武夷厚唇鱼	鲤科	—	无危（LC）	福建特有
28	闽江扁尾薄鳅	鳅科	—	数据缺乏（DD）	福建特有
29	斑鳜	鮨科	—	无危（LC）	—
30	圆尾斗鱼	攀鲈科	—	无危（LC）	—
31	横纹南鳅	鳅科	—	数据缺乏（DD）	—

（5）两栖动物

经初步筛选，武夷山国家级自然保护区共有 22 种重要珍稀濒危保护两栖动物，其保护等级、濒危状况、特有性等信息如表 6-8 所示。其中，属于属于国家Ⅱ级保护野生动物的有 1 种，为虎纹蛙，属于三有动物的 7 种。列入《中国生物多样性红色名录·脊椎动物卷》的有 21 种，其中濒危 2 种，为虎纹蛙、中国小鲵；易危 3 种，近危 6 种，无危 10 种。属于中国特有的两栖动物 16 种。

表 6-8　武夷山国家自然保护区重要珍稀濒危保护两栖动物名录

序号	中文名称	科名	保护等级	中国生物多样性红色名录	特有性
1	虎纹蛙	蛙科	国家Ⅱ级	濒危（EN）	—
2	中国小鲵	小鲵科	三有动物	濒危（EN）	中国特有
3	棘胸蛙	蛙科	三有动物	易危（VU）	—
4	小棘蛙	蛙科	—	易危（VU）	中国特有
5	九龙棘蛙	蛙科	—	易危（VU）	中国特有
6	东方蝾螈	蝾螈科	三有动物	近危（NT）	中国特有
7	福建大头蛙	蛙科	—	近危（NT）	中国特有
8	崇安髭蟾	角蟾科	—	近危（NT）	中国特有
9	福建侧褶蛙	蛙科	—	近危（NT）	中国特有
10	小竹叶蛙	蛙科	—	近危（NT）	中国特有
11	黑斑侧褶蛙	蛙科	—	近危（NT）	—
12	黑斑肥螈	蝾螈科	三有动物	无危（LC）	中国特有
13	福建掌突蟾	角蟾科	—	无危（LC）	中国特有

序号	中文名称	科名	保护等级	中国生物多样性红色名录	特有性
14	三港雨蛙	雨蛙科	—	无危（LC）	中国特有
15	镇海林蛙	蛙科	—	无危（LC）	中国特有
16	阔褶水蛙	蛙科	—	无危（LC）	中国特有
17	花臭蛙	蛙科	三有动物	无危（LC）	—
18	崇安湍蛙	蛙科	三有动物	无危（LC）	—
19	武夷湍蛙	蛙科	三有动物	无危（LC）	中国特有
20	经甫树蛙	树蛙科	—	无危（LC）	中国特有
21	三港雨蛙	树蟾科	—	无危（LC）	中国特有
22	红吸盘水树蛙	树蛙科	—	未列入	—

（6）爬行动物

经初步筛选，武夷山国家级自然保护区共有 76 种重要珍稀濒危保护爬行动物，其保护等级、濒危状况、特有性信息如表 6-9 所示。其中，属于国家保护的有益的或者有重要经济、科学研究价值的陆生野生动物（三有动物）74 种，属于福建省级重点保护野生动物的 3 种。列入《中国生物多样性红色名录·脊椎动物卷》的爬行动物 72 种，其中极危 1 种（平胸龟）濒危 10 种、易危 9 种、近危 7 种、无危 44 种、数据缺乏 1 种。中国特有的爬行动物 14 种，福建特有的 1 种，列入 CITES（2017）附录Ⅱ的 3 种，列入 CITES（2017）附录Ⅲ的 1 种。

表 6-9　武夷山国家级自然保护区重要珍稀濒危保护爬行动物名录

序号	名称	科名	保护等级	中国生物多样性红色名录	特有性	CITES 附录
1	滑鼠蛇	游蛇科	福建省级，三有动物	濒危（EN）	—	Ⅱ
2	眼镜王蛇	眼镜蛇科	福建省级，三有动物	濒危（EN）	—	Ⅱ
3	眼镜蛇	眼镜蛇科	福建省级	未列入	—	Ⅱ
4	平胸龟	平胸龟科	三有动物	极危（CR）	—	—
5	乌龟	龟科	三有动物	濒危（EN）	—	Ⅲ
6	尖吻蝮	蝰科	三有动物	濒危（EN）	—	—
7	鳖（中华鳖）	鳖科	三有动物	濒危（EN）	—	—
8	崇安草蜥（崇安地蜥）	蜥蜴科	三有动物	濒危（EN）	中国特有	—
9	银环蛇	眼镜蛇科	三有动物	濒危（EN）	—	—
10	王锦蛇	游蛇科	三有动物	濒危（EN）	—	—
11	黑眉晨蛇（黑眉锦蛇）	游蛇科	三有动物	濒危（EN）	—	—
12	脆蛇蜥（脆蛇）	蛇蜥科	无	濒危（EN）	—	—

序号	名称	科名	保护等级	中国生物多样性红色名录	特有性	CITES 附录
13	乌梢蛇	游蛇科	三有动物	易危（VU）	—	—
14	灰鼠蛇	游蛇科	三有动物	易危（VU）	—	—
15	中国水蛇	游蛇科	三有动物	易危（VU）	—	—
16	铅色水蛇	游蛇科	三有动物	易危（VU）	—	—
17	玉斑蛇（玉斑锦蛇）	游蛇科	三有动物	易危（VU）	—	—
18	方花蛇（方花小头蛇）	游蛇科	三有动物	易危（VU）	—	—
19	环纹华游蛇	游蛇科	三有动物	易危（VU）	—	—
20	赤链华游蛇	游蛇科	三有动物	易危（VU）	中国特有	—
21	乌华游蛇指名亚种	游蛇科	三有动物	易危（VU）	—	—
22	海南闪鳞蛇	闪鳞蛇科	三有动物	近危（NT）	中国特有	—
23	崇安石龙子	石龙子科	三有动物	近危（NT）	福建特有	—
24	股鳞蜓蜥	石龙子科	三有动物	近危（NT）	—	—
25	短尾蝮	蝰科	三有动物	近危（NT）	—	—
26	山烙铁头蛇华东亚种	蝰科	三有动物	近危（NT）	—	—
27	台湾小头蛇	游蛇科	三有动物	近危（NT）	—	—
28	饰纹小头蛇	游蛇科	三有动物	近危（NT）	中国特有	—
29	灰腹绿蛇（灰腹绿锦蛇）	游蛇科	三有动物	无危（LC）	—	—
30	紫灰锦蛇黑线亚种	游蛇科	三有动物	无危（LC）	—	—
31	蹼趾壁虎	壁虎科	三有动物	无危（LC）	中国特有	—
32	北草蜥	蜥蜴科	三有动物	无危（LC）	中国特有	—
33	宁波滑蜥	石龙子科	三有动物	无危（LC）	中国特有	—
34	锈链腹链蛇	游蛇科	三有动物	无危（LC）	中国特有	—
35	绞花林蛇	游蛇科	三有动物	无危（LC）	—	—
36	颈棱蛇	游蛇科	三有动物	无危（LC）	中国特有	—
37	挂墩后棱蛇	游蛇科	三有动物	无危（LC）	中国特有	—
38	山溪后棱蛇	游蛇科	三有动物	无危（LC）	中国特有	—
39	福建钝头蛇	游蛇科	三有动物	无危（LC）	中国特有	—
40	福建颈斑蛇	游蛇科	三有动物	无危（LC）	—	—
41	纹尾斜鳞蛇大陆亚种	游蛇科	三有动物	无危（LC）	—	—
42	铅山壁虎	壁虎科	三有动物	无危（LC）	—	—
43	多疣壁虎	壁虎科	三有动物	无危（LC）	—	—
44	原尾蜥虎	壁虎科	三有动物	无危（LC）	—	—
45	丽棘蜥	鬣蜥科	三有动物	无危（LC）	—	—
46	南草蜥眼斑亚种	蜥蜴科	三有动物	无危（LC）	—	—
47	中国石龙子	石龙子科	三有动物	无危（LC）	—	—

序号	名称	科名	保护等级	中国生物多样性红色名录	特有性	CITES 附录
48	蓝尾石龙子	石龙子科	三有动物	无危（LC）	—	—
49	铜蜓蜥	石龙子科	三有动物	无危（LC）	—	—
50	棕脊蛇	游蛇科	三有动物	无危（LC）	—	—
51	黑脊蛇	游蛇科	三有动物	无危（LC）	—	—
52	草腹链蛇	游蛇科	三有动物	无危（LC）	—	—
53	繁花林蛇	游蛇科	三有动物	无危（LC）	—	—
54	尖尾两头蛇	游蛇科	三有动物	无危（LC）	—	—
55	钝尾两头蛇	游蛇科	三有动物	无危（LC）	—	—
56	翠青蛇	游蛇科	三有动物	无危（LC）	—	—
57	黄链蛇	游蛇科	三有动物	无危（LC）	—	—
58	赤链蛇	游蛇科	三有动物	无危（LC）	—	—
59	双全链蛇（双全白环蛇）	游蛇科	三有动物	无危（LC）	—	—
60	黑背链蛇（黑背白环蛇）	游蛇科	三有动物	无危（LC）	—	—
61	中国小头蛇	游蛇科	三有动物	无危（LC）	—	—
62	中国钝头蛇	游蛇科	三有动物	无危（LC）	中国特有	—
63	平鳞钝头蛇	游蛇科	三有动物	无危（LC）	中国特有	—
64	紫沙蛇	游蛇科	三有动物	无危（LC）	—	—
65	横纹斜鳞蛇	游蛇科	三有动物	无危（LC）	—	—
66	崇安斜鳞蛇	游蛇科	三有动物	无危（LC）	—	—
67	大眼斜鳞蛇	游蛇科	三有动物	无危（LC）	—	—
68	虎斑颈槽蛇	游蛇科	三有动物	无危（LC）	—	—
69	黑头剑蛇	游蛇科	三有动物	无危（LC）	—	—
70	异色蛇（渔游蛇）	游蛇科	三有动物	无危（LC）	—	—
71	白唇腺蝮（白唇竹叶青蛇）	蝰科	三有动物	无危（LC）	—	—
72	竹叶青蛇指名亚种	蝰科	三有动物	无危（LC）	—	—
73	钩盲蛇	盲蛇科	三有动物	数据缺乏（DD）	—	—
74	福建丽纹蛇	眼镜蛇科	三有动物	未列入	—	—
75	丽纹蛇指名亚种	眼镜蛇科	三有动物	未列入	—	—
76	红点锦蛇	游蛇科	三有动物	未列入	—	—

（7）昆虫

经初步筛选，武夷山国家级自然保护区共有 17 种重要珍稀濒危保护昆虫，其保护等级、濒危状况、特有性信息如表 6-10 所示。由于目前国家尚未颁布无脊椎动物卷的生物多样性红色名录，这里昆虫类的濒危状况仍参考《中国物种红色名录》。其中，属于国家 I 级保护野生动物的 1 种，为金斑喙凤蝶；属于国家Ⅱ级保护野生动物的 4 种，分别为艳步甲、硕步甲、阳彩臂金龟、尖板曦箭蜓。列入《中国物种红色名录》的有 4 种，其中濒危 1 种（金斑喙凤蝶）、易危 1 种、近危 2 种。属于中国特有的 7 种，福建特有 1 种，珍稀昆虫 11 种。列入 CITES（2017）附录Ⅱ的 1 种，为金斑喙凤蝶。

表 6-10　武夷山国家级自然保护区重要珍稀濒危保护昆虫名录

序号	名称	科名	保护等级	中国物种红色名录	珍稀程度	特有性	CITES 附录
1	金斑喙凤蝶	凤蝶科	国家Ⅰ级	濒危（EN）	珍稀	中国特有	Ⅱ
2	阳彩臂金龟	臂金龟科	国家Ⅱ级	易危（VU）	珍稀	—	—
3	艳步甲	步甲科	国家Ⅱ级	近危（NT）	—	中国特有	—
4	硕步甲	步甲科	国家Ⅱ级	近危（NT）	—	中国特有	—
5	尖板曦箭蜓	春蜓科	国家Ⅱ级	未列入	珍稀	—	—
6	新鹿角蝉	角蝉科	—	未列入	珍稀	中国特有	—
7	宽尾凤蝶	凤蝶科	—	未列入	珍稀	中国特有	—
8	狭瓣高冠角蝉	角蝉科	—	未列入	—	中国特有	—
9	虫白蜡/白蜡蚧	蚧科	—	未列入	资源昆虫	中国特有	—
10	福建彩瓢虫	瓢虫科	—	未列入	珍稀	福建特有	—
11	硕目肖扁泥甲	扁泥甲科	—	未列入	珍稀	—	—
12	丝跗华肖扁泥甲	扁泥甲科	—	未列入	珍稀	—	—
13	中华新螯蜂	螯蜂科	—	未列入	珍稀	—	—
14	硕华盲蛇蛉	盲蛇蛉科	—	未列入	珍稀	—	—
15	武夷巨腿螳	花螳科	—	未列入	珍稀	—	—
16	玉女蟾褐蛉	蟾蛉科	—	未列入	—	—	—
17	紫胶虫-云南紫胶蚧	胶蚧科	—	未列入	资源昆虫	—	—

6.4.2.2　指示物种选取及潜在栖息地评价

基于上述重要珍稀濒危保护动植物的初步筛选，同时按照 6.3.1 节中的指示物种选取标准初步选取武夷山市指示物种共计 59 种，其中动物 37 种、植物 22 种，指示物种名录详见表 6-11。

表 6-11　不同类别和级别的指示物种名录

类别	一级保护	二级保护	三级保护
高等植物	银杏、水杉	—	水松、南方红豆杉、白豆杉、半枫荷、水蕨、金钱松、闽楠、浙江楠、花榈木、红椿、宽叶粗榧、短萼黄连、宽距兰、长苞羊耳蒜、短茎萼脊兰、金线兰、浙江金线兰、黄石斛、福建柏、福建假稠李

续表

类别	一级保护	二级保护	三级保护
哺乳动物	云豹、金钱豹华南亚种、黑麂	穿山甲、金猫、水獭	小灵猫、大灵猫、中华鬣羚、毛冠鹿、短尾猴、黑熊
鸟类	中华秋沙鸭、黄腹角雉	海南鳽、乌雕	黑鹳、白颈长尾雉、草原雕、林雕、白腿小隼
鱼类	—	花鳗鲡	—
两栖类	—	虎纹蛙	中国小鲵
爬行类	—	—	滑鼠蛇、眼镜王蛇、平胸龟、乌龟、脆蛇蜥、尖吻蝮、中华鳖、银环蛇、王锦蛇、崇安草蜥、黑眉晨蛇
昆虫	金斑喙凤蝶	—	阳彩臂金龟

由于部分物种数据空缺，有 5 个物种的栖息地无法识别，但与已识别栖息地的物种分布重叠度总体较高，因此小部分物种数据缺失不会对结果造成较大影响。最终，研究区内能够识别栖息地范围的指示物种共 54 种，包括 21 种植物和 33 种动物（表 6-12）。其中，动物物种中，一级、二级、三级分别为 6 种、7 种、20 种，植物物种中，一级、二级、三级分别为 2 种、0 种、19 种。评价结果显示，指示物种主要集中分布于武夷山市西北和东北部山区，以 30m×30m 的栅格为单元，单元内最多包含 40 个指示物种的栖息地（图 6-22）。

表 6-12 不同类别和级别的指示物种数量 （单位：种）

级别	类别							小计
	高等植物	哺乳动物	鸟类	鱼类	两栖类	爬行类	昆虫	
一级	2	3	2	0	0	0	1	8
二级	0	3	2	1	1	0	0	7
三级	19	6	5	0	1	7	1	39
合计	21	12	9	1	2	7	2	54

6.4.2.3 生物多样性优先区评价

在 MARXAN 中多次调试 BLM 值，当 BLM = 0.001 时，保护体系边界总长度下降趋势基本平稳，而保护体系总面积的上升趋势加快，因此将 0.001 作为本书中 BLM 的近似最优值，此时保护体系平均边界长度 340.9km、平均总面积为 1094.2km^2（图 6-23）。

模型运算 100 次后，得到规划单元不可替代性值。不可替代性值越高，表

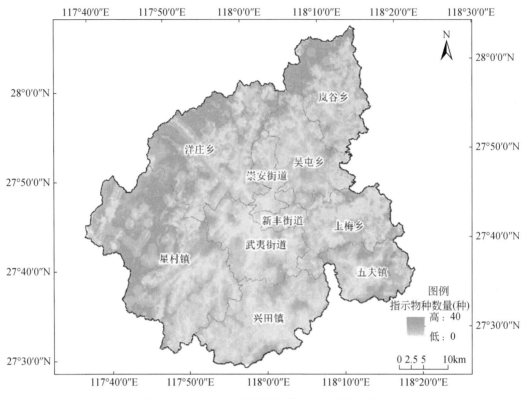

图 6-22 武夷山市指示物种潜在栖息地分布图

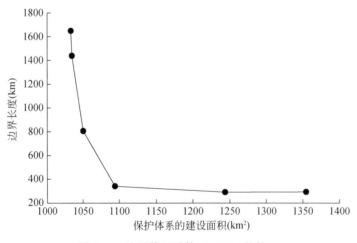

图 6-23 边界修正系数（BLM）的校正

明该单元在生物多样性保护体系中的保护价值越高。统计各个分段区间不可替代性值的单元总面积（图 6-24）。不可替代性值为 0 的规划单元面积为 1265.5km², 占研究区总面积的 46.3%；不可替代性值在（0, 10]的规划单元面积为 508.1km²，占研究区总面积的 18.6%；不可替代性值在（10，20］和（20，30］的规划单元分别占研究区总面积的 3.3%、3.1%；不可替代性值在（30，80］的规划单元面积占比总体相差不大，平均在 1.6% 左右；不可替代性值在（80，90］、（90，100］区间的规划单元分别占研究区面积的 3.2%、17.5%。

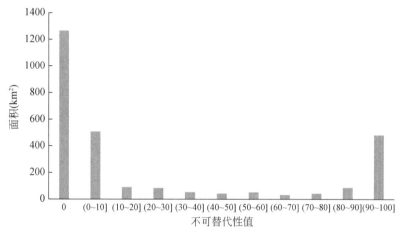

图6-24 规划单元不可替代性分析

根据已有研究（张路等，2011；苏美娜，2019），通常将不可替代性值在 80 以上的区域作为关键或一级保护优先区，具有最高的保护价值；将不可替代性值在（60，80］的区域作为二级保护优先区，具有较高的保护价值；将不可替代性值在（40，60］的区域作为三级保护优先区，具有一般保护价值。

据此划分武夷山市生物多样性保护优先区域，其中，一级保护优先区总面积为 566.4km²，占区域总面积的 20.7%；二级保护优先区总面积为 74.5km²，占区域总面积的 2.7%；三级保护优先区总面积为 93.8km²，占区域总面积的 3.4%。生物多样性保护优先区域主要位于武夷山市西北部、东北部及东南部地区，主要涉及洋庄乡、星村镇、岚谷乡、吴屯乡、上梅乡、五夫镇（图6-25）。在保护优先区内，所有指示物种均达到既定保护目标，其中，8 个一级保护指示物种栖息地的保护比例均超过 50%（表6-13）。

表6-13 武夷山市一级保护指示物种在各优先区内的分布

一级保护 指示物种	一级优先区 （km²）	二级优先区 （km²）	三级优先区 （km²）	总计 （km²）	优先区内生境占总生境的比例（%）
银杏	266.6	29.4	29.4	325.4	51.4

续表

一级保护 指示物种	一级优先区 （km²）	二级优先区 （km²）	三级优先区 （km²）	总计 （km²）	优先区内生境占总生境的比例（%）
水杉	26.5	3.5	5.6	35.5	58.5
云豹	122.1	6.5	14.6	143.2	56.8
金钱豹华南亚种	160.5	7.1	21.5	189.1	58.2
黑麂	90.9	3.9	13.5	108.3	50.3
中华秋沙鸭	12.5	0.8	0.6	14.0	50.7
黄腹角雉	108.2	5.3	16.1	129.5	50.7
金斑喙凤蝶	145.1	5.2	17.5	167.9	69.4

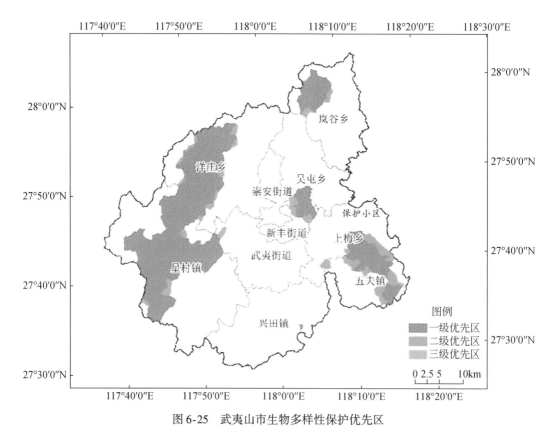

图 6-25　武夷山市生物多样性保护优先区

6.4.2.4　自然保护地体系优化调整建议

根据已有研究，一般生物多样性保护重要性为一级且当前存在保护空缺的地区应建立自然保护地。空缺分析表明，武夷山市生物多样性保护优先区与现有国家公园、省级自然保护区仍存在空间不匹配现象，重叠部分为362.7km²，占全部保护优先区的49.4%，占全部自然保护地的56.4%。因此，基于保护重要物种栖息地及其连通性等考虑，对武夷山市现有自然保护地体系提出以下优化建议。

1）已有保护地补充扩建。主要涉及武夷山国家公园和黄龙岩省级自然保护区。武夷山国家公园（武夷山市部分）主要分布于武夷山市西部，重点保护对象为中亚热带原生性的天然常绿阔叶林构成的森林生态系统及珍稀濒危野生动植物资源，建议未来可进一步向东扩充（图6-26中区域A），主要涉及洋庄乡西部地区。武夷山黄龙岩省级自然保护区主要位于武夷山市北部，重点保护对象为中亚热带中山森林生态系统及珍稀野生动植物，闽江上游水源发源地，建议未来可向东南部扩建（图6-26中区域B），主要涉及岚谷乡西北部地区，这也与已有研究中提出的武夷山脉优化升级保护区范围（黄珠美等，2019）较为一致。

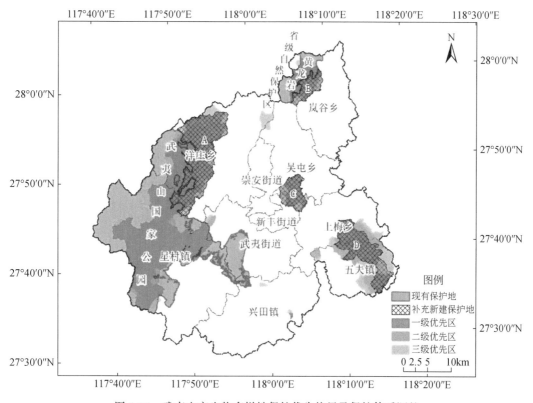

图6-26　武夷山市生物多样性保护优先格局及保护体系调整

2）新建自然保护地。主要涉及吴屯乡、上梅乡及五夫镇等部分区域，区内阔叶林生态系统分布集中，有吴屯溪、梅溪、崇阳溪重要支流，以及东溪水库等水源地，但目前该区域暂无自然保护区，可考虑在生物多样性一级优先区内新建自然保护区或自然公园。其中，位于吴屯乡的区域（图6-26中区域C）

主要涉及吴屯溪、东溪水库及其周边阔叶林生态系统。已有研究表明，目前福建省内陆湿地与水域型生态系统自然保护区面积偏少（谭勇等，2014），武夷山市尚未建立内陆湿地与水域型保护地，不利于重要珍稀濒危水生动物如虎纹蛙的保护，因此建议在该区域建设以保护阔叶林、湿地及水生野生动植物为重点的自然保护区。位于上梅乡、五夫镇交界处的新建区域（图 6-26 中区域 D）主要为针叶林、阔叶林等森林生态系统，建议在该区域建设以保护森林生态系统为重点的自然公园。

6.5 武夷山市生态承载力与产业一致性评价

6.5.1 农业发展与水土保持一致性评价

（1）茶产业

将坡度大于 25°以上区域与茶园分布进行空间叠加，初步识别茶产业与水土保持不一致的区域（图 6-27）。茶产业与水土保持不一致的区域总面积约 7.82km²，主要位于星村镇、武夷街道等乡镇，其中星村镇不一致区域最大，面积为 4.55km²，占比 58.20%；其次为武夷街道，不一致面积为 1.74km²，占比 22.21%，上述两个乡镇不一致区域占武夷山市茶产业不一致区域总面积的 80.41%（表 6-14）。

表 6-14 武夷山市各乡镇坡度大于 25°茶园面积和比例

乡镇名称	面积（km²）	比例（%）
武夷街道	1.74	22.21
崇安街道	0.006	0.08
新丰街道	0.015	0.19
岚谷乡	0.22	2.76
上梅乡	0.075	0.96
吴屯乡	0.13	1.72
洋庄乡	0.62	7.93
五夫镇	0.05	0.68
星村镇	4.55	58.20
兴田镇	0.41	5.29
总计	7.82	100

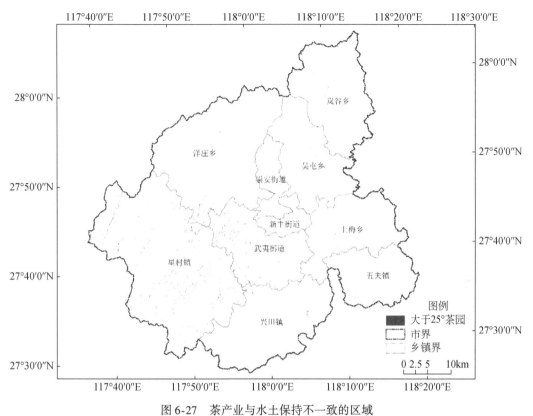

图 6-27 茶产业与水土保持不一致的区域

（2）农业

将坡度大于25°以上区域与农田生态系统进行空间叠加，初步识别农业与水土保持不一致区域（图 6-28）。农业与水土保持不一致的区域总面积约30.49km²，主要位于星村镇、吴屯乡、上梅乡、岚谷乡、洋庄乡等乡镇，不一致面积分别为 6.86 km²、4.79 km²、4.18 km²、3.74 km²、3.74km²，占比分别为 22.51%、15.71%、13.71%、12.27%、12.26%，上述 5 个乡镇不一致区域占武夷山市农业不一致区域总面积的 76.46%（表 6-15）。

表 6-15 武夷山市各乡镇坡度大于 25°农田面积和比例

乡镇名称	面积（km²）	比例（%）
武夷街道	2.48	8.13
崇安街道	0.81	2.64
新丰街道	0.50	1.65
岚谷乡	3.74	12.27
上梅乡	4.18	13.71

续表

乡镇名称	面积（km²）	比例（%）
吴屯乡	4.79	15.71
洋庄乡	3.74	12.26
五夫镇	1.47	4.83
星村镇	6.86	22.50
兴田镇	1.92	6.30
总计	30.49	100

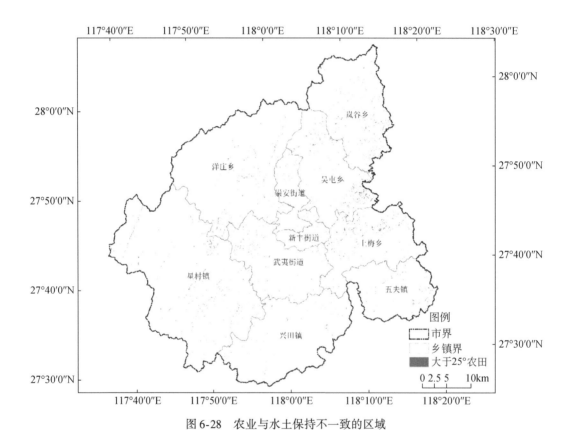

图 6-28　农业与水土保持不一致的区域

6.5.2　茶产业与生物多样性保护一致性评价

将武夷山茶园与调整优化后的自然保护地体系进行空间叠加分析，得到不一致性区域（图 6-29）。武夷山市茶产业与生物多样性保护不一致的区域总面积 16.74km²，主要位于星村镇、武夷街道。

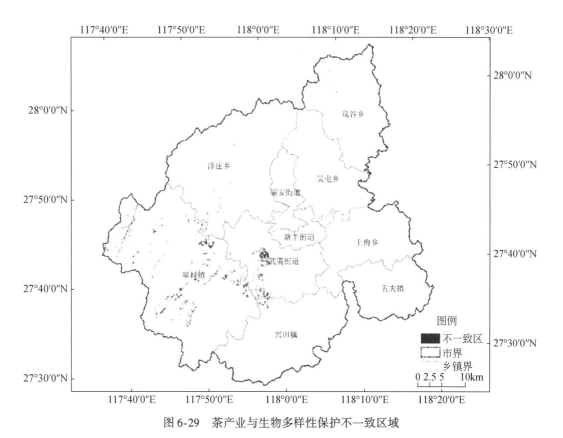

图6-29 茶产业与生物多样性保护不一致区域

6.6 小 结

1）以国家重点功能区县域——武夷山市为例，建立基于水土保持阈值与生物多样性保护阈值的生态承载力与产业一致性评价技术方法。评价结果表明，茶产业与水土保持不一致的区域总面积为 7.82km^2，主要位于星村镇、武夷街道等乡镇；农业与生态承载力不一致区域总面积为 30.49km^2，主要位于星村镇、吴屯乡、上梅乡、岚谷乡、洋庄乡等乡镇；茶产业与生物多样性保护不一致区域的总面积为 16.74km^2，主要位于星村镇、武夷街道等地。

2）基于生态阈值理论，初步建立重点产业（旅游业）发展对生物多样性保护、重点产业（茶产业）发展对水土保持影响预警基本技术思路。

第7章　资源开发区应用示范研究

7.1　示范区资源产业状况分析

鄂尔多斯盆地跨陕、甘、宁、内蒙古、晋五省（自治区），蕴藏丰富的煤炭、石油、天然气、岩盐等矿产资源，是我国重要的新兴能源化工基地，也是我国罕见的能源矿产聚宝盆。盆地内能源调出量占全国能源调出量一半以上，已成为我国重要矿产资源，特别是能源资源的生产、储备和调配基地。目前，能源资源开发已经是鄂尔多斯社会经济发展的重要支柱性产业。

7.1.1　示范区经济社会状况

鄂尔多斯市位于内蒙古自治区西南部，地处鄂尔多斯高原腹地，东、南、西与晋、陕、宁接壤，东部、北部和西部分别与呼和浩特市、山西忻州市、包头市、巴彦淖尔市、乌海市、宁夏回族自治区、阿拉善盟隔河相望，南部与山西省榆林市接壤。东西长约400km，南北约340km，总面积86 752km²。

如图7-1所示，2010～2016年全市从业人口逐年上升。2016年社会从业人员109.45万人，较上年增加2.07万人，发展速度为101.9%。其中第一产业28.72万人，较上年增加0.76万人，发展速度为99.1%；第二产业30.51万人，较上年增加0.86万人，发展速度为103.5%；第三产业50.22万人，较上年增加0.45万人，发展速度为102.6%（表7-1）。

2010～2016年经济发展水平逐步提高。如图7-2所示，2016年地区生产总值（GDP）完成4417.93亿元，较上年增长191.8亿元，发展速度为104.5%。其中，第一产业增加值107.60亿元，较上年增长8.64亿元，发展速度为108.7%；第二产业增加值2461.38亿元，较上年增长61.37亿元，发展速度为102.6%；第三产业增加值1848.95亿元，较上年增长121.80亿元，发展速度为107.1%。第一、第二、第三次产业结构从上年的2.3：56.8：

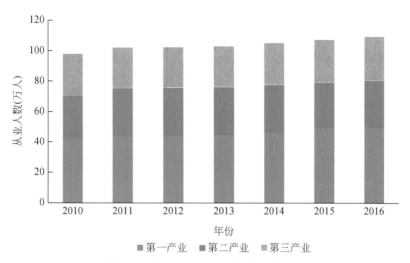

图 7-1 社会三次产业从业人员分布图

40.9 调整到今年的 2.4 : 55.7 : 41.9，即第一、第三产业所占比例增加，第二产业所占比例减少。

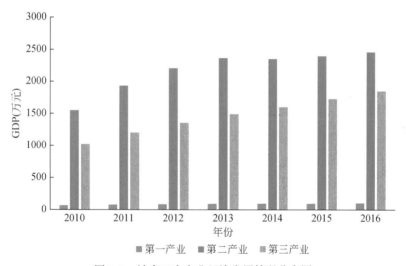

图 7-2 社会三次产业经济发展情况分布图

鄂尔多斯自然资源富集，拥有各种矿藏 50 多处，构筑起了煤炭、绒纺、电力、化工、建材五大产业。数据表明，近 70% 的地表下埋藏着煤炭资源；天然气探明储量超过 8000km³，占全国储量的三分之一，全国最大的世界级整装气田—苏里格气田位于境内。此外，该地区天然碱、食盐、芒硝、石膏、石灰石、高岭土等资源也极为丰富。2016 年采矿业工业总产值 2368.11 亿元，工业销售值 2352.22 亿元（表 7-2）；固定投资额 495.7 亿元，较上年增长 14.7%（表 7-3）。采矿企业个数为 1110 个，其中以煤炭开采和洗选企业最多，达到 475 个（表 7-4）。

表 7-1　社会三次产业从业和经济发展情况表

项目	年份											发展速度（2016年/2015年）
	1990	1995	2000	2005	2010	2011	2012	2013	2014	2015	2016	
社会从业人员（万人）	58.65	65.43	72.37	83.95	98.01	102.15	102.39	103.08	105.17	107.38	109.45	101.9
第一产业（万人）	41.10	42.05	43.42	31.93	27.19	26.66	26.42	26.65	27.31	27.96	28.72	99.1
第二产业（万人）	6.70	10.39	12.52	21.09	28.26	31.46	31.03	31.10	30.91	29.65	30.51	103.5
第三产业（万人）	10.85	12.99	16.43	30.93	42.56	44.03	44.95	45.33	46.96	49.77	50.22	102.6
地区生产总值（万元）	148 678	497 404	1 500 922	5 948 300	26 432 300	32 185 400	36 568 006	39 559 000	40 554 873	42 261 269	44 179 341	104.5
第一产业（万元）	71 248	169 560	245 272	406 400	708 100	831 600	901 374	975 000	995 892	989 650	1 076 035	108.7
第二产业（万元）	37 809	197 221	8 393 696	3 124 500	15 514 400	19 336 800	22 131 321	23 693 300	23 562 626	24 000 114	24 613 826	102.6
第三产业（万元）	39 621	130 623	416 254	2 417 400	10 209 800	12 017 000	13 535 311	14 890 700	15 996 355	17 271 519	18 489 481	107.1

表7-2 2016年大中型工业企业分行业主要经济指标

指标	企业单位数（个）	亏损企业（个）	工业总产值（当年价：万元）	工业销售值（当年价：万元）
采矿业	54	8	23 681 136.3	23 522 175.9
煤炭开采和洗选业	53	8	16 951 013.5	16 707 321.0
石油和天然气开采业	1	—	6 730 122.8	6 814 554.9
非金属矿采选业	—	—	—	—
制造业	—	—	—	—
非金属矿物制品业	3	3	65 227.9	48 667.1
黑色金属冶炼及压延加工业	3	2	1 493 271.5	1 329 392.3
有色金属冶炼及压延加工业	1	—	143 785.9	146 157.2

表7-3 2016年分行业固定资产投资情况表

行业	2015年（万元）	2016年（万元）	2016年比2015年增长（%）
采矿业	4 320 097	4 957 029	14.7
煤炭开采和洗选业	3 412 654	3 139 777	-8.0
石油和天然气开采业	794 509	1 267 833	59.6
开采辅助活动	89 616	532 110	493.8
制造业	—	—	—
石油加工、炼焦及核燃料加工业	577 515	341 031	-41.0
化学原料及化学制品制造业	5 020 996	2 068 290	-58.8
橡胶和塑料制品业	570 699	575 375	0.8
非金属矿制品业	110 270	1 189 663	978.9
黑色金属冶炼和压延加工业	75 010	49 611	-33.9
有色金属冶炼和压延加工业	847 826	1 354 579	59.8
金属制品业	4 913	96 349	1 861.1

表7-4 2016年采矿业企业构成情况表　　　　　　　　　（单位：个）

行业	单位数	单产业法人	多产业法人	规模、资质或限额以上单位
采矿业	1110	1070	40	193
煤炭开采和洗选业	475	440	35	177
石油和天然气开采业	39	39	—	4
黑色金属矿采选业	32	32	—	—
有色金属矿采选业	1	1	—	—
非金属矿采选业	502	500	2	9
开采辅助活动	45	43	2	1
其他采矿业	21	20	1	2

7.1.2　示范区资源环境状况

鄂尔多斯市自然资源丰富，根据 2015 年土地利用变更调查数据显示，全市土地总面积86 882 km²。其中耕地41 232 km²，占土地总面积的4.75%；园地24km²，占土地总面积的0.03%；林地13 011 km²，占土地总面积的14.98%；草地53 599km²，占土地总面积的61.69%；城镇村及工矿用地1288km²，占土地总面积的1.48%；交通运输用地650km²，占土地总面积的0.75%；水域及水利设施用地1671km²，占土地总面积的1.92%；其他土地12 515km²，占土地总面积的14.40%。森林面积23 200km²，森林覆盖率为7%（表7-5）。鄂尔多斯市素有"地下煤海"的美称，含煤面积占全市面积70%以上，煤炭储量2010.7 亿 t。

表 7-5　2016 年自然资源情况表

指标	单位	2016 年
年末总人口	万人	205.53
人口密度	万人	109.44
土地总面积	km²	86882
森林面积	千 hm²	2320
森林覆盖率	%	26.7
草原面积	千 hm²	6523
总供水量	百万 m³	1565.80
#地表水源供水量	百万 m³	590.55
地下水源供水量	百万 m³	840.08
#居民生活用水量	百万 m³	67.89
城镇公共用水量	百万 m³	11.16
工业用水量	百万 m³	260.44
农业用水量	百万 m³	1140.55
城市环境用水量	百万 m³	85.24
煤炭储量	亿 t	2101.70

鄂尔多斯市经济建设成就瞩目，但对环境的负面影响也逐步显现。煤炭开采大量破坏植被和山坡土体，并产生废气、废渣等松散物质，矿区附近的地表

水常作为废水、废渣的排放厂所。煤炭开采所排放的废气含有大量烟尘、SO_2、NO_x 及一氧化碳，使矿区大气环境受到污染。根据 2016 年工业"三废"排放及治理情况表（表7-6），工业废水排放量 3640 万 t；SO_2 排放量 57517.86t，NO_x 排放量 60872.20t，烟（粉）尘排放量 45699.10t；工业固体废物产生量 6593.32 万 t。

表 7-6　2016 年工业"三废"排放及治理情况表

项目	数量
废水治理设施数（套）	242
废水治理设施处理能力（万 t/d）	83.07
废水治理设施运行费用（万元）	64 544.50
工业废水排放量（万 t）	3 640.63
COD 排放量（t）	2 651.64
氨氮排放量（t）	188.50
煤炭消费总量（万 t）	7 807.50
燃料油消费量（不含车船用）（万 t）	0.24
废气治理设施数（套）	1 496
废气治理设施处理能力（万标 m³/h）	11 138.01
废气治理设施运行费用（万元）	163 529.2
工业废气排放量（万标 m³）	49 057 422.82
SO_2 去除量（t）	860 854.33
SO_2 排放量（t）	57 517.86
NO_x 排放量（t）	60 872.20
烟尘去除量（t）	8 305 905.72
烟（粉）尘排放量（t）	45 699.10
工业固体废物产生量（万 t）	6 593.32
工业固体废物丢弃量（万 t）	—
工业固体废物储存量（万 t）	1 103.57
工业固体废物处置量（万 t）	2 520.65
工业固体废物综合利用量（万 t）	2 969.10
工业固体废物综合利用率（%）	45.03
本年安排污染治理项目数（个）	37
城市环境保护投资（万元）	1 041 323.80
#工业污染源治理投资（万元）	63 330.16
项目"三同时"投资（万元）	621 044.04
污染治理设施运行费用（万元）	259 438.21

项目		数量
污染治理	城市环境基础设施建设投资（万元）	96 039.59
	环境管理与污染防治科技投入（万元）	1 471.80
	排放收费及使用（万元）	—
	排污费缴纳单位（个）	454
	排污费征收额（万元）	17 152.11

环境污染的治理需要花费大量的人力、物力、财力，需要经过长时间才能恢复，往往难以恢复到原有水平。2016年工业污染源治理投入6.33亿元，治理污染项目数37个，同时454个单位缴纳排污费。其中，煤炭开采和洗选业SO_2去除量最大，达到8156t；非金属矿制品业烟（粉）尘去除量最大，达到25 015t；煤炭开采和洗选业工业固体废物综合利用量最大，达到2272万t（表7-7）。

表7-7 2016年主要工作排污及治理情况表

行业	工业废气排放量（亿标 m^3）	废气治理设施数（套）	SO_2去除量（t）	SO_2排放量（t）	烟（粉）尘去除量（t）	烟尘（粉）排放量（t）	工业固体废物产生量（万t）	工业固体废物综合利用量（万t）
煤炭开采和洗选业	181	242	3 156	4 755	25 015	31 495	4 028	2 272
非金属矿物制品业	189	245	3 516	781	165 335	2 107	32	32
黑色金属冶炼及压延加工业	34	19	621	490	5 456	703	34	33
有色金属冶炼及压延加工业	185	96	3815	654	77 455	1 422	144	33

鄂尔多斯市环境质量逐年好转，其中SO_2、NO_2浓度年均值分别较上年改善了11.1%、4.2%，均达到环境质量标准（GB 3095—2012）一级标准；$PM_{2.5}$年平均浓度较上年下降11个百分点（表7-8），并达到二级标准。可吸入颗粒物年平均浓度虽持续下降，但仍未达标，需进一步加强治理措施。

表7-8 城市环境质量指标表

项目	单位	年份			
		2013	2014	2015	2016
可吸入颗粒物浓度年均值	mg/m^3	0.085	0.072	0.069	0.063
SO_2浓度年均值	mg/m^3	0.027	0.022	0.02	0.015

续表

项目	单位	年份			
		2013	2014	2015	2016
NO_2 浓度年均值	mg/m³	0.027	0.026	0.024	0.023
区域环境噪声平均值	dB（A）	49.4	50.2	60.0	48.2
交通干线噪声平均值	dB（A）	61.3	63.5	48.1	59.9
$PM_{2.5}$	—	—	0.028	0.027	0.024

　　由于矿产资源的优势，形成了煤炭、天然气、化工、火力发电、高能耗冶炼为主导行业的经济结构。自 1952 年以来，原煤产量持续增加，并于 2012 年达到峰值 63 937.9 万 t；之后，由于煤炭去产能影响，原煤逐年下降，2016 年产量为 56 816.19 万 t，较 2012 年下降了 11.2%。自 1952 年以来，天然气产量持续增加，2016 年产量达到 299 亿 m³，较十年前上涨了 4.3 倍。羊绒纺织业是鄂尔多斯经济的另一主导产业，自 2006 年以来，羊绒衫产量呈现震荡上升。其中，2008 年产量为 473.61 万件；2016 年产量达到 1385.5 万件，较 2008 年上涨了近三倍（图 7-3）。

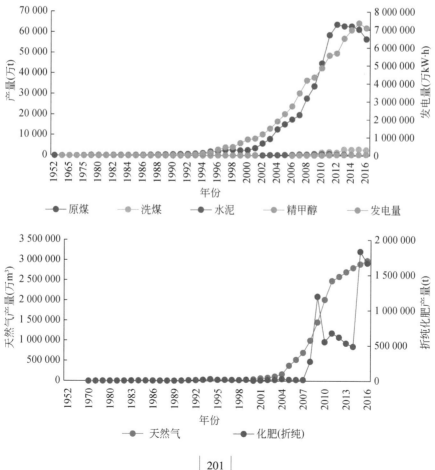

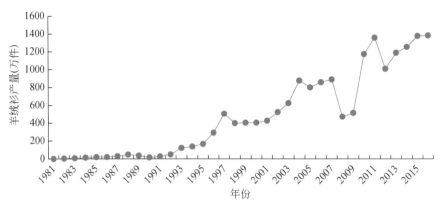

图 7-3　鄂尔多斯主要资源产品变化情况图

7.1.3　示范区矿产资源产业竞争力分析

矿产资源（产业）竞争力，概括地讲，就是矿产资源优势转化为经济发展优势的能力，其优势转化水平受区域矿产资源的禀赋、矿产品供需状况和矿产资源开发的内部因素和外部环境等影响。

资源开发区矿产资源竞争力主要由矿业企业的技术水平、矿产资源的市场需求状况以及发展趋势决定，如果矿产资源市场对矿产品需求量大，企业矿产品质量好、水平高，市场发展前景好，其区域资源优势向区域经济发展优势的转化能力就强（孔德友，2014）。

要了解资源开发区的矿产资源竞争力，就要对其开展评价。目前，对矿产资源竞争力的评价方法多样，较常用的方法主要有层次分析法、区位商法等。其中，区位商的计算方法见式（7-1）。

$$\text{区域矿产资源产业的区位商} = \frac{\text{区域矿产资源产业产值/区域生产总值}}{\text{全国矿产资源产业产值/国内生产总值}}$$

（7-1）

根据区域矿产资源产业的区位商算法，以鄂尔多斯为例，计算得出 2018 年其区域内矿产资源产业的区位商（图 7-4），如原煤、焦炭、天然气、钢和化肥等在全国和自治区内都有比较优势。其中，原煤和天然气的优势最为明显，与全国对比后的区位商分别达到 40.1 和 44.5（天然气为 2017 年数据）。

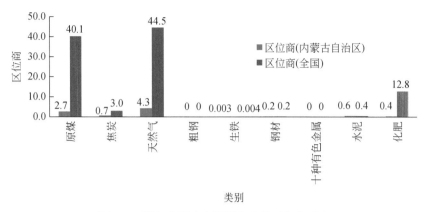

图 7-4　鄂尔多斯矿产资源产业的区位商对比

7.2　生态承载力与产业一致性评价

7.2.1　生态承载力评价方法

在生态足迹方法中，生态承载力是指一个区域实际提供给人类的所有生物生产性土地面积（包括水域）的总和。该定义实现了用同一指标——生物生产性土地面积来表示和评价生态足迹和生态承载力，使生态承载力与生态足迹具有可比性。由于同类生物生产性土地面积的生产力在不同国家或地区之间存在差异，因而不同国家或地区的同类生物生产性土地面积是不能直接进行对比的，需要进行调整后才能对比（高吉喜，2001）。为此引入产量因子概念。产量因子表示某个国家或地区的某种生物生产土地（如耕地、林地、草地等）的平均生态生产力与同类土地的世界平均生态生产力之间的比率。由于产量因子的数值与不同地区或国家的土地的生态生产力有关，所以在计算特定区域的生态承载力时，为了数据的准确性，需要计算该区域本身的产量因子。均衡因子是生态足迹计算中另一个重要参数，它将 6 种生物生产性土地类型的面积转换为具有相同生物生产力的面积，从而实现 6 种类型土地面积的加和。将区域现有的耕地、草地、林地、建筑用地等物理空间的面积乘以相应的均衡因子和产量因子，就可以得到该地区基于世界平均生态生产力的均衡生物生产土地面积，即生态承载力（Peterson et al.，1998；Wackernagel et al.，1997）。生态承载力计算公式如式（7-2）所示：

$$ec = \sum_{j=1}^{n} b_j \times r_j \times y_j \tag{7-2}$$

式中，ec 为人均生产承载力，$hm^2/$人；b_j 为实际人均占有的第 j 类生物生产性土地面积；r_j 为均衡因子；y_j 为产量因子。

在计算生态承载力时考虑到同类生产性土地的生产力在不同国家和地区之间存在差异，因而各国各地区同类生产性土地的实际面积是不能直接进行比较的。产量因子就是一个将各国各地区同类生产性土地转化为可比面积的参数，是一个国家或地区某类土地的平均生产力与世界同类平均生产力的比率。本书均衡因子和产量因子的选取见表 7-9。根据世界环境发展委员会的相关报告，生态承载力计算时还应扣除生态系统中 12% 生物多样性的保护面积，用以保护区域内生物多样性。

表 7-9　生态足迹中的土地类型说明

土地类型	主要用途	均衡因子	产量因子
耕地	种植农作物	2.8	1.66
林地	提供林产品和木材	1.1	0.91
草地	提供畜产品	0.5	0.19
水域	提供水产品	0.2	1
建筑用地	人类定居和道路用地	2.8	1.66
化石燃料用地	吸收人类释放的 CO_2	1.1	—

注：以全球生态平均生产力为 1；根据世界环境与发展委员会《我们共同的未来》报告建议，生态供给中扣除 12% 的生物生产性土地面积用来保护生物的多样性；实际中，并没有流出 CO_2 用地。

生态足迹就是通过评估现今人类为了维持自身生存而利用自然的量来评估人类对生态系统的影响。因此，任何已知人口的生态足迹就是其占用的生产这些人口所消耗的资源和容纳这些人口所产生的废弃物所需要的生物生产性土地面积（杨小燕等，2013）。其计算公式如式（7-3）所示：

$$EF = N \times ef = N \sum_{i=1}^{n} a_i = N \sum_{i=1}^{n} (c_i / p_i) \ (i = 1,\ 2,\ 3,\ \cdots,\ n) \tag{7-3}$$

式中，EF 为总的生态足迹；N 为人口数；ef 为人均生态足迹；a_i 为第 i 种资源人均占用的生物生产性土地面积；c_i 为第 i 种资源的人均消费量；p_i 为第 i 种资源的世界平均生产力（即全球平均产量）；n 为资源的数量（张志强等，2000）。

由式（7-3）可知，生态足迹是人口数和人均资源消费的一个函数，生态足迹是每种消费商品的生物生产性土地面积的总和。生态足迹测量了人类的生存所需的真实生物生产性土地面积,将其同国家和地区范围实际所能提供的生物生产性土地面积进行比较,就能判断一个国家或者地区的生产消费活动是否处于垫底状态,是生态系统承载力范围内提供定量的依据。

在生态足迹指标计算中,各种资源消费项目被折算为耕地、草地、林地、化石燃料用地、建筑用地和水域等类型。由于各类生物生产性土地的生态生产能力差异很大,计算出的各类生物生产性土地面积不能直接相加,因此必须将每种生物生产性土地面积乘以均衡因子,以转换为统一的可比较的生物生产土地面积,均衡因子和产量因子的选取见表 7-10。具体计算公式如式 (7-4) 所示:

$$ef = \sum_{i=1}^{n} r_j \times a_j \tag{7-4}$$

式中,ef 为均衡后的人均生态足迹;r_j 为均衡因子;a_j 为人均各类生物生产土地面积;j 表示不同生物生产土地面积。

表 7-10 生态足迹中的土地类型说明

土地类型	主要用途	均衡因子
化石燃料用地	吸收人类释放的 CO_2	1.1
可耕地	种植农作物	2.8
林地	提供林产品和木材	1.1
草地	提供畜产品	0.5
建筑用地	人类定居和道路用地	2.8
水域	提供水产品	0.2

注:以全球生态平均生产力为 1;根据世界环境与发展委员会《我们共同的未来》报告建议,生态供给中扣除 12% 的生物生产性土地面积用来保护生物的多样性;实际中,并没有流出 CO_2 用地。

在计算产业生态足迹/承载力时,由于不同产业对生态足迹/承载力占用表现的形式各不相同,第一产业对生态足迹/承载力的占用表现为耕地、林地、草地、水域、能源用地及建筑用地生态足迹/承载力;第二、第三产业对生态足迹/承载力的占用表现为能源地和建筑用地。本书对能源地和建筑用地足迹/承载力进行产业分解,并在产业间转移归并,从而计算出各产业的生态足迹/承载力占用量,得到各产业的生态足迹/承载力结构 (傅春等,2011;杨成忠,2016)。在此基础上,再进一步计算出各产业的人均生态盈余/赤字以及产业生态效率。

生态足迹理论与生态承载力结合，便可产生清晰的关于人类生态经济系统一致性状态的判断，可用式（7-5）表示：

$$esd = ec - ef \qquad\qquad (7\text{-}5)$$

式中，esd 为生态经济系统一致性发展状态；ec 为区域生态承载力；ef 为区域生态足迹。当 esd>0 时，为生态盈余；当 esd<0 时，为生态赤字；当 esd＝0 时，为生态平衡（郭嘉璐等，2017）。

7.2.2　评价结果分析

鄂尔多斯市位于内蒙古高原的西南部，牧草地是其主要用地类型，占土地总面积的 67.51%。境内能源富集，资源富饶，特别是煤炭资源储量巨大且埋深较浅，已探明储量占内蒙古自治区保有储量的 51.17%，占全国的 12.93%。2012 年鄂尔多斯市完成地区生产总值 3656.8 亿元，扣除价格因素外，同比增长了 13%。年末户籍总人口 152.08 万，常住人口 200.42 万，人口密度约为 18 人/km²。

鄂尔多斯市生态足迹计算主要的基础数据来源于《鄂尔多斯统计年鉴 2017》，主要依据的基础数据是鄂尔多斯市 2016 年农产品、动物、水域、能源、建设用地等的生产量和消费量，再通过生态承载力计算公式，对生态足迹进行计算。

基于以上模型，本书计算了 2016 年鄂尔多斯市的生态足迹及生态承载力。计算结果表明，2016 年，鄂尔多斯市生态总体呈赤字状态。平均每人需要 22.62 全球公顷生产性土地来满足环境商品与服务需求，而人均生态承载力仅为 2.3 全球公顷生产性土地。这表明鄂尔多斯市的消费需求实际上已大大超过了自然系统的生产能力。

具体到各类型消费品，如表 7-11 所示，研究区生物资源类人均生态足迹最大的是羊肉，人均生态足迹为 1.23hm²/人，这从侧面反映了该地区是一个以畜牧业为主要生活方式的地区，而这主要是因为该地区有大量的草地，草地面积占比高达 69%。另外，在能源类消费中人均生态足迹最大的是原煤，人均生态足迹为 16.4hm²/人（表 7-12），远高于其他能源消费，这说明研究区是一个以工业为主导产业的地区，对原煤的需求量较大，而这是因为当地具有丰富的煤炭资源。

表 7-11　鄂尔多斯市生物资源生态足迹计算

项目	种类	全球平均产量（kg/hm²）	消费量（t）	生态足迹总量（hm²）	足迹类型
农产品	小麦	2 744	38 800	14 139.941 69	耕地
	薯类	12 607	601 913	47 744.348 38	耕地
	玉米	2 744	1 280 000	466 472.303 2	耕地
	高粱	2 744	1 578	575.072 886 3	耕地
	大豆	1 856	7 073	3 810.883 621	耕地
	胡麻籽	1 856	1 518	817.887 931	耕地
	油菜籽	1 856	136	73.275 862 07	耕地
	葵花籽	1 856	119 613	64 446.659 48	耕地
	甜菜	18 000	81 793	4 544.055 556	耕地
	蔬菜及食用菌	18 000	478 302	26 572.333 33	耕地
林产品	水果	3 500	8 281	2 366	林地
	木材	1.99	17 000	8 542.71	林地
畜牧产品	猪肉	74	55 067	744 148.648 6	草地
	牛肉	33	14 821	449 121.212 1	草地
	羊肉	33	83 687	2 535 969.697	草地
	牛奶	502	136 203	271 320.717 1	草地
	禽蛋	400	7 279	18 197.5	草地
	蜂蜜	50	28	744 148.648 6	草地
水产品	鱼	29	15 053	519 068.965 5	水域

注：由于无法获取各类产品的消费量，本书以各类产品的生产量作为其消费量进行近似计算。

表 7-12　鄂尔多斯市化石能源足迹计算

能源种类	全球平均足迹（GJ/hm²）	折标系数（GJ/t）	消费量（t）	生态足迹总量（hm²）	足迹类型
原煤	55	20.934	88 914 878	33 842 619.2	化石能源用地
洗精煤	55	26.377	7 707 171	3 696 219.081	
焦炭	55	28.469	1 798 441	930 905.760 5	
天然气	93	38.979	323 846	135 733.260 6	
汽油	93	43.124	4 598	2 132.087 656	
煤油	93	43.124	4	1.854 795 699	
柴油	93	42.705	192 954	88 603.231 94	
燃料油	71	50.2	5 402	3 819.442 254	
液化石油气	71	50.2	2 563	1 812.149 296	
电力	1 000	3.36	3 646 352	12 251.742 72	建设用地

从各足迹类型来看，化石能源足迹是当地生态足迹的主要组成部分，占比高达91%（表7-13）。这主要是因为当地发展资源密集型的工业行业消费了大量的化石能源。同时由于在实际生产生活中并没有留出用于碳吸收的土地，所以化石能源用地这部分的生态赤字最大。另外，生态足迹占比较高的有草地足迹和耕地足迹，而水域足迹、建设用地足迹以及林地足迹都相对比较小。其中，草地、水域均为生态赤字，而林地、耕地和建设用地为小幅生态盈余。

表7-13　2016年鄂尔多斯生态足迹及生态承载力

足迹类型	生态足迹		生态承载力	
	总量	人均	总量	人均
耕地足迹	1 761 750.933	0.857 174 589	1 920 553.6	0.934 439 547
林地足迹	11 999.581	0.005 8	2 322 320	1.129 917 774
草地足迹	2 009 658.887	0.977 793 455	613 510	0.298 501 435
渔业足迹	103 813.793 1	0.050 510 287	6 600	0.003 211 21
建设用地足迹	34 304.879 62	0.016 690 935	519 646.4	0.252 832 385
化石能源足迹	42 572 030.68	20.713 2	0	0
总计	46 493 558.75	22.621 3	5 382 630	2.618 902 35
扣除12%生物多样性面积	46 493 558.75	22.621 3	4 736 714	2.304 6

在鄂尔多斯市生态足迹构成中，第二产业对生态资源的占用比例最高，达51%。这主要是因为工业行业对化石能源的依赖性比较高，2016年鄂尔多斯市工业行业原煤消费量达9731万t。尤其是煤炭工业作为该地区的主导产业，在快速拉动当地经济增长的同时，也使当地的生态环境付出了沉重的代价。相应地，第一产业生态足迹占比为10.6%，第三产业生态足迹占比为38.4%。这在一定程度上反映当地产业结构的不合理，需要适当提高第三产业的比例。

在生态承载力构成中，第一产业的生态承载力所占比例最大，达到90%以上，说明第一产业的发展拥有了全社会绝大多数的生态资源。然而这依然满足不了第一产业的需求，2016年第一产业仍处于赤字状态，人均赤字0.024hm²。第二、第三产业生态承载力所占份额比例很低，这也导致第二产业赤字幅度较大，人均11.4hm²。

为了探讨各行业在生产过程中对资源和环境的利用效率，在这里我们选取生态效率作为衡量指标，通常我们用单位全球公顷的产值来表示。计算结果表明，2016年鄂尔多斯市的生态效率为0.95万元/hm²。具体到各产业可以看出第一产业的生态效率较低，这主要是因为第一产业往往是低附加值的农产品。

另外，工业行业的生态效率虽然高于第一产业，但由于其在生产过程中消耗较多的化石能源，导致其生态效率低于第三产业。

7.2.3 结论

鄂尔多斯市的产业结构仍旧不尽合理，各产业生态资源占用和产业生态效率差异程度大，结构性污染和资源短缺是鄂尔多斯市可持续发展的主要问题。

总体来看，鄂尔多斯市的生态压力主要来源于化石能源的消费，这是导致当地生态足迹远高于生态承载力的主要因素，尤其是煤炭资源的消费。作为煤炭资源富集区，煤炭采掘业带动了该地区的经济增长，但同时也对当地的生态环境造成了影响。如果按照当前的模式发展，将是不可持续的。因此，需要适当优化第一产业的内部结构，充分挖掘农牧业的资源潜力和承载力。同时，引进高新技术以探索第二产业的可持续发展道路，并逐步向高加工度化和高技术化推进，增强煤炭等资源的产品附加值并降低能耗。鄂尔多斯应进一步改善管理，扩大绿色服务业的发展规模，培育物流运营主体，构建现代化物流体系，加快金融等现代服务行业的发展。引导以煤炭等能源行业向高质量发展模式转变，在保障能源安全的基础上向清洁低碳方向发展，形成清洁低碳、安全高效的能源体系。

7.3 产业布局优化技术模型与示范应用

7.3.1 产业布局优化技术方法模型

7.3.1.1 灰色系统预测 GM（1,1）模型

灰色系统方法适应于信息不完全的情况，使系统在结构上、模型上的确定性增加，方便我们对系统的认识增多。灰色系统是通过建立微分方程模型，对动态信息进行开发利用加工。在建立模型过程中，灰色系统理论充分利用了较少数据显示的信息和隐含的信息。就目前来说，GM（1,1）模型是较为常用的一种灰色动态预测模型，主要用于对复杂系统某一主要因素特征值的拟合和预测，以揭示主要因素变化规律和未来的发展变化趋势（徐美等，2017）。

设时间序列有 n 个观察值：

$$x^{(0)}(k) = \left[x^{(0)}(1), x^{(0)}(2), \cdots, x^{(0)}(n) \right]$$

追加后生成的新序列：

$$x^{(1)} = \left[x^{(1)}(1), x^{(1)}(2), \cdots, x^{(1)}(n) \right]$$

假设 $z^{(1)}$ 为 $x^{(1)}$ 的紧邻均值生成序列：

$$z^{(1)} = \left[z^{(1)}(2), z^{(1)}(3), \cdots, z^{(1)}(n) \right]$$

$$z^{(1)}(k) = 1/2 \left[x^{(1)}(k-1) + x^{(1)}(k) \right]$$

则称：

$$x^{(0)}(k) + a\, z^{(1)}(k) = b \qquad (7\text{-}6)$$

式（7-6）为 GM（1,1）的灰色微分方程模型。其中，a 为发展灰数；b 为内生控制灰数。

7.3.1.2　动态线性规划模型

产业结构优化主要指各产业协调发展、产业整体水平不断提高的过程。实质上也就是各种资源在各产业间达到优化配置和高效利用，实现产业经济的稳定协调高效发展。产业结构的优化主要指劳动力、资金、能源、资源和科技进步等约束条件在各产业间的流动所形成的产业结构优化，其中资源约束用耗电量表示，综合技术水平代表产业科技进步，建立灰色动态线性规划模型。

设某地区第一产业、第二产业和第三产业的国内生产总值（亿元）分别用 x_1、x_2 和 x_3 表示。其中，a_1 表示某地区劳动力投入（万人）；b_2 表示某地区的资金投入（亿元）；c_3 表示某地区的能源投入（万 tce）；d_4 表示某地区资源消耗，即耗电量（万 kW·h）；e_5 表示某地区科技对产业的贡献；a_{1i} 表示某地区第 i 产业亿元国内生产总值所需劳动力总量（万人/亿元）；b_{2i} 表示某地区第 i 产业亿元国内生产总值所需资金（亿元/亿元）；c_{3i} 表示某地区第 i 产业亿元国内生产总值所需能源（万 tce/亿元）；d_{4i} 表示某地区第 i 产业亿元国内生产总值所需用电量（万 kW·h/亿元）；e_{5i} 表示某地区第 i 产业亿元国内生产总值科技进步贡献率。

建立的灰色动态线性规划模型如式（7-7）所示：

$$\max Z(x) = x_1 + x_2 + x_3 \qquad (7\text{-}7)$$

约束条件

$$\begin{cases} a_{11}x_1+a_{12}x_2+a_{13}x_3 \leqslant a_1 \\ b_{21}x_1+b_{22}x_2+b_{23}x_3 \leqslant b_2 \\ c_{31}x_1+c_{32}x_2+c_{33}x_3 \leqslant c_3 \\ d_{11}x_1+d_{12}x_2+d_{13}x_3 \leqslant d_4 \\ e_{11}x_1+e_{12}x_2+e_{13}x_3 \leqslant e_5 \\ x_1 \geqslant 0, x_2 \geqslant 0, x_3 \geqslant 0 \end{cases}$$

分别对某地区的劳动力投入 a_1、资金投入 b_2、能源投入 c_3、耗电量 d_4、科技贡献率 e_5 进行预测。也即利用已有的数据，建立 GM（1,1）模型，预测未来期间的劳动力投入 a_1、资金投入 b_2、能源投入 c_3、耗电量 d_4、科技贡献率 e_5。再对 a_{1i}、b_{2i}、c_{3i}、d_{4i} 和 e_{5i} 利用已有的数据，建立 GM（1,1）模型，预测未来期间的各种资源消耗系数及技术进步贡献率。

据此，可以建立未来从第 n 年至第 $n+m$ 年的灰色动态线性规划模型 [式（7-8）和式（7-9）]，解出此模型即可得到未来预测年份的最优产业结构。

$$\max Z_n = x_1^n + x_2^n + x_3^n \tag{7-8}$$

$$\begin{cases} x_1^n + a_{12}^n x_2^n + a_{13}^n x_3^n \leqslant a_1^n \\ b_{21}^n x_1^n + b_{22}^n x_2^n + b_{23}^n x_3^n \leqslant b_2^n \\ c_{31}^n x_1^n + c_{32}^n x_2^n + c_{33}^n x_3^n \leqslant c_3^n \\ d_{41}^n x_1^n + d_{42}^n x_2^n + d_{43}^n x_3^n \leqslant d_4^n \\ e_{51}^n x_1^n + e_{52}^n x_2^n + e_{53}^n x_3^n \leqslant e_5^n \\ x_1^n \geqslant 0, x_2^n \geqslant 0, x_3^n \geqslant 0 \end{cases}$$

$$\max Z_{n+m} = x_1^{n+m} + x_2^{n+m} + x_3^{n+m} \tag{7-9}$$

$$\begin{cases} a_{11}^{n+m} x_1^{n+m} + a_{12}^{n+m} x_2^{n+m} + a_{13}^{n+m} x_3^{n+m} \leqslant a_1^{n+m} \\ b_{21}^{n+m} x_1^{n+m} + b_{22}^{n+m} x_2^{n+m} + b_{23}^{n+m} x_3^{n+m} \leqslant b_2^{n+m} \\ c_{31}^{n+m} x_1^{n+m} + c_{32}^{n+m} x_2^{n+m} + c_{33}^{n+m} x_3^{n+m} \leqslant c_3^{n+m} \\ d_{41}^{n+m} x_1^{n+m} + d_{42}^{n+m} x_2^{n+m} + d_{43}^{n+m} x_3^{n+m} \leqslant d_4^{n+m} \\ e_{51}^{n+m} x_1^{n+m} + e_{52}^{n+m} x_2^{n+m} + e_{53}^{n+m} x_3^{n+m} \leqslant e_5^{n+m} \\ x_1^{n+m} \geqslant 0, x_2^{n+m} \geqslant 0, x_3^{n+m} \geqslant 0 \end{cases}$$

通过对以上线性规划模型，即式（7-9）的求解，可解出某地区的产业优化方案。

7.3.2　产业布局优化目标

经济增长是指一个国家或地区产出水平的提高，通常用国内生产总值 GDP 的变化，确切地说是用人均 GDP 的增长率衡量一国或者一个地区经济增长的情况。因此，国内生产总值和人均国内生产总值的变化和差异的唯一源泉就是一个国家或者一个地区的经济增长，或经济增长速度的差异。经济增长对一个国家的强盛和发展、生活水平的改善，以及社会文化和文明的进步，都是十分重要的基础和动力。因为经济增长很重要，因此各个国家或者地区把经济增长作为经济政策或产业结构调整的核心目标。

在本章的产业结构优化中，为了突出三次产业结构的最优化，本文以经济增长为目标函数，以资源、环境、投资和产值为约束条件建立优化模型。

7.3.3　产业优化约束条件

7.3.3.1　资源条件

资源的种类很多，包括水资源、海洋资源、土地资源及能源等。资源禀赋的差异对产业结构优化具有重要的影响。在三次产业中，不同的产业及不同的行业对自然资源的依赖程度不同。第一产业的发展受自然资源的影响比较大。第二产业的发展也受到自然资源的影响，但是程度相对第一产业来说有所降低。然而，一些资源，尤其是优势资源的种类、结构往往决定了工业的主导行业和工业结构，资源的分布决定了产业结构的布局。第三产业的发展与自然资源的禀赋关系不大（朱新玲等，2015）。

我国经济发展受煤炭资源支撑的同时，也受电力能源的约束。由于电力在国民经济和人们生活中的基础作用，电力商品的特殊属性和电力行业投资周期长的特性，电力的规划使用必须按照科学规划合理发展。因此，在进行产业结构优化方案设计时，必须把电力消耗的最小化作为约束条件之一。

7.3.3.2　投资约束

从上文经济增长的需求驱动因素中得出投资的变动会引起经济增长的变动，投资的变动也会引起产业结构的变动。因为投资不同的方向就会改变原有的产业结构。如果创造新的投资需求，将形成新的产业而改变原来的产业结构，如果继续对原有的部分产业投资，将推动这些产业以更快的速度发展，导致产业结构也产生相应的变化。由于投资是影响产业结构的重要因素，并且产生的效果很快，因此政府常采用一定的投资政策以调整投资结构以达到优化产业结构的目标。

7.3.3.3 环境污染约束

经济的发展伴随着二氧化碳排放的增加。随着经济的发展，气候变暖已经是不争的事实。因此，抑制二氧化碳排放的增加是经济发展中不可推卸的责任。尽管污染物种类繁多，但是本书决定选取以化石能源排放的主要污染气体 CO_2 量作为环境污染的约束。

7.3.3.4 产值规模约束

因为短期内三次产业的产业发展规模只在小范围内变动，不会有较大的变化。本书选取第 i 产业当年产值占 GDP 比例的加减 2% 这个指标作为第 i 产业产值规模的约束。

7.3.4 产业优化方案设计

基于我国经济增长模型及产业结构优化目标和约束条件，本节对中国三次产业结构进行优化。全国第一产业、第二产业和第三产业的国内生产总值分别用 x_1、x_2 和 x_3 表示。a_1 和 b_2 分别表示资金投入（亿元）和电力投入（亿 kW·h），c_3 表示 CO_2 总排放量（邬娜等，2015；兰君，2019）。同时，定义：a_{1i} 为全国三次产业亿元国内生产总值所需资金（亿元/亿元）；b_{2i} 为全国三次产业亿元国内生产总值所需电力（亿 kW·h/亿元）；c_{3i} 为全国三次产业亿元国内生产总值 CO_2 的直接排放系数。

建立的目标函数如下：

$$\max Z(x) = x_1 + x_2 + x_3 \tag{7-10}$$

约束条件为

$$\begin{cases} a_{11}x_1 + a_{12}x_2 + a_{13}x_3 \leqslant a_1 \\ b_{21}x_1 + b_{22}x_2 + b_{23}x_3 \leqslant b_2 \\ c_{31}x_1 + c_{32}x_2 + c_{33}x_3 \leqslant c_3 \\ x_1, x_2, x_3 \geqslant 0 \end{cases}$$

利用 2018～2018 年的相关数据，建立 GM（1, 1）模型，分别对 a_1、b_2、c_3 及 a_{1i}、b_{2i}、c_{3i} 进行预测，解出 2021～2025 年的各种资源环境消耗系数。根据所建立的目标函数式（7-10）和约束条件，建立 2021～2025 年中国三次产业结构优化的动态线性规划模型。同时根据所建立的 GM（1, 1）预测的结果，得出 2021～2025 年的三次产业结构优化方案。

7.3.4.1　三次产业结构优化

2012～2018 年，全国三次产业国内生产总值、总投资、用电量及碳排放量如表 7-14～表 7-17 所示。其中，碳排放量数据来自于中国碳排放数据库（http://www.ceads.net/）。

表 7-14　2012～2018 年国内生产总值　　　　　（单位：亿元）

年份	第一产业	第二产业	第三产业
2012	49 048.5	244 643.3	244 852.2
2013	53 028.1	261 956.1	277 979.1
2014	55 626.3	277 571.8	308 082.5
2015	57 774.6	282 040.3	346 178.0
2016	60 139.2	296 547.7	383 373.9
2017	62 099.5	332 742.7	425 912.1
2018	64 734.0	366 000.9	469 574.6

数据来源：中国统计年鉴 2013～2019。

表 7-15　2012～2018 年总投资及亿元产值所需资金　　　（单位：亿元）

年份	总投资			亿元产值所需资金		
	第一产业	第二产业	第三产业	第一产业	第二产业	第三产业
2012	8 772	158 060	198 022	0.178 84	0.646 08	0.808 74
2013	9 109	184 549	242 090	0.171 78	0.704 50	0.870 89
2014	11 803	207 459	282 003	0.212 18	0.747 41	0.915 35
2015	15 562	224 048	311 980	0.269 36	0.794 38	0.901 21
2016	18 838	231 826	345 837	0.313 24	0.781 75	0.902 09
2017	20 892	235 751	375 040	0.336 43	0.708 51	0.880 56
2018	22 413	237 899	375 324	0.346 23	0.650 00	0.799 29

数据来源：中国统计年鉴 2013～2019。

表 7-16 2012～2018 年用电量及亿元产值所需电力 （单位：亿 kW·h）

年份	用电量			亿元产值所需电力		
	第一产业	第二产业	第三产业	第一产业	第二产业	第三产业
2012	1 013	36 841	5 691	0.020 645	0.150 59	0.023 241
2013	1 027	39 912	6 275	0.019 365	0.152 36	0.022 575
2014	1 013	41 524	6 670	0.018 218	0.149 60	0.021 649
2015	1 040	42 249	7 166	0.017 998	0.149 80	0.020 701
2016	1 092	43 815	7 970	0.018 158	0.147 75	0.020 789
2017	1 175	45 749	8 826	0.018 921	0.137 49	0.020 723
2018	728	47 235	10 801	0.011 246	0.129 06	0.023 017

数据来源：中国统计年鉴 2013～2019。

表 7-17 2012～2017 年碳排放总量及亿元产值的碳排放量 （单位：万 t）

年份	碳排放总量			亿元产值碳排放量		
	第一产业	第二产业	第三产业	第一产业	第二产业	第三产业
2012	5 439	453 209	52 662	0.110 89	1.852 53	0.215 08
2013	5 785	472 032	55 859	0.109 09	1.801 95	0.200 95
2014	5 913	478 078	58 491	0.106 30	1.722 36	0.189 85
2015	6 048	485 307	63 716	0.104 68	1.720 70	0.184 05
2016	6 305	495 792	68 399	0.104 84	1.671 88	0.178 41
2017	6 550	516 624	71 254	0.105 47	1.552 62	0.167 30

数据来源：中国碳排放数据库 CEADs。

对表 7-15～表 7-17 中的数据，利用灰色系统理论，建立了各指标的 GM（1,1）模型，得出各种消耗系数的预测值，如表 7-18～表 7-21 所示。

表 7-18 2021～2025 年投资资金、电力和碳排放量预测值

年份	投资资金（亿元）	电力（亿 kW·h）	碳排放量（万 t）
2021	915 495	65 155	656 614
2022	1 000 033	67 868	674 509
2023	1 092 378	70 694	692 892
2024	1 193 250	73 638	711 775
2025	1 303 436	76 705	731 174

表 7-19　2021~2025 年亿元产值所需投资资金预测值　　　（单位：亿元）

年份	第一产业	第二产业	第三产业
2021	0.665 28	0.776 36	0.897 63
2022	0.781 10	0.780 60	0.898 23
2023	0.917 08	0.784 87	0.898 83
2024	1.076 74	0.789 16	0.899 44
2025	1.264 19	0.793 48	0.900 04

表 7-20　2021~2025 年亿元产值所需电力预测值　　　（单位：亿 kW·h）

年份	第一产业	第二产业	第三产业
2021	0.017 959	0.119 68	0.017 534
2022	0.017 865	0.115 99	0.017 005
2023	0.017 772	0.112 41	0.016 492
2024	0.017 679	0.108 94	0.015 994
2025	0.017 587	0.105 58	0.015 511

表 7-21　2021~2025 年亿元产值碳排放预测值　　　（单位：亿 t）

年份	第一产业	第二产业	第三产业
2021	0.100 93	1.395 04	0.142 18
2022	0.100 10	1.350 87	0.136 23
2023	0.099 279	1.308 11	0.130 53
2024	0.098 461	1.266 70	0.125 07
2025	0.097 651	1.126 60	0.119 83

　　根据约束条件和目标函数，分别建立 2021~2025 年的三次产业灰色动态线性规划模型，利用 LINGO 12.0 软件，得到 2021~2025 年三次产业产业结构优化设计方案。

表 7-22　2021~2025 年全国三次产业结构优化设计方案　　　（单位:%）

年份	第一产业 国内生产总值占比	第二产业 国内生产总值占比	第三产业 国内生产总值占比
2021	13.86	36.14	50.00

年份	第一产业 国内生产总值占比	第二产业 国内生产总值占比	第三产业 国内生产总值占比
2022	13.64	35.84	50.51
2023	12.51	35.01	52.48
2024	12.01	33.44	54.55
2025	10.45	31.00	58.55

从表 7-22 中可以看出，通过 2021～2025 年的产业结构优化，我国三次产业结构发生了较大的变化。第一产业产值占国民生产总值的比例变化相对较小。由于资源枯竭、环境污染等原因，我国要大力实现经济转型发展，第二产业产值占比持续下降，第三产业的优化产值占比稳步上升，这与我国第三产业投资的大幅上升及产业发展规划相符。

7.3.4.2　第二产业结构优化

在对我国三次产业结构优化之后，再对碳排放较多的第二产业进行优化。以碳排放量为指标，选取纺织业、造纸及纸制品业、石油加工炼焦业、化学原料制造业、非金属矿物制品业、黑色金属冶炼业、有色金属冶炼及加工业、电力生产及供应业这八个碳排放量较大的行业进行优化（表 7-23～表 7-33）。

表 7-23　2011～2016 年工业总产值　　　　（单位：亿元）

年份	纺织业	造纸及 纸制品业	石油加工、炼焦 及核燃料加工业	化学原料及化学 制品制造业	非金属矿物 制品业	黑色金属冶炼 及压延加工业	有色金属冶炼 及压延加工业	电力、热力的 生产和供应业
2011	32 653	12 079	36 889	60 825	40 180	64 066	35 907	47 353
2012	31 777	12 559	39 023	66 433	44 156	68 173	37 552	51 274
2013	35 447	12 977	40 168	75 771	52 253	72 198	42 668	55 939
2014	377 047	13 775	40 802	82 353	58 239	71 027	46 155	56 512
2015	39 393	14 216	59 988	83 256	59 988	61 257	46 481	57 451
2016	40 287	14 833	34 078	86 790	63 058	60 344	48 879	55 767

数据来源：中国工业统计年鉴 2012～2017。

表 7-24　2011～2018 年行业总投资　　　　（单位：亿元）

年份	纺织业	造纸及 纸制品业	石油加工、炼焦 及核燃料加工业	化学原料及化学 制品制造业	非金属矿物 制品业	黑色金属冶炼 及压延加工业	有色金属冶炼 及压延加工业	电力、热力的 生产和供应业
2011	3 656.1	1 922.6	2 268.5	8 786.5	10 344.2	4 118.4	3 720.3	11 603.5

续表

年份	纺织业	造纸及纸制品业	石油加工、炼焦及核燃料加工业	化学原料及化学制品制造业	非金属矿物制品业	黑色金属冶炼及压延工业	有色金属冶炼及压延工业	电力、热力的生产和供应业
2012	3 971.5	2 215.8	2 500.5	11 263.0	12 061.6	5 167.1	4 531.4	12 947.9
2013	4 726.0	2 635.8	3 039.1	13 210.4	13 756.6	5 098.7	5 550.3	14 726.3
2014	5 318.8	2 801.9	3 208.5	14 516.4	15 785.6	4 781.3	5 813.8	17 432.5
2015	6 001.6	2 812.8	2 538.6	14 990.9	16 747.6	4 257.2	5 580.1	20 260.4
2016	6 642.6	3 091.3	2 696.2	14 753.1	16 869.3	4 161.5	5 258.5	22 637.7
2017	6 936.1	3 091.0	2 676.8	13 903.2	16 952.8	3 804.2	5 038.4	22 055.2
2018	7 289.8	3 248.6	2 947.2	14 737.4	20 292.5	4 329.2	5 199.6	19 342.4

数据来源：中国统计年鉴 2012~2019。下同。

表 7-25　2011~2016 年亿元产值所需资金　　　（单位：亿元）

年份	纺织业	造纸及纸制品业	石油加工、炼焦及核燃料加工业	化学原料及化学制品制造业	非金属矿物制品业	黑色金属冶炼及压延工业	有色金属冶炼及压延工业	电力、热力的生产和供应业
2011	0.111 96	0.159 16	0.061 49	0.144 45	0.257 44	0.064 28	0.103 60	0.245 04
2012	0.124 98	0.176 42	0.064 07	0.169 54	0.273 15	0.075 79	0.120 67	0.252 52
2013	0.133 32	0.203 11	0.075 65	0.174 34	0.263 26	0.070 62	0.130 08	0.263 25
2014	0.141 06	0.203 40	0.078 63	0.176 27	0.271 04	0.067 31	0.125 96	0.308 47
2015	0.152 35	0.197 86	0.042 31	0.180 05	0.279 18	0.069 49	0.120 05	0.352 65
2016	0.164 88	0.208 41	0.079 12	0.169 99	0.267 52	0.068 96	0.107 58	0.405 93

表 7-26　2011~2017 年行业总用电量　　　（单位：万 kW·h）

年份	纺织业	造纸及纸制品业	石油加工、炼焦及核燃料加工业	化学原料及化学制品制造业	非金属矿物制品业	黑色金属冶炼及压延工业	有色金属冶炼及压延工业	电力、热力的生产和供应业
2011	1378.8	580.4	607.1	3528.3	2917.9	5248.2	3501.8	6512.1
2012	1448.7	579.0	594.9	3936.2	2951.3	5220.5	3819.0	6566.6
2013	1532.8	599.2	677.5	4341.4	3148.5	5704.0	4113.9	7183.5
2014	1541.1	632.3	718.8	4627.8	3324.4	5795.6	4399.3	7290.6
2015	1561.6	634.9	779.9	4754.0	3105.4	5332.6	5505.5	7434.6
2016	1592.7	675.8	836.1	4874.6	3188.0	5281.7	5763.4	7977.4
2017	1684.9	712.4	946.4	5122.3	3305.1	5261.5	6003.3	8292.2

数据来源：中国统计年鉴 2012~2018。

表 7-27　2011～2016 年行业亿元产值所需电力　　　　（单位：亿 kW·h）

年份	纺织业	造纸及纸制品业	石油加工、炼焦及核燃料加工业	化学原料及化学制品制造业	非金属矿物制品业	黑色金属冶炼及压延加工业	有色金属冶炼及压延加工业	电力、热力的生产和供应业
2011	0.042 23	0.048 05	0.016 46	0.058 01	0.072 62	0.081 92	0.097 52	0.137 52
2012	0.045 59	0.046 10	0.015 25	0.059 25	0.066 84	0.076 58	0.101 70	0.128 07
2013	0.043 24	0.046 18	0.016 87	0.057 30	0.060 26	0.079 01	0.096 42	0.128 42
2014	0.040 88	0.045 90	0.017 62	0.056 19	0.057 08	0.081 60	0.095 32	0.129 01
2015	0.039 64	0.044 66	0.013 00	0.057 10	0.051 77	0.087 05	0.118 45	0.129 41
2016	0.039 54	0.045 56	0.024 53	0.056 17	0.050 56	0.087 53	0.117 91	0.143 05

表 7-28　2011～2017 年行业的碳排放量　　　　（单位：亿 t）

年份	纺织业	造纸及纸制品业	石油加工、炼焦及核燃料加工业	化学原料及化学制品制造业	非金属矿物制品业	黑色金属冶炼及压延加工业	有色金属冶炼及压延加工业	电力、热力的生产和供应业
2011	24 632	19 726	41 336	103 951	40 225	86 615	18 308	12 890
2012	27 018	19 480	42 246	110 836	39 153	90 828	18 524	13 070
2013	26 966	20 999	45 172	116 263	38 957	95 054	19 932	12 836
2014	27 008	22 295	47 341	125 050	40 482	93 425	19 785	12 231
2015	31 215	22 600	48 404	132 456	38 267	85 823	23 377	13 481
2016	33 945	22 465	48 501	144 203	36 221	81 076	23 963	13 162
2017	34 839	23 284	53 632	150 447	35 051	80 909	27 314	12 885

数据来源：中国碳排放数据库 CEADs。

表 7-29　2011～2016 年行业亿元产值的碳排放量　　　　（单位：万 t）

年份	纺织业	造纸及纸制品业	石油加工、炼焦及核燃料加工业	化学原料及化学制品制造业	非金属矿物制品业	黑色金属冶炼及压延加工业	有色金属冶炼及压延加工业	电力、热力的生产和供应业
2011	0.754 36	1.633 07	1.120 56	1.709 01	1.001 12	1.351 97	0.509 87	0.272 21
2012	0.850 24	1.551 05	1.082 58	1.668 39	0.886 70	1.332 30	0.493 30	0.254 90
2013	0.760 74	1.618 25	1.124 56	1.534 40	0.745 55	1.316 57	0.467 14	0.229 47
2014	0.716 31	1.618 55	1.160 23	1.518 46	0.695 10	1.315 36	0.428 67	0.216 42
2015	0.792 40	1.589 83	0.806 89	1.590 94	0.637 91	1.401 02	0.502 93	0.234 65
2016	0.842 57	1.514 50	1.423 23	1.661 51	0.574 41	1.343 56	0.490 24	0.236 01

表 7-30　2021～2025 年投资资金、电力和碳排放量预测值

年份	投资资金（亿元）	电力（亿 kW·h）	碳排放量（万 t）
2021	115 042	37 586	464 345
2022	124 318	39 209	477 028

续表

年份	投资资金（亿元）	电力（亿 kW·h）	碳排放量（万 t）
2023	134 341	40 903	490 058
2024	145 173	42 670	503 443
2025	156 878	44 513	517 194

表 7-31　2021～2025 年亿元产值所需投资资金预测值　（单位：亿元）

年份	纺织业	造纸及纸制品业	石油加工、炼焦及核燃料加工业	化学原料及化学制品制造业	非金属矿物制品业	黑色金属冶炼及压延加工业	有色金属冶炼及压延加工业	电力、热力的生产和供应业
2021	0.231 75	0.242 35	0.065 69	0.178 65	0.274 11	0.060 59	0.096 85	0.759 88
2022	0.248 41	0.249 51	0.065 38	0.179 32	0.274 58	0.059 30	0.095 88	0.863 45
2023	0.266 27	0.256 89	0.065 06	0.179 99	0.275 05	0.058 04	0.093 15	0.981 13
2024	0.285 41	0.264 48	0.064 75	0.180 66	0.275 52	0.056 81	0.090 50	1.114 86
2025	0.305 93	0.272 29	0.064 44	0.181 34	0.276 00	0.055 61	0.087 93	1.266 81

表 7-32　2021～2025 年亿元产值所需电力预测值　（单位：亿 kW·h）

年份	纺织业	造纸及纸制品业	石油加工、炼焦及核燃料加工业	化学原料及化学制品制造业	非金属矿物制品业	黑色金属冶炼及压延加工业	有色金属冶炼及压延加工业	电力、热力的生产和供应业
2021	0.031 95	0.043 90	0.032 79	0.052 88	0.034 28	0.106 02	0.153 02	0.155 56
2022	0.030 75	0.043 65	0.035 94	0.052 29	0.031 88	0.109 94	0.161 34	0.159 33
2023	0.029 60	0.043 40	0.039 39	0.051 71	0.029 64	0.114 00	0.170 12	0.163 20
2024	0.028 50	0.043 15	0.043 17	0.051 13	0.027 57	0.118 22	0.179 37	0.167 17
2025	0.027 43	0.042 91	0.047 32	0.050 56	0.025 64	0.122 59	0.189 13	0.171 23

表 7-33　2021～2025 年亿元产值碳排放预测值　（单位：万 t）

年份	纺织业	造纸及纸制品业	石油加工、炼焦及核燃料加工业	化学原料及化学制品制造业	非金属矿物制品业	黑色金属冶炼及压延加工业	有色金属冶炼及压延加工业	电力、热力的生产和供应业
2021	0.804 57	1.510 22	1.426 02	1.625 96	0.334 73	1.418 69	0.498 32	0.211 73
2022	0.806 31	1.500 73	1.476 50	1.630 43	0.301 28	1.430 05	0.501 52	0.208 70
2023	0.808 06	1.491 30	1.528 77	1.634 95	0.271 17	1.441 50	0.504 75	0.205 71
2024	0.809 81	1.481 93	1.582 88	1.639 48	0.244 07	1.453 04	0.508 00	0.202 76
2025	0.811 57	1.472 61	1.638 91	1.644 02	0.219 68	1.464 68	0.511 27	0.199 85

根据约束条件和目标函数，再分别建立 2021~2025 年的行业灰色动态线性规划模型，利用 lingo12.0 软件，得到 2021~2025 年行业产业结构优化设计方案（表 7-34）。

表 7-34 2021~2025 年行业产业结构优化设计方案　　　（单位：%）

年份	纺织业	造纸及纸制品业	石油加工、炼焦及核燃料加工业	化学原料及化学制品制造业	非金属矿物制品业	黑色金属冶炼及压延加工业	有色金属冶炼及压延加工业	电力、热力的生产和供应业
2021	11.33	1.23	17.26	23.55	17.26	7.50	13.37	8.50
2022	11.68	1.03	17.78	24.53	17.78	5.87	13.78	7.55
2023	12.01	1.04	18.29	25.39	18.29	4.18	14.17	6.63
2024	12.36	0.73	18.82	26.11	18.82	3.16	14.08	5.92
2025	12.73	0.62	19.38	26.15	19.38	2.66	13.71	5.37

从表 7-34 中可以看出，在八个碳排放量较大的行业产业结构优化中，纺织业、石油加工炼焦及核燃料加工业、化学原料及化学制品制造业、非金属矿物制品业在优化期间的产值占比一直升高，造纸及纸制品业、黑色金属冶炼及压延加工业、电力、热力的生产和供应业的产值占比一直降低。与众不同的是，有色金属冶炼及压延加工业的产值占比在 2021~2023 年产值占比一直上升，但在随后的两年产值占比却有所下降。

7.3.5 产业布局优化示范应用

2013~2018 年，鄂尔多斯市三次产业地区生产总值、总投资、用电量及碳排放量如表 7-35~表 7-38 所示。其中，碳排放量数据根据鄂尔多斯市统计年鉴相关数据进行计算得出（刘明达，2011）。

表 7-35 2013~2018 年地区生产总值　　　（单位：亿元）

年份	第一产业	第二产业	第三产业
2013	95.69	2369.33	1490.88
2014	99.59	2356.26	1599.64
2015	98.97	2400.01	1727.15
2016	107.60	2461.38	1848.95
2017	111.27	1889.83	1578.71
2018	117.80	1969.10	1676.30

数据来源：鄂尔多斯统计年鉴 2014~2019。

表 7-36　2013～2018 年总投资及亿元产值所需资金　（单位：亿元）

年份	总投资			亿元产值所需资金		
	第一产业	第二产业	第三产业	第一产业	第二产业	第三产业
2013	75.5	2 114.8	805.8	0.788 69	0.892 57	0.540 48
2014	66.3	1 714.5	609.6	0.665 99	0.727 63	0.381 09
2015	107.8	1 863.7	747.6	1.089 19	0.776 55	0.432 87
2016	145.7	1 958.2	946.1	1.354 42	0.795 58	0.511 70
2017	61.1	1 749.5	1 255.2	0.549 12	0.925 75	0.795 08
2018	8.2	1 062.0	434.3	0.069 53	0.539 31	0.259 08

数据来源：鄂尔多斯统计年鉴 2014～2019。

表 7-37　2013～2018 年用电量及亿元产值所需电力　（单位：亿 kW·h）

年份	用电量			亿元产值所需电力		
	第一产业	第二产业	第三产业	第一产业	第二产业	第三产业
2013	3.7	413.8	17.5	0.038 67	0.174 65	0.011 74
2014	4.2	466.6	19.4	0.042 17	0.198 03	0.012 13
2015	6.4	480.2	20.0	0.064 67	0.200 08	0.011 58
2016	6.2	497.2	20.5	0.057 62	0.202 00	0.011 09
2017	4.9	607.0	32.9	0.044 04	0.321 19	0.020 84
2018	1.8	685.0	51.0	0.015 28	0.347 88	0.030 42

数据来源：鄂尔多斯统计年鉴 2014～2019。

表 7-38　2013～2018 年碳排放总量及亿元产值的碳排放量　（单位：万 t）

年份	碳排放总量			亿元产值碳排放量		
	第一产业	第二产业	第三产业	第一产业	第二产业	第三产业
2013	2 674.14	21 469.28	158.36	27.945 87	9.061 33	0.106 22
2014	2 756.95	21 829.98	91.80	27.683 00	9.264 67	0.057 39
2015	2 854.31	29 505.71	105.13	28.840 15	12.293 99	0.060 87
2016	2 147.57	24 544.46	28.67	19.958 83	9.971 83	0.015 51
2017	2 231.70	28 350.67	102.14	20.056 62	15.001 70	0.064 70
2018	2 247.85	33 803.87	138.13	19.081 92	17.167 17	0.082 40

数据来源：根据鄂尔多斯历年统计年鉴整理计算。

对于上表中数据，利用灰色系统理论，建立了各指标的 GM（1,1）模型，得出各种消耗系数的预测值（表 7-39～表 7-42）。

表 7-39 2021～2025 年投资资金、电力和碳排放量预测值

年份	投资资金（亿元）	电力（亿 kW·h）	碳排放量（万 t）
2021	2 000.50	1 008.60	54 327.55
2022	1 906.99	1 129.85	60 268.41
2023	1 817.85	1 265.67	66 858.91
2024	1 732.88	1 417.83	74 170.11
2025	1 651.88	1 588.28	82 280.80

表 7-40 2021～2025 年亿元产值所需投资资金预测值 （单位：亿元）

年份	第一产业	第二产业	第三产业
2021	0.334 13	0.656 24	0.526 70
2022	0.285 15	0.638 52	0.537 50
2023	0.243 34	0.621 29	0.548 53
2024	0.208 66	0.604 52	0.559 78
2025	0.177 22	0.588 20	0.571 27

表 7-41 2021～2025 年亿元产值所需电力预测值 （单位：亿 kW·h）

年份	第一产业	第二产业	第三产业
2021	0.023 06	0.585 44	0.068 95
2022	0.020 24	0.697 25	0.094 00
2023	0.017 76	0.830 41	0.128 16
2024	0.015 59	0.989 01	0.174 74
2025	0.013 69	1.177 89	0.238 25

表 7-42 2021～2025 年亿元产值碳排放预测值 （单位：亿 t）

年份	第一产业	第二产业	第三产业
2021	12.900 6	26.355 24	0.018 69
2022	11.511 4	30.646 44	0.018 68
2023	10.271 9	35.636 35	0.018 66
2024	9.165 74	41.438 72	0.018 64
2025	8.178 75	48.185 84	0.018 62

根据约束条件和目标函数，再分别建立 2021～2025 年的三次产业灰色动态线性规划模型，利用 lingo 9.0 软件，得到 2021～2025 年三次产业产业结构优化设计方案（表 7-43）。

表 7-43　2021～2025 年全国三次产业结构优化设计方案　　　　（单位:%）

年份	第一产业 国内生产总值占比	第二产业 国内生产总值占比	第三产业 国内生产总值占比
2021	3.17	39.46	57.35
2022	3.23	39.30	57.47
2023	3.29	39.14	57.57
2024	3.36	38.98	57.66
2025	3.44	38.81	57.75

从表 7-43 中看出，通过 2021～2025 年的产业结构优化，鄂尔多斯市三次产业结构由 2021 年的 3.17∶39.46∶57.35，调整到 2025 年的 3.44∶38.81∶57.75。鄂尔多斯市要大力实现经济转型发展，第二产业产值占比持续下降，第三产业的优化产值占比稳步上升，这一变化符合鄂尔多斯市产业发展的趋势。

7.3.6　产业布局调整建议

当前，中国经济发展面临资源环境制约大、人口就业压力大、创新动力不足等问题，许多国民经济部门都遇到了发展瓶颈。调整产业结构，大力发展资源节约型、环境友好型产业，鼓励创新、推动创新，提高创新产业在国民经济中的比例，同时引导就业人员流向生产效率高、技术附加值高的新兴产业，才是解决经济发展瓶颈的一剂良药。另外，为履行我国的碳减排承诺，我国应该合理发展工业行业。适当降低碳排放效率较低的产业，如电力、热力的生产和供应业以及黑色金属冶炼及压延加工业。

7.3.6.1　基本定位

产业空间布局所对应的生态承载力正是基于一定的经济社会条件下、一段时间内和特定空间下的生态承载力。从可持续发展角度出发，区域的经济社会活动应不超出其自身承载力的阈值，应在不使其可持续发展能力受损的情况下进行。某一区域的产业布局应遵循区域内的各种自然制约及其相互关系影响下的空间特征条件、产业结构特点及区域经济发展阶段，发挥各项承载力要素的整合和协同效应，从而得出适合区域具体特征的产业布局方向。

7.3.6.2 具体思路

一是通过详细的现状调查分析，包括经济现状、社会现状、资源现状、环境现状、生态现状和产业现状。二是综合采用经济学、生态学、环境学等理论和遥感、GIS 等技术理论方法，对区域生态系统和产业发展状况进行综合分析。三是分析资源开发区生态承载力与产业一致发展的可能性与基础，根据生态系统的服务功能和敏感性特征制定生态功能区划，从空间上划分生态承载力的约束空间。四是分别计算资源、市场和环境容量等约束因子，从空间数量和质量等方面回答生态承载力的阈值。五是结合生态承载力的约束条件和区域的产业发展定位，确定产业结构调整方向和区域产业空间布局，形成产业调整优化策略（图7-5）。

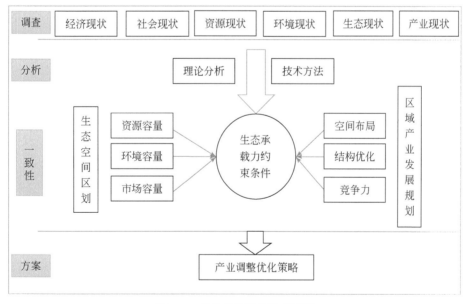

图 7-5 产业布局优化技术路线

7.3.6.3 基本策略

生态承载力与产业发展是约束和被约束的关系，一方面，生态承载力可以限制、支撑和优化经济的发展，另一方面，经济的发展可以更好地促进生态环境和资源的利用保护，两者可以是相互和谐及协同促进的关系。基于生态承载力的产业空间布局调整，是在经济发展与资源环境保护之间寻找最佳耦合点，达到从空间、质量和效益上的最佳组合。根据经济发展与资源容量、环境容量和市场容量相协调，产业的空间布局与生态功能区划耦合关联，工业发展与生活居住区分散布局等原则，应遵循以下策略。

一是产业布局要与区域自身条件深度结合。产业空间布局应根据经济社会发展和自然条件的差异、开发现状和发展潜力，综合考虑资源和环境承载力、人口分布、经济布局和城镇发展格局，根据资源禀赋和生态环境承载的阈值，强化生态承载力的空间约束功能，优化发展空间布局，引导形成合理的产业空间结构。

二是重点考虑生态承载力极限点。需要重点保护或已严重超出承载力的区域，且应严格控制新建项目开发，已超出生态承载力约束要求的项目需逐步迁出；在生态质量较好的区域或自然资源占优势的区域，可因地制宜地开展生态旅游等产业发展。

三是注重产业升级和转型。在承载力尚好但存在明显资源和环境问题的区域，针对其承载力的短板，制订资源消耗、环境影响、生产规模、工艺技术等方面的强制性产业准入门槛，扶持符合主体功能的特色优势产业发展；重污染的产业应重点布局在水、大气环境容量较大的地区，环境容量不足或生态较为敏感的区域应转向发展高技术含量、高附加值的产业。

四是合理利用产业聚集效应。在资源、环境承载力较好的区域，应通过老工业区改造、土地置换等措施，提升产业聚集的经济效益。以产业集中发展区为载体，通过对集中发展区的科学布局，形成产业相对聚集的、与环境承载力相适宜的区域产业空间结构，构建循环经济产业链；同时，科学确定产业集中发展区的环境承载力，有效控制入园企业数量，将资源消耗和环境污染约束在其可承载的范围内。

7.4 生态安全评估及预警

7.4.1 评估方法

7.4.1.1 生态安全评估指标体系

PSR 模型可以从整体上揭示土地利用中人与地之间的相互作用，不仅反映当前土地利用的状态，而且还评价导致状态发生改变的原因，以及为此人类对其采取的措施所引起的结果。本书运用 PSR 模型原理，结合中国社会科学院发布的低碳区域评价指标体系和国家环保部门发布的生态城市建设指标体系，从研究区的实际情况出发，综合考虑各种障碍因子，结合数据的可收性，充分考虑区域土地生态安全各指标的复杂关系，构建包含目标层、准则层、指标层三个层次的煤炭资源区生态安全预警指标体系（宋丽丽等，2017）。

在遴选指标过程中，重点选取与生态安全密切相关的人口密度、单位面积耕地化肥负荷、农作物播种面积、自然保护区面积、水利、环境和煤炭资源等 26 个属性特征构建预警指标体系。其中，"压力"指标反映人类社会、经济活动给区域生态环境与资源利用造成的负担，包括人均 GDP、经济密度等；"状态"指标描述目前自然资源、生态环境质量的状态，主要体现在环境、社会、资源等方面；"响应"指标则反映个人或组织的反馈，尤其是政府部门为改善土地环境变化而制定的政策、所采取的优化措施与对策，包括环保投入、三次产业投入等方面，具体情况见表 7-44（麦丽开·艾麦提等，2020；袁媛等，2017）。

表 7-44　煤炭资源区生态安全预警指标体系

准则层	要素层	指标层	单位	计算方法及数据来源	指标性质
煤炭资源区生态安全预警指标体系 压力	经济压力	人均 GDP	元/人	统计年鉴	+
		经济密度	元/km^2	GDP/区域土地面积	−
	环境压力	SO_2 排放强度	t/万元 GDP	SO_2 排放量/GDP	−
		万元 GDP 用水量	m^3/万元	统计公报	−
	社会压力	城镇化率	%	城镇人口/总人口	−
		人口自然增长率	%	人口出生率−人口死亡率	−
		人口密度	人/km^2	区域总人口/土地总面积	−
	资源压力	发电量	亿 kW·h	统计年鉴	−
状态	经济状态	居民年人均收入	元/人	统计年鉴	+
	环境状态	森林覆盖率	%	森林面积/土地总面积	+
		城镇人均公共绿地面积	m^2/人	统计年鉴	+
		COD 排放量	t	统计年鉴	−
		空气质量优良天数比例	%	统计年鉴	+
		年均降水量	mm	气象站	+
	社会状态	城乡居民收入比	%	城市居民收入/农村居民收入	−
		恩格尔系数	%	粮食支出/总支出	−
	资源状态	原煤产量	万 t	统计年鉴	−
		万元 GDP 能耗	tce/万元	GDP 能耗/GDP 总量	−

续表

准则层	要素层	指标层	单位	计算方法及数据来源	指标性质
响应	环境响应	有效灌溉面积	hm²	统计年鉴	+
		自然保护区面积比例	%	自然保护区面积/区域面积	+
		工业固体废物综合利用量	万 t	统计年鉴	+
		污水处理率	%	污水处理量/产生量	+
		环保投入	万元	统计年鉴	+
	经济响应	第一产业占 GDP 比例	%	第一产业产值/GDP	−
		第二产业占 GDP 比例	%	第二产业产值/GDP	−
		第三产业占 GDP 比例	%	第三产业增加值/GDP	+

(左侧竖排: 煤炭资源区生态安全预警指标体系)

7.4.1.2 预警指标标准化处理

因选取的 24 项评价指标的数量级、量纲、指标性质不同，应对评价指标进行无量纲化处理，故采用极差法对原数据进行归一化处理（朱玉林等，2017）。

正向指标：

$$X'_{ij} = (X_{ij} - X_{\min}) / (X_{\max} - X_{\min}) \tag{7-11}$$

负向指标：

$$X'_{ij} = (X_{\max} - X_{ij}) / (X_{\max} - X_{\min}) \tag{7-12}$$

式中，X'_{ij} 为第 i 年第 j 项指标的标准化值；X_{ij} 为第 i 年第 j 项指标的原数据；$X_{\max}$、$X_{\min}$ 分别为原数据的最大值和最小值。

7.4.1.3 计算指标权重、预警指数

本研究采用熵权法对各指标赋权，计算过程如下：

第 j 项指标的信息熵：

$$H_j = -\frac{1}{\ln n} \sum_{i=1}^{n} f_{ij} \ln f_{ij} \tag{7-13}$$

$$f_{ij} = X'_{ij} \bigg/ \sum_{i=1}^{n} X'_{ij} \tag{7-14}$$

式中，H_j 为第 j 项指标的信息熵；f_{ij} 为第 j 项评价指标的标准化指标值比例，当 $f_{ij} = 0$ 时，令 $f_{ij} \ln f_{ij} = 0$；n 为年份。

定义 W_j 为第 j 项指标的权重，其采用式（7-15）为

$$W_j = (1 - H_j)/(m - \sum_{j=1}^{m} H_j) \tag{7-15}$$

参照相关研究,采用综合指数法计算研究区域生态安全预警值(荣月静等,2019),计算公式如式(7-16)和式(7-17)所示:

$$LSE_{ij} = W_j \times X'_{ij} \tag{7-16}$$

$$LSE_i = \sum_{j=1}^{24} LSE_{ij} \tag{7-17}$$

式中,LSE_{ij} 为第 i 年第 j 项指标预警值;LSE_i 为第 i 年综合预警值。

7.4.1.4 确定警情划分标准

参照已有学者的相关研究成果,同时考虑研究区土地生态环境的实际情况,以等间距方式将研究区土地生态安全预警标准划分为 5 个等级(表7-45)(张强等,2010;谭敏等,2010)。其中,生态安全预警值越大,说明区域土地生态安全状况就越好,反之就越差。

表 7-45 生态安全警情划分标准

预警指数	安全等级	生态安全状态	警度
$0 \leqslant LES_i < 0.2$	I	不安全	巨警
$0.2 \leqslant LES_i < 0.4$	II	较不安全	重警
$0.4 \leqslant LES_i < 0.6$	III	临界安全	中警
$0.6 \leqslant LES_i < 0.8$	IV	较安全	轻警
$0.8 \leqslant LES_i < 1.0$	V	安全	无警

7.4.2 评估结果

7.4.2.1 鄂尔多斯生态风险程度评价

由表7-46和图7-6可知,鄂尔多斯市生态安全预警值呈波动上升趋势。2012~2018 年,综合预警值由 0.4477 增长至 0.5558,增长率为 24.15%,平均每年增长 3.45%,鄂尔多斯市生态安全水平有所好转。根据生态安全分级标准,生态安全状态经历"临界安全–较不安全–临界安全"的转变,警度由"中警–重警–中警"的转变,但该地区生态环境仍比较差。

表7-46　2012～2018年鄂尔多斯市生态安全及其子系统预警指数和警度

年份	生态安全预警系统			综合预警值	安全等级	警度
	压力指数	状态指数	响应指数			
2012	0.132 1	0.156 1	0.159 5	0.447 7	Ⅲ	中警
2013	0.093 1	0.179 5	0.172 4	0.445 0	Ⅲ	中警
2014	0.097 05	0.110 3	0.067 3	0.274 7	Ⅱ	重警
2015	0.099 33	0.166 6	0.122 0	0.387 9	Ⅱ	重警
2016	0.128	0.226	0.212 9	0.566 9	Ⅲ	中警
2017	0.112 7	0.176 9	0.186 0	0.475 6	Ⅲ	中警
2018	0.120 8	0.213 3	0.221 7	0.555 8	Ⅲ	中警

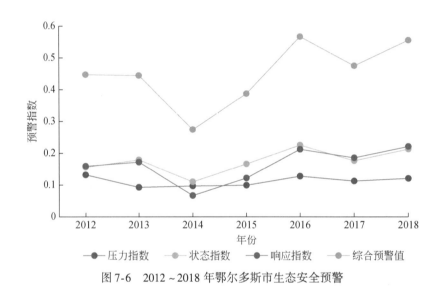

图7-6　2012～2018年鄂尔多斯市生态安全预警

7.4.2.2　生态安全驱动因子分析

影响鄂尔多斯市生态安全的驱动因子包括压力因子、状态因子和响应因子，本书将从上述三个方面具体分析该区域的生态安全状况。

从压力驱动方面看，2012年以来压力指数波动幅度较小，压力指数由0.1321波动下降至0.1208，下降幅度为8.55%。与此同时，压力安全等级始终保持为Ⅰ级，为不安全状态，压力系统安全警度为"巨警"。压力指标主要反映人类的各种社会经济活动对环境产生的影响，如资源索取、物质消费及各种产业运作过程所产生的物质排放等对环境造成的破坏和扰动，本书中压力指数较高，表明人类活动对环境产生的压力较大。①经济压力。2012～2018年来鄂尔多斯人均 GDP、经济密度均逐年增加，预计未来仍呈现上升趋势，对生态安全有一定的影响。②环境压力。空气污染物 SO_2 排放量逐年递减，预计未来随着环保措施的持续推动仍将呈现下降趋势，但万元 GDP 用水量仍将持续增长趋势。③社会压力。近年来鄂尔多斯人口密度逐年增大，但远低于平均水平，且人口自然增长率逐渐控制在合理水平，预计未来数年不会对生态系统造成太大威胁。④资源压力。鄂尔多斯市属荒漠化生态环境，草原退化、沙漠化一直是重点难点问题，尤其在煤炭资源型城市，露天煤矿的开采造成资源消耗问题严重。

从状态驱动方面看，状态层整体上呈现波动上升状态。自 2012 年的 0.1561 增长至 2018 年的 0.2133，增长幅度为 36.64%。与此同时，状态安全等级由Ⅰ级上升至Ⅱ级，状态系统安全由"不安全"下降至"较不安全"。状态指标表征特定时间阶段的环境状态和环境变化情况，包括生态系统与自然环境现状，人类的生活质量和健康状况等，本书中压力指数的增长表明生态系统与自然环境状态有所改善。从环境状态方面看，森林覆盖率、城镇人均公共绿地面积均呈现增长趋势，表明生态安全状态得到了较明显改善。

从响应驱动方面看，响应层整体上呈现波动上升趋势。压力指数由 2012 年的 0.1595 增长至 2018 年的 0.2217，增长幅度为 39.00%。响应指标指社会和个人如何行动来减轻、阻止、恢复和预防人类活动对环境的负面影响，以及对已经发生的不利于人类生存发展的生态环境变化进行补救的措施。这主要是因为当年造林面积、固定资产投资和水利、环境和公共设施管理业投资等指标都呈增长的趋势。说明自 2011 年实施"十二五"规划后，国家、政府注重区域环境治理与保护，通过制定各项相关政策，加大环境治理投入，有效促进了生态安全可持续水平的提高。政府更注重区域环境治理与保护，而且改变过去粗犷单一的农业结构，第三产业占 GDP 的比例亦由 37.01% 上升至 44.55%。尽管生态安全压力子系统波动较小，但得益于状态、响应子系统的提升，鄂尔多斯市生态安全水平总体呈上升趋势。

7.5 小 结

鄂尔多斯是我国主要的煤炭资源地和生产基地，其煤炭素有"天然精煤"之称，是鄂尔多斯经济发展的主要动力。近年来，煤炭产业面临产能过剩和环境污染等问题，煤炭产业转型升级势在必行。本书从产业经济学理论、区域经济学和能源经济学等理论出发，分别构建了鄂尔多斯生态承载力与生态足迹模型、产业布局优化模型、生态安全预警技术方法与模型，并对鄂尔多斯的生态承载力与产业发展一致性进行评价、对产业布局进行优化设计、对生态安全进行预警评价。研究主要得出以下结论。

7.5.1 煤炭资源开发区产业发展与生态承载力一致性评价研究

基于生态承载力、生态足迹模型，分别计算了鄂尔多斯市的人均生态承载力和产业生态足迹。结果显示，鄂尔多斯市 2016 年生态呈赤字状态，第一产业人均赤字 0.024hm²，第二产业赤字达 11.4hm²。在鄂尔多斯生态足迹构成中，第二产业对生态资源的占用比例最高，达 51%；第一产业生态足迹占比为 10.6%，第三产业为 38.4%。在生态承载力构成中，第一产业生态承载力所占比例最大，达到 90% 以上，说明第一产业发展拥有了全社会绝大多数的生态资源。鄂尔多斯生态压力主要来源于化石能源消耗，尤其是煤炭资源的大量消费。

7.5.2 资源开发区产业布局优化技术研究

基于资源、环境、投资与产值四个方面的约束，本书建立灰色动态线性规划模型。通过测算三次产业及纺织业、石油加工炼焦业等八个碳排放较高行业的投资效率、能源效率和环境效率，基于 2011～2018 年统计数据，对全国三次产业及第二产业的八个行业进行优化，结果表明，2025 年全国三次产业结构宜调整为 10.45∶31.00∶58.55。第一产业产值占比变化较小，第二产业产值占比持续下降，第三产业的优化产值占比稳步上升，这与我国产业发展规划相符。在第二产业八个碳排放量较高的行业中，石油加工炼焦业产值占比增幅最大。基于 2012～2018 年统计数据，对鄂尔多斯的三次产业结构进行优化，结果表明，2025 年三次产业结构宜调整为 3.44∶38.81∶57.75，这与鄂尔多斯第三产业投资上升相符，符合鄂尔多斯市以生态优先、绿色发展为导向的高质量发展战略。

7.5.3 煤炭开采集聚区产业发展对区域生态安全预警技术研究

以鄂尔多斯为对象，对研究区自然、社会、经济等各项指标进行分析和深入了解。在此基础上应用 PSR 模型，结合中国社会科学院发布的低碳区域评价指标体系和国家环保部门发布的生态城市建设指标体系，从研究区的实际情况出发，采用模糊综合评价法对研究区 2012~2018 年的生态风险程度进行评价。结果显示，鄂尔多斯生态安全预警值呈波动上升趋势。2012~2018 年，综合预警值由 0.4477 增长至 0.5558，增长率为 24.15%，平均每年增长 3.45%，即鄂尔多斯生态安全水平有所好转。根据生态安全分级标准，生态安全状态经历"临界安全–较不安全–临界安全"转变，警度由中警–重警–中警转变，该地区生态环境较差。

鄂尔多斯市第一产业的发展占用了该区域绝大多数的生态资源，这在一定程度上反映了产业结构不合理，需要适当提高第三产业的比例，能够在降低资源消耗和环境污染的同时，带动第一、第二产业发展。长期以来，煤炭资源型城市存在产业结构单一、维护社会稳定压力大、自然生态环境脆弱等诸多问题，这些不安全因素严重威胁到鄂尔多斯生态安全。为了走生态优先、绿色发展的高质量发展新路，必须进行产业结构调整，减少粗放经济发展模式带来的工业污染压力。因此，应引导以煤炭等能源行业向高质量发展模式转变，在保障能源安全的基础上向清洁低碳方向发展，形成清洁低碳、安全高效的能源体系。此外，鄂尔多斯在教育和医疗方面属于全国相对落后水平，是城市生态不利因素，需要加大这两方面资金的投入力度。

第8章 | 海岸带应用示范研究

8.1 研究区概况

乐清湾地处浙江省南部沿海，瓯江口北侧，为浙江省三大半封闭港湾之一，东、北、西三面由低山丘陵环抱，西侧为乐清市，东侧为玉环市，北侧为温岭市，湾口为洞头区。海湾向南开敞，形态狭长，呈葫芦状。乐清湾流域总面积1470km²，沿岸入海水系发育，注入湾内的河溪约30条，多为流程短、河床坡降大的山溪性河流，主要有清江、大荆溪、白溪、雁芙溪、坞根溪、楚门河、江厦河、淡水溪等，多年平均径流总量为10.3×10⁹m³。

乐清湾西依温州，东临太平洋，南邻闽粤台，北靠上海浦东和宁波大港，地处我国"T"字形经济带和长三角世界级城市群的核心区，是长江三角洲地区与海西地区的联结纽带，区位优势非常突出。尤其是随着金温铁路、温福铁路等大通道的建成，产业轴线的功能增强。该区不仅是浙江省南部的经济中心，而且也是沟通浙西、闽北乃至湘、鄂、皖广大腹地的重要工业、外贸、港口城市，和开展对外合作的窗口。乐清湾分别隶属于温州市和台州市的四县（市）。其西与西北属温州市乐清市，东北属台州市温岭市，东侧属台州市玉环市，湾口诸岛属温州市洞头区。沿岸乡镇级行政建制20个，其中属乐清市的10个、属温岭市的3个、属玉环市的6个、属洞头区的1个。具体数据见表8-1。

表8-1　乐清湾区域有关乡镇基本情况表

市（区）	包含乡镇	陆域面积	人口	大陆海岸线（km）	海域面积（hm²）		海岛	
					总面积	潮间带	数量	面积（hm²）
乐清市	5街道：天成街道、翁垟街道、城东街道、盐盆街道、城南街道；5镇：大荆镇、雁荡镇、清江镇、虹桥镇、柳市镇。乡镇（街道）数占全县的58.8%	467km²	83.35万	142.2	25 720	13 440	9.5	890.99

续表

市（区）	包含乡镇	陆域面积	人口	大陆海岸线（km）	海域面积（hm²）		海岛	
					总面积	潮间带	数量	面积（hm²）
温岭市	3 镇：温峤镇、坞根镇、城南镇。乡镇（街道）数占全县的 18.8%	223km²	16.44 万	24.3	1 553	1 380	0.5	20.79
玉环市	2 街道：玉城、大麦屿；3 镇：清港镇、楚门镇、芦浦镇；1 乡：海山乡。乡镇（街道）数占全县的 54.5%	218km²	43.73 万	60.0	16 335	7 260	30	18 824.36
洞头区	1 镇：大门镇。乡镇（街道）数占全县的 16.7%	36km²	2.71 万	0	11 401	6 773	24	3 403.2
合计	20 个乡（镇、街道）	944km²	146.14 万	226.5	55 420	28 853	64	23 139.34

气候条件：乐清湾地处亚热带湿润季风气候区，四季分明，气候宜人。年温适中，严寒和酷暑期短。空气湿润，雨水丰沛。季风特征明显，夏半年盛行偏南风，湿润多雨，冬半年盛行偏北风，气候干燥，雨水偏少。光照充足，热量丰富，无霜期长。总的气候条件较为优越。但受地理环境、大气环流的影响，四季均有可能遭到不同程度的灾害性天气袭击。乐清湾多年平均气温 17.0 ~ 17.5℃，极端最高气温 36.6℃，极端最低气温 -5.6℃，气温年较差 20.3 ~ 21.1℃。乐清湾多年平均降水量 1191.7 ~ 1506.8mm，年内可分三个雨季及一个干季。第一个雨季包括 3 ~ 5 月的春雨和 6 ~ 7 月初的梅雨，第二个雨季为 7 月中旬到 8 月的夏雨，第三个雨季是 9 月的秋雨。7 月中旬至 8 月的降雨多为台风雨或雷雨，降水日数少，但降水量强度大，因该阶段降水受台风这一不确定因素的影响较大，致使不同年份该时期降水量的变化也大。每年 10 月到次年 2 月为旱季。

海洋水文：乐清湾是我国著名的强潮海湾之一，具有非正规半日潮浅海潮特征。潮差较大，多年平均潮差 4m 以上，且湾顶大于湾口，最大潮差为 8.34m。湾内涨、落潮历时不等，涨潮历时长于落潮历时。乐清湾属太平洋潮波系统的半日潮，除湾顶浅海分潮振幅之和大于 20cm 为非正规半日潮外，其余均属正规半日潮，涨潮历时大于落潮历时。当该外海潮波进入海湾后，受陆地阻挡和海底摩擦，在传播方向和速度等方面开始出现变异，从湾口门外，从东往西，从湾口至湾顶，浅水分潮逐渐增大，潮差也增大。潮流属正规半日浅海潮流，运动形式主要为往复流，落潮流速大于涨潮流速；表层最大涨落潮流速分别为 1.25m/s 和 1.43m/s，大潮期涨、落潮平均流速分别为 17~73cm/s 和 40~84cm/s，是小潮的 3 倍多。湾内不同区域或不同地貌单元流速相差较大。由于山体和岛屿的屏障，除灾害性天气侵袭外，湾内波浪较弱，且以风浪为主；冬季可能出现的最大风浪波高为 1.4~2.8m，夏季则为 1.8~2.8m。乐清湾内水交换能力自漩门湾围垦之后迅速下降，水质污染明显加重，沉积物淤积速率加大。

海洋生物资源：乐清湾海洋生物种类繁多，资源丰富，区系特征明显。乐清湾海域浮游植物 5 门 44 属 116 种；浮游动物 16 大类 82 种，主要包括近岸低盐类群、半咸水河口类群、暖水性外海种和广布性类群 4 类生态类型；大型底栖生物 244 种，其中甲壳动物 67 种、软体动物 63 种、多毛类 54 种、棘皮动物 15 种、其他类 45 种。乐清湾渔业资源丰富，鱼类有 190 种，其中有经济价值的鱼类 106 种；贝类有 58 种，其中有经济价值的 20 余种；甲壳类 60 种。乐清湾是我国主要的贝类苗种基地，蛏、蚶苗产量居全国第一。乐清湾滩涂湿地（包括西门岛滨海湿地）被国际鸟类保护联盟列为重要鸟区，拥有世界级濒危鸟类黑嘴鸥、黑脸琵鹭，国家二级保护动物黄嘴白鹭、斑嘴鹈鹕以及大量湿地水鸟。西门岛的红树林区，是目前全国最北端可自我繁殖的成片红树林，也是浙江省唯一的海岛红树林种植区。

岸线资源：乐清湾功能区内大陆岸线全长 226.5km，其中玉环市 60km，温岭市 24.3km，乐清市 142.2km（数据均来源于省海洋功能区划岸线属性表数据），2013 年全湾自然岸线（包括基岩岸线和砂质岸线）总长 37.1km，自然岸线保有率 16.7%，其中玉环市约 21.3km，温岭市约 4.1km，乐清市约 11.7km，自然岸线保有率分别为 35.5%、16.9% 和 8.2%。

港口航运资源：乐清湾拥有浙江南部沿海难得的深水岸线资源和锚地资源。乐清湾东岸（大麦屿及其附近）水深大于 10m 的宜港岸线长 24.1km，其中水深大于 20m 岸线长 1km，深水区宽 4.5km；避风条件优越，锚泊水域面积达 40km² 以上，其中水深在 20m 以上的达 10km²；港区水深稳定，航道水深 11m 以上，是建设 3 万~10 万吨级泊位的理想港址。乐清湾西岸自蒲岐镇打水湾山至南塘镇东山有宜港岸线 9.5km，其中水深大于 5m 岸线 6km。大鹅头至东山头之间有 3km 岸线的前沿水深达 10m，面积 2.5km²，是建造万吨级以上深水码头的理想岸段，也是温州深水港的港址之一。

浅海滩涂资源：乐清湾浅海宽广，滩涂稳定，0～20m 水深浅海面积约 24 280hm²，其中岸线至平均海平面的海涂面积约 10 310hm²，而理论深度基准面以上海涂达 22 080hm²，主要分布在黄华至蒲岐沿岸。滩涂宽阔平坦，涂质细软，是重要的养殖场所和后备土地资源。

潮汐能资源：乐清湾潮汐能丰富，理论蕴藏量近 $5.0×10^6kW$，占浙江全省的 17.2%。可开发装机容量 $5.5×10^5kW$。连屿–大水湾山、分水山–鹰公岛–小青山，狗头门–西门山、清江以及江厦港中部均为优良的潮汐电站坝址。江厦潮汐电站位于浙江省温岭市乐清湾江厦港，是 20 世纪 80 年代中国装机容量最大的潮汐电站。

8.2 产业发展与生态环境现状评价

8.2.1 产业概况

乐清湾沿岸三县市农业主要以种植业和养殖业为主，种植业产值一般占农业总产值 50% 左右。种植业中又以粮为主，主要的粮食作物为水稻和番薯等，经济作物主要为油菜籽、蔗糖、棉花和蚕桑等。

海洋渔业是乐清湾沿岸许多乡镇的传统支柱产业，历年来乐清市和玉环县海洋渔业产值均占农业总产值的一半以上。乐清湾湾内的港口运输业发展也很迅速，乐清湾湾内已开发和规划开发的主要港口有东岸的大麦屿岛，西岸的乐清湾港口区，共占用岸线约 9km，是乐清湾具有良好建港调节的深水港址。此外，乐清湾还有大荆、双屿、海山、沙山等码头，港口运输业初具规模。

近年来，乐清湾临港工业发展迅速。临港工业主要有船舶工业、能源工业、水产品加工工业以及能源石化、中转仓储等临港重工业。海洋旅游业属于新兴海洋工业，包括滨海旅游、海岛旅游和海上旅游三部分。乐清湾旅游资源丰富，西临"东南第一山"雁荡山，为海洋旅游业的发展提供了良好的背景和支持，湾内主要有西门岛、桃花岛、江岩岛等风景旅游区，近年来，海洋旅游业迅速发展，已逐步成为乐清湾周边地区经济新的增长点和潜力巨大的"朝阳产业"。

潮汐能发电也是乐清湾热门发展方向，江厦潮汐试验电站是我国第一座利用潮汐能发电的电站。

8.2.2　生态环境现状

根据国家《海水水质标准》（GB 3097—1997）对 2017 年乐清湾近岸水质进行评价，监测测得的无机氮和活性磷酸盐为第四类，除这两项指标外，其他指标基本均达到了第一类海水水质标准（表 8-2）。

表 8-2　乐清湾近岸水质评价结果

指标	范围	平均值	水质标准等级
水温（℃）	10.0 ~ 29.1	15.66	—
盐度	20.92 ~ 32.35	26.82	—
悬浮物（mg/L）	23.5 ~ 774.5	225.96	—
pH	7.73 ~ 8.13	8.00	第一、第二类
溶解氧（mg/L）	5.70 ~ 9.38	7.41	第一类
化学耗氧量（mg/L）	0.59 ~ 2.10	1.16	第一类
活性磷酸盐（mg/L）	0.027 ~ 0.058	0.044	第四类
无机氮（mg/L）	0.388 ~ 0.903	0.589	第四类
硅酸盐（mg/L）	0.744 ~ 2.590	1.460	—
总氮（mg/L）	1.640 ~ 8.840	3.954	—
总磷（mg/L）	0.053 ~ 0.486	0.165	—
油类（mg/L）	0.006 ~ 0.074	0.026	第一、第二类
叶绿素-a（μg/L）	0.7 ~ 4.7	2.75	—
总有机碳（mg/L）	1.69 ~ 3.11	2.50	—

从空间分布来看，玉环县西侧海域无机氮浓度整体较低，最低值为0.39mg/L，而最高值出现在大门镇西侧海域，达到了 0.90mg/L，北侧温岭市与乐清湾交界处海域无机氮浓度也较高，最高值超过了 0.70mg/L［图 8-1（a）］。同无机氮类似，磷酸盐浓度最低值（0.027mg/L）出现在玉环县西侧外围海域，而乐清湾温岭市交界处外围海域及大门镇西南海域磷酸盐浓度较高，最高值达到了 0.06mg/L 左右，其余海域磷酸盐浓度相差不大［图 8-1（b）］。COD 浓度最高值出现在大门镇西南侧海域，达到了 2.1mg/L，其余海区除玉环县西侧海区较高外，整体差别不大［图 8-1（c）］。玉环县北侧，温岭市西南

侧海区石油类污染物浓度明显高于其他海区，该海域石油类污染物浓度超过了0.07mg/L，乐清湾中南部海区石油类污染物浓度相对较低，最高没有超过0.04mg/L［图 8-1（d）］。总体上，同以往的评价结果相似，大门镇西南侧海域水质仍然最差，整个海域各评价因子浓度呈现中间低，两头高的分布趋势，具体分布见图 8-1。

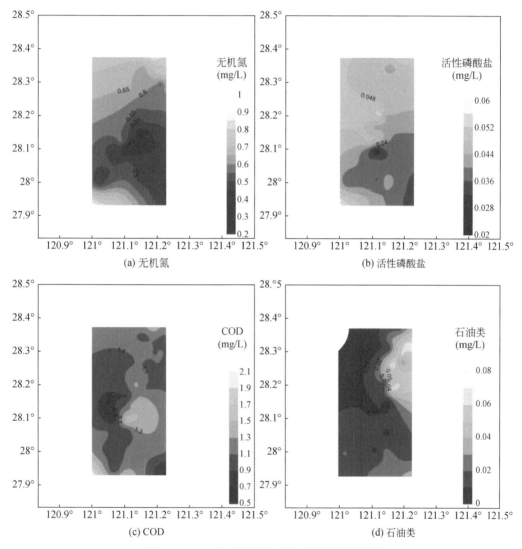

图 8-1　2017 年乐清湾主要水环境因子分布图

采用国内外常用的营养状态综合指数分析了乐清湾海水富营养化状况。计算结果表明，乐清湾海域富营养化较为严重，富营养化指数范围为 1.9～24.4，平均值为 6.7。从图 8-2 分布趋势来看，中北部海区富营养化指数大于 3，为中度富营养化海区。同上一年结果类似，大门镇以西海域富营养化仍然最为严重，富营养化指数大于 10，最高超过了 20，为重度富营养化。

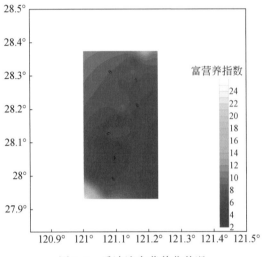

图 8-2　乐清湾富营养化状况

浮游植物：2017 年乐清湾海域共检出浮游植物 5 门 33 属 52 种，包括硅藻 23 属 41 种、甲藻 6 属 7 种、裸藻 2 属 2 种、绿藻和蓝藻各 1 属 1 种。表层水样浮游植物多样性指数为 0～1.58，平均值为 0.68，网样浮游植物多样性指数为 0.70～3.17，平均值为 1.87。优势种共 3 种，分别为中肋骨条藻、琼氏圆筛藻、小环藻属，优势度分别为 0.15、0.03 和 0.02。

监测海域各站位浮游植物密度分布如图 8-3 所示。表层水样中浮游植物的

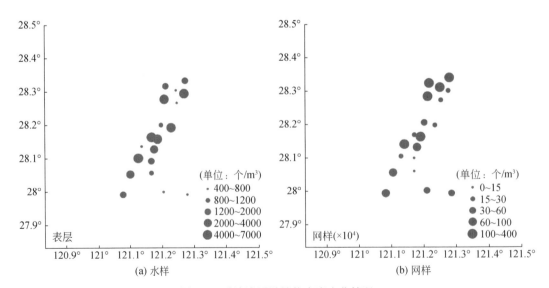

图 8-3　乐清湾浮游植物密度变化情况

密度分布表现为玉环县西北侧海域较高，玉环县东南侧海域较低；网样中浮游植物的密度分布表现为湾顶海域较高，然后向西南侧递减，至玉环县陈屿镇及乐清市蒲岐镇外海域又升高，之后向南侧递减。

浮游动物：2017 年乐清湾近岸海域共检出浮游动物 14 个类群 56 种浮游动物多样性指数为 1.43 ~ 3.73，平均值为 2.84。监测海域各站位浮游动物的密度范围为 51.45 ~ 421.77 个/m³，站位平均密度为 157.9 个/m³。监测海域各站位浮游动物密度分布如图 8-4 所示：乐清湾湾顶浮游动物密度显著高于口门外，浮游动物密度由乐清湾湾顶至口门呈显著降低趋势。监测海域浮游动物优势种共 7 种，分别为百陶箭虫、刺尾纺锤水蚤、真刺唇角水蚤、背针胸刺水蚤、针刺拟哲水蚤、汤氏长足水蚤、球形侧腕水母和左突唇角水蚤，优势度分别为 0.18、0.12、0.10、0.08、0.06、0.05、0.05 和 0.02。

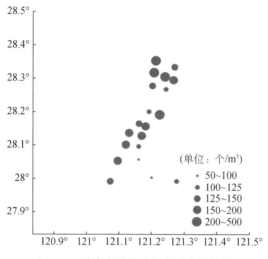

图 8-4　乐清湾浮游动物密度变化情况

底栖生物：2017 年共检出底栖生物 6 个类群 47 种，其中环节动物 34 种、甲壳动物 5 种、软体动物 4 种、棘皮动物 2 种、脊索动物和纽形动物各 1 种。底栖生物各站位生物量为 0（未检出）~5.9g/m²，平均生物量为 1.2g/m²。底栖生物多样性指数为 0（未检出）~3.24，平均值为 1.66。底栖生物各站位栖息密度为 0（未检出）~980 个/m²，平均栖息密度为 150 个/m²。各站位底栖生物密度分布如图 8-5 所示：乐清湾顶及口门处底栖生物密度较大，湾内的底栖生物密度较小。

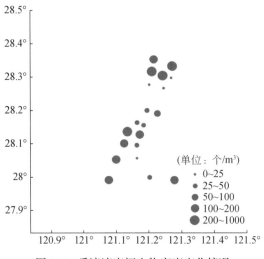

图 8-5　乐清湾底栖生物密度变化情况

8.3　生态承载力与产业一致性评价

8.3.1　评价思路

在判断海岸带生态承载力与产业是否一致时，首先判断研究区域的生态承载力状况，生态承载力与产业一致性高的首要原则是要保证研究区域生态承载力处于超载水平以下。以下为本书海岸带生态承载力与产业是否一致的评判标准。

1）研究区生态承载力属于超载水平。该地区产业经济发展可能存在一定问题，分析其主导产业发展过程中是否存在不合理或过度开发行为，若不存在这些行为，则可认为该区域生态承载力与产业发展并不一致；若存在以上行为，再分析主导产业发展规模，研究控制发展规模与速度后生态承载力可能变化情况。

2）研究区生态承载力不超载。初步认为该地区产业发展较为合理，再评判其产业可承载规模，研究现有规模是否达到理论上最大规模，是否对海岸带经济具有显著的支持作用，若这些都已满足，则认为该海岸带地区生态承载力与产业发展较为一致。若产业发展规模与速度存在较大滞后情况，再分析其提高发展规模与速度后生态承载力可能变化，若生态承载力仍然可载，则认为二者一致性行为较好，若生态承载力出现超载，则认为当前产业与生态承载力可能不一致。

8.3.2　乐清湾生态承载力评价

（1）评价指标体系

根据海岸带区域自然环境禀赋，依据 PSR 指标体系框架模型，结合指标构建原则，如动态性，科学性等，加上海岸带生态环境承载力的主要影响因素，根据获得的资料，设置海岸带生态承载力的指标体系。本指标体系一共分为四个层次，分别是目标层、准则层、要素层和指标层。目标层是海岸带生态环境承载力，准则层是压力、状态、响应三个子系统，要素层是指在准则层的基础上，分别将压力分为资源压力、环境压力、人口压力；状态分别是资源状态、海洋生态系统状态、经济状态；响应是指环境响应和政策响应。指标层是指在要素层的基础上进一步细分，选取相应的指标。乐清湾海岸带生态承载力指标体系如表 8-3 所示。

表 8-3　海岸带生态环境承载力评价指标构建

目标层 A	准则层 B	要素层 C	指标层 D
海岸带生态承载力	压力层（B1）	自然灾害压力（C1）	风暴潮压力（D1）
			海平面上升压力（D2）
		环境压力（C2）	污水排放量（D3）
		人口压力（C3）	人口密度（D4）
	状态层（B2）	资源状态（C4）	各类海岸带功能区划长度（D5）
		环境状态（C5）	海岸带水质超标面积（D6）
			区域内海洋生态灾害发生次数（D7）
		经济状态（C6）	海岸带产业占 GDP 的比例（D8）
	响应层（B3）	环境响应（C7）	污水排放达标率（D9）
		政策响应（C8）	海岸带生态保护投入（D10）

（2）评价方法

本书采用 DEMATEL（decision making trailand evaluation laboratory）法对指标层因素进行深入分析，是一种用来筛选复杂的主要因素，简化系统结构分析的过程而提出的方法论，这种方法是充分利用专家的经验和知识来处理复杂的社会问题，尤其是对那些要素关系不确定的系统更为有效。具体步骤如下所示。

第一步：采用调查问卷的形式，分别对国家海洋局东海环境监测中心、北海环境监测中心、海洋二所、海洋三所、上海海洋大学等 20 位专家进行问卷调查，问卷共发放 20 份，回收 20 份，问卷回收率为 100%，由各专家对各指标因素进行打分，确定因素间的直接影响程度，其中用 1 表示影响程度比较弱，2 表示影响程度中等，3 表示影响程度较强。数值的选取采用数字出现的频率高低为准，建立各指标因素间的直接影响矩阵（表8-4）。

表8-4 指标因素间的直接影响矩阵

	D1	D2	D3	D4	D5	D6	D7	D8	D9	D10
D1	3	3	1	0	0	0	0	0	0	0
D2	0	2	0	0	1	3	0	0	0	0
D3	3	2	0	1	2	0	0	0	0	1
D4	3	1	0	0	0	0	0	0	0	3
D5	1	2	0	0	3	0	0	0	3	0
D6	2	2	0	3	0	0	0	0	1	0
D7	1	2	0	3	1	0	0	0	0	2
D8	1	3	0	0	0	0	1	0	0	2
D9	2	2	3	0	0	1	0	0	2	0
D10	1	2	0	0	1	0	2	1	0	0

第二步：根据上述直接影响矩阵，用 MATLAB 软件计算出各指标因素的原因度和中心度，如表8-5 所示。

表8-5 指标因素的原因度和中心度

指标因素	原因度	中心度
D1	8.9302	5.7604
D2	-3.4872	-2.3317
D3	5.3029	3.2978
D4	1.2045	-0.5578
D5	-9.3401	-8.6626
D6	3.4205	4.5502
D7	-2.4867	-4.3392
D8	-0.5445	-1.2210
D9	6.2449	5.0988
D10	-7.4365	-4.7741

第三步：得出原因因素和结果因素。由上表得出的原因度大小可以得出，原因度大于 0 的指标分别是：D1，D3，D4，D6，D9。可以将岸线开发强度、污水排放量、人口密度、水质超标面积和污水处理率作为原因因素，其中，岸线开发强度影响程度最大，可以作为最主要的原因因素。其他原因度小于 0 的因素就做结果因素，即 D2、D5、D7、D8、D10 是作为结果因素。

通过 DEMATEL 法对各指标因素进行分析可以发现，岸线开发强度、污水排放量、人口密度、水质超标面积和污水处理率是海岸带生态承载力的主要影响因素。

（3）权重确定

本书采用层次分析法对以上得出的主要指标因素进行权重赋值。在构建判断矩阵之前需要请专家对各个指标的重要程度进行打分赋值，所以仍旧选用调查问卷的方式，共发放 20 份，回收 20 份，问卷回收率 100%，请来自国家海洋局东海环境监测中心、北海环境监测中心、海洋二所、海洋三所、上海海洋大学的 20 位专家进行打分，采用 1~9 标度法对各指标因素进行赋值，本研究以分数出现的频率最高的数值作为该指标因素的直接关联程度，指标打分情况如表 8-6 所示。

表 8-6　指标打分情况

项目	D1	D3	D4	D6	D9
分值	8	8	5	7	6

1）构造判断矩阵及一致性检验。根据上述的打分结果，假设两个指标相差一分，则表示重要程度相差一级，然后分别构造判断矩阵，分别是 A-B、B1-C、B2-C、B3-C、C1-D、C2-D、C3-D、C5-D 及 C7-D，具体如表 8-7 ~ 表 8-15 所示。

表 8-7　判断矩阵 A-B

A	B1	B2	B3
B1	1	3	1
B2	1	3	1
B3	1/3	1	1/3

表 8-8 判断矩阵 B1-C

B1	C1	C2	C3
C1	1	3	5
C2	3	1/7	1/5
C3	5	7	1

表 8-9 判断矩阵 B2-C

B2	C4	C5	C6
C4	1	1/3	1
C5	3	5	1
C6	1	1/5	3

表 8-10 判断矩阵 B3-C

B3	C7	C8
C7	1	1
C8	1	1

表 8-11 判断矩阵 C1-D

C1	D1
D1	1

表 8-12 判断矩阵 C2-D

C2	D3
D3	1

表 8-13 判断矩阵 C3-D

C3	D4
D4	1

表 8-14 判断矩阵 C5-D

C5	D6
D6	1

表 8-15　判断矩阵 C7-D

C7	D9
D9	1

2）各层次指标权重系数表 8-16 所示。

表 8-16　层次指标权重系数

指标	权重系数（W_i）
B1	0.42
B2	0.41
B3	0.17
C1	0.38
C2	0.39
C3	0.24
C5	1.00
C7	1.00
D1	1.00
D3	1.00
D4	1.00
D6	1.00
D9	1.00

3）各判断矩阵的最大特征值及一致性检验结果如表 8-17 所示。

表 8-17　判断矩阵的最大特征值及一致性检验结果

判断矩阵	最大特征值	一致性指标 CI	随机一致性比 CR
A-B	4.33	0.01	0.01
B1-C	7.94	0.04	0.04
B2-C	5.43	0.00	0.00
B3-C	2.00	0.03	0.06
C1-D	1	0.00	0.00
C2-D	1	0.00	0.00
C3-D	1	0.00	0.00
C5-D	1	0.00	0.00
C7-D	1	0.00	0.00

（4）原始数据标准化

每个评价指标的量纲、单位以及变化幅度的差异都会对评价结果的准确性产生影响，因此本书需要对获取的原始数据进行标准化处理，使得各指标变量都处于相对均匀化的数值范围内，对指标采用式（8-1）的标准化方法

$$X_i' = \frac{X_i - X_{\min}}{X_{\max} - X_{\min}} \qquad (8-1)$$

式中，X_i'为指标的标准化值；X_i为对应指标的原始的值；$X_{\min}$为对应指标最小的值；$X_{\max}$为对应指标的最大值。

利用 2017 年乐清湾海岸带生态环境数据，本书进行了初步研究应用。在获取原始数据时，本书考虑到数据获取的便利性和科学性，数据来源主要是各政府部门发布的与海岸带生态环境相关的报告以及国家海洋局生态监测数据，具体数据见表 8-18。

表 8-18　指标原始数据

指标	数值
D1 岸线开发强度（%）	69.4
D3 污水排放量（万 t）	10.16
D4 人口密度（人/km²）	997
D6 水质面积超标率（%）	78.5
D9 污水处理率（%）	80.5

将以上的数据进行标准化处理，数据标准化结果如表 8-19 所示。

表 8-19　原始数据标准化结果

指标	权重	标准化结果
岸线开发强度	0.25	0.1022
工业污水 COD	0.28	0.3220
人口密度	0.15	0.2317
无机氮入海总量	0.17	0.2599
生活污水处理率	0.15	0.1008

（5）乐清湾海岸带生态承载力评价指数计算

海岸带生态承载力评价指数计算见式（8-2）和式（8-3）。

$$I = \sum_{i=1}^{n}(W_i \times P_i) \qquad (8-2)$$

$$P_i = \sum_{j=1}^{n} (W_j \times Q_i) \tag{8-3}$$

式中，I 为生态承载力评价指数；W_i 为各大类指标的权重；P_i 为各大类评价指标；W_j 为各小类指标的权重；Q_i 为各小类评价指标。

本书将乐清湾海岸带生态承载力分为可载、弱可载、临界超载、超载及严重超载 5 级，乐清湾海岸带承载力的等级具体划分如表 8-20 所示。

表 8-20   海岸带生态承载力分级评估方法

分级	指数值	分级标准	管理意义
I	[0.8，1]	可载	区域海岸带资源供给充足，环境质量总体良好，海岸带生态系统结构与功能总体稳定，海洋生态灾害和环境事故风险总体可控
II	[0.6，0.8)	弱可载	区域海岸带资、环境质量状况、生态系统结构与功能状况、海洋生态灾害和环境事故风险可控程度等基本能够支持当前发展需求，但已存在部分问题，对未来可持续发展的支撑能力不足
III	[0.4，0.6)	临界超载	区域海岸带资源、环境质量状况、生态系统结构与功能状况、海洋生态灾害和环境事故风险可控程度等已出现较多问题，个别领域问题突出，已不能完全支撑当前发展需求，部分海岸带产业发展方式亟待转变，海岸带生态环境保护力度需要加强
IV	[0.2，0.4)	超载	区域海岸带资源供给能力、环境质量状况、生态系统结构与功能状况、海洋生态灾害和环境事故风险可控程度等普遍存在突出问题，已不能支撑当前发展需求，海岸带产业发展方式亟待全面转变，生态环境保护力度需大幅加强
V	[0，0.2)	严重超载	区域海岸带资源开发利用强度已全面超出承载能力，资源危机和生态环境危机并存，海岸带产业已完全无法发展

利用海岸带生态承载力评价指数计算公式，对乐清湾海岸带生态系统的各个系统进行计算，评价指数如表 8-21 所示。

表 8-21   乐清湾海岸带生态承载力综合评价指数

总系统	分系统	综合评价指数
要素层	C1	0.1310
	C2	0.1201
	C3	0.3102
	C5	0.0900
	C7	0.1100

续表

总系统	分系统	综合评价指数
准则层	B1	0.2604
	B2	0.2131
	B3	0.0911
目标层	A	0.5200

根据海岸带生态承载力综合评价公式，2017 年乐清湾海岸带生态承载力得分为 0.52，海岸带生态承载力等级处于临界超载的水平，乐清湾海岸带资源、环境质量状况、生态系统结构与功能状况、海洋生态灾害和环境事故风险可控程度等已出现一定问题（表 8-22）。

表 8-22　2017 年乐清湾海岸带生态承载力状况

生态承载力等级	得分	承载状况
临界超载	0.52	区域海岸带资源、环境质量状况、生态系统结构与功能状况、海洋生态灾害和环境事故风险可控程度等已出现较多问题，个别领域问题突出，已不能完全支撑当前发展需求，部分海岸带产业发展方式亟待转变，海岸带生态环境保护力度需要加强

8.3.3　基于生态承载力的乐清湾海岸带养殖产业规模评价

利用层次分析法，李春平等（2003）分析了乐清湾海岸带主导产业所占比例发现，海洋交通运输业及海洋渔业占比较高，分别达到 0.23 与 0.21，成为该地区的主导产业并首先发展；其余滨海旅游业、基础设施、生态林业及海水制盐业等占比均低于 0.2，与上述两产业相比占比较低，目前不宜作为该地区海岸带主导产业。而海洋交通运输业产业发展一般受地形地貌、水动力条件限制，与生态承载力关联较小，因此本书暂不选择将其和海洋生态承载力进行一致性评价。乐清湾涂面平坦稳定且柔软，饵料生物丰富，十分利于进行滩涂贝类养殖，乐清湾是浙江省蛏、蚶、牡蛎三大贝类的养殖基地和苗种基地。在乐清湾海岸带产业中，海洋渔业产业发展会受到海洋生态状况限制，同时其生产过程也会对海洋生态环境产生一定影响。所以本研究主要对乐清湾海洋渔业产业（包括滩涂贝类养殖和近海捕捞）与生态承载力一致性进行了评价。

8.3.3.1　乐清湾海岸带贝类养殖变化与现状

2016 年乐清湾贝类养殖总面积 149.1km², 占乐清湾海水养殖总面积的 65.3%。贝类养殖总产量 198 951t, 占乐清湾海水养殖总产量的 82.5%, 为该海区最重要的优势养殖类群。其中乐清、玉环、温岭三地贝类养殖面积分别为 65.5km²、51.4km² 和 32.2km²。在贝类养殖品种组成方面, 蛏、蚶和牡蛎为最重要的三大养殖品类, 2016 年蛏、蚶和牡蛎产量各为 59 604t、57 362t 和 49 049t, 分别占当年贝类养殖总产量的 30.0%、28.8% 和 24.7%。此外蛤类产量占 14.8%, 也是乐清湾重要贝类养殖品类。螺类养殖产量占比为 1.6%。

乐清湾牡蛎主要采用浅海浮筏养殖方式, 其余贝类养殖主要在滩涂进行。2016 年滩涂贝类养殖占贝类养殖总面积 89.4%, 养殖产量占贝类养殖总产量 75.4%; 浅海贝类 (牡蛎) 养殖占贝类养殖总面积 10.64%, 占贝类总产量 24.6%。

2007 ~ 2016 年, 乐清湾海水养殖总产量经历小幅波动后从 2007 年总产量 225 647t 增长至 2016 年总产量 241 209t, 其中贝类养殖产量经历连续下降从 2007 年产量 202 069t 下降至 2013 年 179 191t, 此后又逐渐回升, 至 2016 年贝类产量 198 951t, 略低于 2007 年 (图 8-6)。2007 ~ 2016 年各主要养殖品种中, 蛏子和螺产量明显下降, 其中蛏产量从 2007 年 78 563t 下降至 2015 年 51 618t, 2016 年回升到 59 604t; 螺产量从 2007 年 6647t 下降至 2016 年 3256t, 降幅达 51%, 牡蛎、蚶、蛤在近十年产量都有明显增加 (图 8-7)。

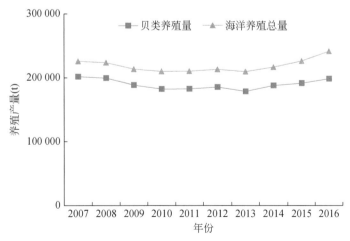

图 8-6　2007 ~ 2016 年乐清湾海水养殖总产量和贝类养殖产量变化

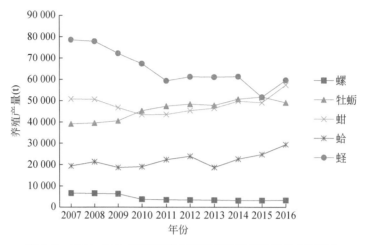

图 8-7　2007～2016 年乐清湾主要养殖贝类品种养殖产量变化

8.3.3.2　乐清湾海岸带贝类养殖业生态承载规模评价模型

在贝类养殖生态承载规模研究中，多采用经验法或能量平衡模型，其中采用较多的模型有营养动态模型、Tait 沿岸海域能流分析模型。营养动态模型主要估算生态系统中不同营养阶层生物的生产量，计算方法见式（8-4）。

$$P = B \times E^n \times k \tag{8-4}$$

式中，P 为估算贝类含壳重的生产量；B 为浮游植物的生产量（鲜重），采用年初级产碳量除以浮游植物鲜重含碳率求得；E 为生态效率；n 为贝类营养阶层（本书取 1.05）；k 为贝类带壳鲜重与软组织鲜重比值。

Tait 对沿岸海域能流分析结果，认为初级生产量有 10% 转化为底栖滤食性动物。因此，贝类年产碳量为 10% 的年初级产碳量，其产量单位以有机碳计算，计算方法见式（8-5）。

$$B = [(0.1 \times C)/Q] \times k \tag{8-5}$$

式中，B 为贝类含壳重年生产量；C 为海域年初级产碳量；Q 为贝类软组织鲜重含碳率；k 为含壳鲜重与软组织鲜重的比值。

8.3.3.3　模型参数研究

乐清湾海域初级生产力包括浅海浮游植物初级生产力和潮滩底栖微型藻类初级生产力两部分。其合成的有机碳均能为滤食性。通过对湾内海域四个季度的水域和滩涂初级生产力调查，分别采集水样和潮间带泥样，使用 ^{14}C 同位素示踪法进行模拟培养，分别测定浅海浮游植物初级生产力和潮滩底栖微型藻类初级生产力（表8-23）。

表8-23　乐清湾各季节水域和滩涂初级生产力平均值　　［单位：mg C/（m²·d）］

项目	夏季	秋季	冬季	春季	年平均
水域初级生产力	66.3	32.9	25.0	330.8	113.8
滩涂初级生产力	71.6	214.1	238.7	270.5	198.7

调查结果显示清湾水域四季平均初级生产力为 113.8mg C/（m²·d），滩涂四季平均初级生产力 198.7mg C/（m²·d）。按照乐清湾目前实际总面积 426.3km²，其中水域面积 226.8km²，潮滩面积 199.5km²，每年 365 天计算，乐清湾水域浮游植物年产碳量约为 9421t，潮滩底栖微藻年产碳量约为 14 469t，总计年初级产碳量 23 890t。

对乐清湾主要滤食性养殖贝类，太平洋牡蛎、僧帽牡蛎、泥蚶、缢蛏的生物学参数和组织含碳率进行了测定，李磊等（2014）对文蛤的生物学参数和组织含碳率进行了测定，结果列于表8-24。

表8-24　乐清湾主要贝类养殖品种碳含量、带壳鲜重与软组织鲜重比

品种	鲜组织含碳率（%）	带壳鲜重与软组织比值
泥蚶	8.66	5.81
缢蛏	7.62	3.06
太平洋牡蛎	7.41	10.18
僧帽牡蛎	7.65	7.95
文蛤	6.00	3.05

8.3.3.4　养殖产业承载规模

（1）营养动态模型估算结果

乐清湾水域浮游植物和潮滩底栖微藻年初级产碳量总计 23 890t。参照戴天元等（2015）对台湾海峡及其邻近海域浮游植物含碳率的结果，硅藻干重含碳率平均为 31.91%，甲藻干重含碳率平均为 33.40%，浮游植物干重与鲜重比平均为 0.31，海域生态效率平均为 17.8%。根据乐清湾海域浮游植物群落结构的调查结果，按硅藻和甲藻比例进行加权计算得到乐清湾浮游植物鲜重含碳率平均为 9.94%。据此计算，乐清湾水域和潮滩微型藻类浮游植物年产

量为 240 342t。

按营养动态模型估算结果，乐清湾年产贝类软组织鲜重为 39 244t。根据养殖牡蛎、缢蛏、泥蚶、文蛤的含壳重与鲜组织重比测定结果，并按乐清湾 2016 年养殖种类产量比例进行加权计算，其平均含壳重与鲜组织重之比值为 5.37。计算贝类含壳鲜重年产量为 210 739t。

（2）沿岸能流分析模型估算

乐清湾水域浮游植物和潮滩底栖微藻年初级产碳量总计 23 890t。根据 Tait 模型对沿岸海域生态系能流分析结果，认为初级产量有 10% 的能量转化为软体动物，以此计算乐清湾软体动物年产碳量为 2389t。

根据养殖牡蛎、缢蛏、泥蚶、文蛤体内有机含碳率的检测结果，并按 2016 年乐清湾各养殖种类的产量比例进行加权计算，贝类软组织鲜重平均含碳率为 7.66%，计算乐清湾年产贝类软组织鲜重 31 188t，折算含壳重为 31 188t×5.37 = 186 192t。

（3）海区自然贝类现存量估算

潮间带软体动物现存量：根据乐清湾 5 条潮间带断面调查的结果（彭欣等，2010），乐清湾潮间带软体动物生物量平均为 49.94g/m²。乐清湾目前滩涂总面积 199.5km²，2016 年滩涂贝类养殖区面积 133.27km²，甲壳类养殖面积 33.47km²，非养殖区和藻类养殖区面积 32.76km²，据此估算潮滩非养殖区底栖软体动物现存量为 1636t。

浅海底栖软体动物现存量：根据 2016 年的大面调查结果，乐清湾浅海区底栖软体动物生物量平均为 1.88g/m²，根据浅海面积 226.8km² 估算底栖软体动物现存量为 426t。

（4）乐清湾海岸带贝类养殖产业最大承载规模估算

以上两种能量平衡模型估算的海区贝类年生产量分别为 210 739t 和 186 192t，扣除浅海软体动物自然现存量 426t 和滩涂软体动物自然现存量 1636t 后，两种模型的结果分别为 208 677t 和 184 130t，平均值为 196 404t，本书将此值作为生态承载力不下降基础上乐清湾海岸带贝类养殖产业最大承载产量。

（5）乐清湾海岸带贝类养殖产业承载状况评估

2016 年乐清湾海岸带贝类实际养殖产量为 198 951t，与估算的海岸带贝类养殖产业最大承载规模基本相同。从 2007～2016 年乐清湾浅海、滩涂和贝类养殖总产量的变化可见，乐清湾海岸带贝类养殖总产量已趋于稳定在 18 万～

20万t,基本达到了乐清湾海岸带贝类养殖区生态承载力不下降前提下最高容许养殖规模(图8-8)。由于浅海贝类养殖和滩涂贝类养殖对水域浮游植物饵料利用产生竞争,10年间浅海牡蛎养殖产量上升的同时伴随着滩涂贝类养殖产量的下降,这也证明乐清湾海岸带贝类养殖产业最大承载规模估算值的合理性。

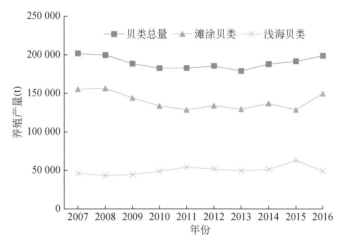

图8-8 2007~2016年乐清湾浅海、滩涂贝类养殖产量和总产量变化

8.3.4　基于生态承载力的乐清湾海洋捕捞产业规模评价

乐清湾是浙江省沿岸渔场之一,东部毗邻披山渔场、洞头渔场。海洋捕捞是乐清湾沿海、尤其是玉环及洞头两县经济发展的支柱产业。近几十年来由于捕捞过度,海洋渔业资源日益衰退,产业发展遇到瓶颈。开展当前乐清湾生态状况可支持的海洋捕捞产业规模进行评价,对今后该产业发展和布局具有重要的意义。

8.3.4.1　海洋渔业产量估算模型

(1)渔业资源营养动态模型

渔业资源营养动态法就是根据食物链能量流动理论来对海域资源量进行估算。在海洋生态系统中,生产者主要是浮游植物,通过光合作用把营养物质转变为有机物,把太阳能变为化学能储藏在有机物中,其生产量的大小为初级生产力。能量由浮游植物固定后,沿食物链在整个系统中流动。但从一个营养级到另一个营养级,能量是逐步减少的,消费者最多只能把食物能量的 4.5% ~ 20% 转变为自身物质,营养级之间能量的转化效率约 10% ~ 20%。根据这一原理,将生态系统的消费者分为不同的营养层次,利用各层次之间的生态效率,可以估算研究对象的生产量。营养动态法渔业资源量的计算公式见式 (8-6) 和式 (8-7):

$$B = Q(E)^n \qquad (8\text{-}6)$$

$$Q = P/U \qquad (8\text{-}7)$$

式中,B 为渔业资源年生产量;Q 为浮游植物年生产量;E 为生态效率;n 为资源生物营养级;P 为年初级产碳量;U 为浮游植物有机碳含量百分率。

本模型参数选择:1g 有机碳折算成浮游植物鲜重为 8.164 898g,浮游植物含碳百分率为 12.25% (丘书院,1997),生态效率采用 0.16 (卢振彬,2000;李雪丁等,2008),东海渔业资源生物营养级采用 2.4 (卢振彬等,2005;徐汉祥等,2007)。

(2) 渔业资源 Cushing 模型

渔业资源 Cushing 的研究结果显示,海洋渔业资源的年产碳量等于 1% 的年初级产碳量与 10% 的年次级产碳量之和的一半,Cushing 计算公式见式 (8-8) 和式 (8-9):

$$G = (0.01P + 0.1S)/2 \qquad (8\text{-}8)$$

$$B = G/V \qquad (8\text{-}9)$$

式中,G 为渔业资源年产碳量;P 为年初级产碳量;S 为年次级产碳量;B 为渔业资源年生产量;V 为资源生物鲜质量有机碳含量百分率。

本模型参数选择:次级生产力的生态效率为 0.161,即次级产碳量等于初级产碳量乘以 0.161 (卢振彬,2000),东海渔业资源生物鲜质量有机碳含量百分率为 12.17% (徐汉祥等,2007)。

(3) 渔业资源 Tait 模型

Tait 的研究结果表明,近岸海域初级生产力转化为第三级生物 (即渔业资源) 的效率为 0.015。据此,Tait 模型的计算公式见式 (8-10) 和式 (8-11):

$$G = \mu C \qquad (8\text{-}10)$$

$$B = G/V \qquad (8\text{-}11)$$

式中,G 为渔业资源产碳量;μ 为生物的转化率;C 为年总有机碳产量;B 为渔业资源年生产量;V 为资源生物鲜质量有机碳含量百分率。

本模型参数选择:生物的转化率为 0.015,东海渔业资源生物鲜质量有机碳含量百分率为 12.17%（徐汉祥等，2007）。

（4）MSY 的简单估算模式

渔业资源最大可持续开发量的简单估算模式见式（8-12）：

$$MSY = 0.5B \tag{8-12}$$

式中，MSY 为渔业资源最大可持续开发量；B 为渔业资源年生产量。

8.3.4.2 乐清湾海洋捕捞产业规模评估结果

三种模型计算的黄海、东海近海区域渔业资源密度分别为 28.72t/km²、30.67t/km² 及 36.74t/km²，在此取平均值作为最终结果，具体 2016～2018 年乐清湾渔业资源潜在密度分布见图 8-9。从图 8-9 中可以看出，乐清湾渔业资源密度最大的地区出现在玉环县与大门镇之间海域，该海域渔业资源潜在密度最高值达到了 170t/km²。内中湾区域初级生产力较低，导致年平均渔业资源潜在密度大都都低于 20t/km²。从分布情况来看，乐清湾渔业资源潜在密度由内向外呈现出增加的趋势。

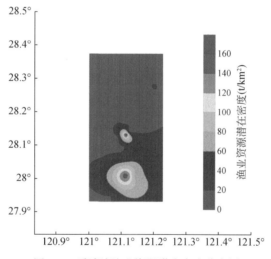

图 8-9 乐清湾渔业资源潜在密度分布图

以乐清湾海域面积（469km²）作为标准，计算乐清湾渔业资源潜在产量。2016～2018 年乐清湾渔业资源年平均潜在产量达到 15 027t。此值为当前乐清湾可以作为乐清湾海洋捕捞产业超载阈值，最大可持续开发量为此值一半（7513t），该值可作为乐清湾生态承载力不下降前提下该区域海洋捕捞产业容许的最大捕捞量。

8.4 乐清湾海洋渔业产业布局区域建议

8.4.1 海洋带养殖产业布局考虑因素

（1）充分考虑海岸带养殖对生态环境影响

大规模贝类养殖过程中，贝类的排泄物及养殖饲料会导致水体中氮磷营养盐浓度增高，造成水体富营养化，间接增加贝类死亡的风险。虽然养殖污染物产出量总体小于陆源排放，但氮磷营养盐等产出量已占有较大比例，养殖自身污染已成为近岸主要污染源之一（宗虎民等，2017）。另外，海洋中的污染物还会通过不同方式进入沉积物中，导致沉积环境的改变，进而影响到了底栖生物的群落组成和结构（薛超波等，2004）。另外，海洋环境的污染也会对养殖安全产生危害，比如受环境污染影响，2010年8月3日、2011年7月20日乐清湾都发生了因海洋污染造成的养殖鱼类、贝类死亡事故。基于以上原因，滩涂贝类养殖产业布局时应尽可能选择水体交流通畅区域，避免养殖过程中的各种污染物质在养殖区堆积。

（2）注意海岸带养殖贝类适生区的选择

海岸带养殖产业选址极为重要，一般选择在自然条件较好的滩涂区域开展相关建设，最好选择目标野生生物衰退资源的区域，或者选择历史上曾有相关资源分布的区域作为建设区域（王清等，2020）。主要原因是贝类生活过程中要综合考虑波浪、潮汐、水深、底质、盐度、温度、水质、饵料生物、敌害生物和等要素，选择合适的适生区对后续贝类能否成活至关重要。

（3）保持与保护区或生态红线保护区距离

乐清湾内湾有西门岛海洋特别保护区，总面积为30.8km²，主要保护对象为滨海湿地生态环境、红树林群落和黑嘴鸥、中白鹭等湿地鸟类。另外，根据浙江海洋生态红线划定方案，乐清湾内共有生态红线区8处，其中包括乐清湾泥蚶国家级水产种质资源保护区核心区和实验区。按照生态红线区保护要求，这两个区域禁止围填海、水下爆破施工及其他可能会影响种质资源育幼、索饵、产卵的开发活动；禁止引进外来物种；不得新增入海陆源工业直排口；严格按照《中华人民共和国渔业法》《水产种质资源保护区管理暂行办法》等有关法律、法规及相关文件的具体要求执行。为避免滩涂贝类养殖对保护区生态环境的影响，在进行产业布局时应避免与这些区域的距离，尽量在远离保护区的区域进行产业布局。

8.4.2 乐清湾海岸带贝类养殖产业布局建议区域

根据 2019 年遥感图像解译发现，目前乐清湾淤泥质滩涂集中分布区域包括两处：一是内湾区域，该处区域滩涂呈分散分布；二是乐清市东南侧区域，该处滩涂分布面积较大，并且连接成片。与外湾区域相比，内湾滩涂多被划入生态保护红线区，一般情况不允许进行开展滩涂养殖。另一方面，内湾区域水动力较弱，水体交换能力差，不利于养殖过程中各种污染物质排放。穆锦斌等（2017）发现，随着滩涂围垦，2016 年外湾纳潮量与 20 世纪 60 年代相比减少近 20%，内湾减少 36%，而外湾水体半交换时间为 7 天，内湾则达到了 40～60 天。而外湾乐清市东南侧区域滩涂条件良好，同时水体交换能力好，污染物质稀释速度快，另外该处滩涂不属于保护区和生态红线区，可以进行滩涂养殖活动。因此，基于以上考虑，建议将乐清湾海岸带贝类养殖产业重点布局在乐清市东南侧区域。

8.4.3 乐清湾海洋捕捞产业布局与发展建议

根据乐清湾渔业资源潜在产量评估结果发现，大门镇周边及玉环县西南侧海域渔业潜在产量高，可作为重点捕捞区，其他区域渔业资源密度较低，不建议开展大规模渔业捕捞活动。而依据现有资料发现，当前乐清湾海洋渔业捕捞量远低于最大可持续开发量。主要原因是过往过度捕捞造成了渔业资源衰退较严重，同时近年来海洋生态环境质量降低，使渔业资源恢复程度不理想。

为养护海洋水产资源，乐清湾已调整捕捞作业结构，严格控制近海捕捞强度，实行休渔制度，捕捞业已经向外海远洋发展。当然，乐清湾区域也存在一定规模的海洋捕捞活动，为保障乐清湾海洋捕捞产业良好稳定发展，建议开展以下工作。

1）确定重点捕捞区域，控制渔业捕捞规模。依据乐清湾海洋捕捞承载规模评估分布图，乐清湾渔业承载规模最大区域主要位于大门镇周边及玉环县西南侧海域，此处渔业承载能力较强，可将其列入重点捕捞区域，北部和中部水域渔业资源承载规模较低，不宜进行大规模捕捞，需要采取一定保护措施。

2）加强增殖放流和休渔制度建设，提高渔业资源承载能力。乐清湾可以放流以藻类和浮游生物为食、低端食物链级的贝类、虾蟹和幼鱼，这些鱼虾不仅能为更高一级食物链梭鱼、鲈鱼提供食料，还能间接提高乐清湾渔业资源承载规模，减少海洋中的氮、磷的含量，有效改善海洋环境。而休渔制度的建设，对于渔业资源的恢复及提升具有重要的作用，该制度的良好运用也有助于提升渔业资源产业规模的进一步提升。

3）改变捕捞方式，减少对渔业资源的破坏性捕捞。在进行渔业资源生产作业时，需要对不合规、不合法的网具坚决抵制，特别是底拖网、围网等对渔业资源损害程度较大的作业工具，建议采取限制或禁止的手段。

8.5　海岸带产业发展与生态安全

随着人口的增长和人均消费水平的不断提高，陆域所承受的产业压力越来越大，我国把产业发展目标不断转向海洋，海岸带开发力度的不断加大。2018年我国海洋产业总产值达到 83 415 亿元，比上年增长 6.7%，海洋生产总值占国内生产总值的比例为 9.3%。海岸带产业活动由于是陆域产业活动的延伸，决定了海岸带产业与陆域产业间有着千丝万缕的联系；但另一方面，由于海岸带存在的特殊性，决定了海岸带产业与陆域产业之间又存在不同的产业结构。目前，我国海岸带产业主要是港口航运、养殖业、旅游业以及滨海工业。在我国海岸带不断开发背景下，加强海岸带产业布局研究，对实现我国海岸带地区产业健康发展、维护海岸带生态安全具有重要的现实意义。

8.5.1　海岸带产业的特点

海岸带产业布局是在集聚与扩散机制的作用下，陆域产业和技术向海洋的延伸，导致生产要素在海岸带空间重新组合，海岸带产业布局的演变历程和空间位置与陆域产业有所不同，并体现以下规律。

1）产业布局较为集中，具有地域空间的特殊性。与内陆产业不同，海岸带产业主要集中布局在水陆交界位置及邻近的海域、岛屿，大陆架及专属经济区部分产业也属于海岸带产业范畴。受空间限制，海岸带产业布局受区域位置影响很大，在现有的技术条件下，大部分海岸带产业呈点状或带状布局在海岸及其临近浅海海域，外侧海域和大陆架大规模产业开发能力和水平目前不足。

2）产业结构简单，内部关联度较弱。海陆产业的起源和演化历程不同，导致了两者产业结构及内部关联程度具有差异。其中，早期的海岸带产业以渔业捕捞为主，而随着全球和地区间航运的发展及海洋经济的开发，港口航运业及滨海工业也逐步成长起来。但与陆地产业相比，海岸带产业种类仍然十分有限，产业结构简单。同时，海岸带各产业部门之间具有不同的技术特征，其内部产业关联性较弱。

3）海岸带产业布局兼容性和空间立体性高。在内陆地区，同一块土地用于某种产业后就不能再开展其他产业，产业结构具有高度的唯一性和排它性。而海岸带区域，特别是海域水体具有空间立体性特征，在技术条件和现场条件可行前提下，同一片海域可以分别在海上、海水、海底布局不同产业，同时开展不同种的海洋经济活动，实现产业的相互兼容和协同发展。

4）对资源和生态环境条件的依赖程度高。当前全球海岸带产业主要是资源消耗性产业，对资源和生态环境的依赖程度显著高于内陆产业，这些原因导致海岸带产业开发程度和水平整体低于内陆产业。目前我国海岸带产业主要是以传统产业为主，产业门类少，产业链短，各产业之间关联性不高，产业布局和发展受海洋资源和生态环境的影响以及限制程度高。

8.5.2 海岸带产业发展对生态安全影响

当前，我国海岸带开发进入了一个快速发展的时期，已经形成了海洋渔业、海洋资源开采、港口运输、滨海旅游、造船等等海岸带产业集群。随着海岸带产业发展对海洋资源的不断损耗，我国海岸带区域生态安全问题不断出现，其中包括海岸带资源不断较少，环境污染问题日益显现，海洋生态服务功能急剧衰退，海岸带的可持续开发利用能力不断下降等。从已有资料来看，海岸带产业发展主要从以下几个方面对海岸带生态安全产生了影响。

1）由产业发展需求引起的围填海活动带来的生态安全问题严峻。长期以来，为解决海岸带空间狭小，产业发展受限的问题，各国在海岸带地区进行了大量的围填海活动，填海造陆缓解了土地供求矛盾、扩大了社会生存和发展空间，具有巨大的社会和经济效益。但另一方面，围填海也给海岸带带来严峻的生态安全问题，对滨海湿地的破坏和海洋渔业资源的影响是显而易见的，值得我们进一步重视。

围填海首先会直接改变区域的海流特性，导致泥沙和污染物等物质的迁移规律发生变化，在一定程度上会减小水环境容量和污染物扩散能力，导致污染物在部分海域积聚。其次，部分围填海工程还会破坏海岸的地形地貌，改变了海域的自然属性，近岸许多自然景观遭到破坏甚至消失，破坏了滨海旅游资源。再次，围填海造成了局部潮间带栖息地消失，破坏海域生态系统，打破原有生态系统平衡，特别是海岸带产业集聚区围填海对海岸带生态系统影响显著，导致占地范围内的底栖生物全部丧失，将破坏保护区鸟类的觅食生境，影响了鸟类的生存和繁殖。最后，围填海施工期间悬浮物入海造成海水透明度下降、透光度减少，影响浮游植物的光合作用，使附近海域初级生产力下降，近海鱼类和底栖类也会因此受到影响。

在乐清湾区域，对该地区海岸带生态环境问题影响最大的工程是漩门工程。由于地区经济发展需求，从20世纪70年代起漩门港堵港截流促淤工程就已开展。其中漩门一期工程切断了漩门进入乐清湾的潮流，阻碍了乐清湾内的水体交换。根据历史资料推算出整个乐清湾平均纳潮量为16.55亿 m^3，工程前漩门口进潮量为1.74亿 m^3，占乐清湾纳潮量的7.09%。工程后，乐清湾内的水体交换时间延长，污染物在湾内产生滞留。而漩门二期对于乐清湾最主要的影响体现为纳潮量的进一步减小，导致口门断面进潮量平均减少7.39%。湾内水体交换不畅而使湾内水体交换时间延长，乐清湾内90%的湾顶水被置换所需时间大约为25天，致使乐清湾水体自净能力减弱，生态环境更显脆弱。

2）海岸带产业发展对区域生态环境影响明显。由于海岸带地区人口众多，工农业污染排放量大，大量污染物排入海洋给近海生态环境造成了严重破坏。本书的示范区乐清湾主要面临着港口航运污染、滩涂养殖污染及工业生产排放污染等生态环境问题。

首先，乐清湾港口上百个，其中大部分修建时间在20世纪，在港口建设时没有配套相应的环境保护配套设施，导致后期港口航运业的发展给乐清湾的生态环境造成严重的负面影响。一是表现在港口航运业在生产、装卸过程中产生了各类废水、废气、废渣及生活生产垃圾的无序排放和泄漏，即使在部分港口采取了一定的处理措施，但依旧不能满足环境保护的要求，有部分港口甚至已成为环境污染的主要源头；二是港口有大量船舶进出，由船舶引起的油类物质、压载水的泄漏，垃圾、烟尘和生活污水、垃圾的丢弃和排放等严重污染了近海环境，给乐清湾水域生态环境造成了严重影响。

其次，在滩涂养殖中不可避免使用药物、饲料，这些物质的无序使用会给海岸带生态环境造成明显破坏。本研究示范区乐清湾滩涂及海水养殖业十分发达,养殖过程产生了大量废物,如残饵、排泄物、化学物质、治疗性药物残留、死亡养殖生物、病原体等以有机或无机物的溶解态及颗粒态存在,这些残饵和排泄物使海水中氮、磷含量升高,海水富营养化程度升高,而在水动力作用下这些废物还可能扩大到邻近水域,造成其他海域生态系统中的营养盐过剩,而富营养化带来的水环境变化又反过来影响养殖生态系统的稳定,从而造成滩涂养殖安全受到威胁。

最后,其他海岸带工业生产过程中污染物的排放对海岸带生态安全会造成严重影响。乐清湾沿岸有许多工业企业,特别是随着乡镇工业的迅速发展,高能耗高污染的工业企业占比维持在较高水平,产生的工业废水、废物排放量一直居高不下。根据对沿岸县市海岸带工业排放的不完全统计,向乐清湾直接排放的工业废水量每年接近 300 万 t。考虑到排放入海的污水部分是未达标处理的,其携带的污染物质数量比较大,造成海水环境质量出现下降,间接破坏了海岸带各种生态系统,影响了海岸带生态安全。

3)海岸带化工产业集聚导致潜在安全问题突出。目前,我国化工产品需求量与日俱增,而考虑到运输方便,很多化工企业建设在港口附近,导致海岸带区域化工厂集聚,一旦出现化学物质泄露和危化品爆炸,将造成巨大的经济损失和环境破坏,甚至于出现人身伤亡问题。乐清湾区域造船码头、化工企业、火电厂几乎遍布了乐清湾的全部区域,这些产业均为高风险产业,稍有操作失误就会给海岸带生态安全造成严重影响。

8.5.3 乐清湾海岸带产业综合布局优化建议

根据海岸带产业特点及当前乐清湾产业结构与生态安全关系,提出以下针对性建议,以优化乐清湾产业布局,提升海岸带生态安全。

(1)统筹沿海产业发展规划和空间布局,减轻海岸带资源浪费

在海岸带产业发展过程中,乐清湾各县市的海岸带产业规划具有产业类别相似的特点,从而造成地区间产业规划和发展面临巨大的竞争,也不可避免地造成资源过度开发。因此,加强乐清湾产业规划的统筹兼顾与规划布局,建立自上而下的产业规划管理机制,既可以节约海岸带资源、减少盲目投入,又可以避免沿海各地在开发活动中的恶性竞争,间接保护了乐清湾生态环境不受破坏。

（2）准确定位海岸带产业园区发展方向，提升海岸带各类产业关联度

长期以来，乐清湾海岸带产业发展过程中各类产业类型多样、各产业单独发展，内部关联度不高、产业链分割情况多见，这些都不利于海岸带综合产业园区资源节能、废物减排和成本节约。因此，强化海岸带产业园区的统筹规划和管理，准确定位海岸带产业园区的发展方向，进一步落实产业园区企业的准入制度，特别是关注各企业在原材料和产品方面的集成和关联，对形成海岸带产业集聚优势，提升海岸带产业的可持续发展具有重要的作用。

（3）加强海岸带产业开发建设中海洋生态保护工程的建设

近年来，乐清湾沿海产业集群发展很快，在大规模快速发展过程中对海岸带生态环境的保护却并未给予足够的重视，导致海岸带产业集聚发展带来的环境污染综合效应十分突出，滩涂消亡和海洋生物污染物累积效应日趋明显。为此，加强海岸带产业集聚区生态保护和生态保护能力建设十分迫切。

（4）强化海岸带产业区域环境治理和监管

以前，乐清湾海岸带产业的快速发展过程中没有重视环境保护工作，多数区域环境保护投入明显落后于产业的投入，这给沿海环境保护工作带来很大的压力，特别是一些产业园区在环境保护措施没有完整的配套设施情况就开始运行，导致大量废水、废渣排放到近海滩涂和海水中，给海岸带生态安全造成了很大的损害。只有加强地方政府干预水平、提高环境执法和环境监督，才能强化乐清湾海岸带产业集聚区的环境监管，有效改善其环境状况，维护区域生态安全。

（5）控制海岸带养殖规模发展，减少养殖污染

目前，乐清湾海岸带养殖规模已经达到生态承载力稳定条件下最大值，下一步必须有效控制海岸带养殖产业的发展，避免养殖对海洋生态环境的潜在破坏。建议乐清湾沿海各县市强化政策法规和监督管理，加强基础科学研究，加强新技术推广应用，提高从业者生态环保意识和专业水平等方面着手，稳步推进产业良好稳定发展。同时，建议减少乐清湾内部养殖规模，将海岸带养殖重点区域逐步转向乐清市东南侧滩涂区域。

（6）重视海岸带产业生产安全管理，排除生产安全隐患

近年来，大量的沿海港口危化品泄露、爆炸事件证明海岸带区域是生态安全高风险区，一次安全事故就可能造成局部区域无法挽回的生态灾难。乐清湾为半封闭港湾，水体交换能力差，出现危化品泄露事件处理起来难度很大，成为了化工污染的高风险区。因此，应给予湾内化工业区特别的关注，加强化工产品储藏、运输以及装卸过程中的规范管理，重视生产安全的管理，排除生产

安全隐患，避免严重污染和爆炸事件的发生，保障该地区海岸与海洋生态安全。

8.6 小 结

1）依据 PSR 指标体系框架模型，本书对乐清湾海岸带生态承载力总体状况进行了评估。结果显示乐清湾海岸带生态承载力处于临界超载水平，主要问题是海岸带资源开发强度大引发了海岸带空间属性改变，资源不合理利用导致了生态环境状况下降，生态系统结构与功能状况出现了一定改变，考虑到部分区域生态承载力已不能完全支撑当前发展需求，部分区域海岸带产业发展方式需要改变，海岸带生态环境保护力度需要加强。

2）根据营养动态模型和近岸能流模型两种能量平衡模型，本书对乐清湾海岸带重点支柱产业——海洋贝类养殖业承载规模进行了评估，在当前生态承载力不下降的前提下，估算得出乐清湾海岸带贝类养殖产业最大承载量为196 404t。根据 2007～2016 年乐清湾海岸带区域贝类养殖生产数据，发现当前该产业已达饱和状态，在保障海岸带养殖区域生态承载力稳定前提条件下，不宜进一步扩大贝类养殖规模和提高养殖密度。另外，乐清湾 2016～2018 年乐清湾渔业资源年平均潜在产量达到 15 027t，该值为乐清湾海洋捕捞产业超载阈值；最大可持续开发量 7513t 为当前生态承载力不下降前提下乐清湾海洋捕捞产业容许的最大捕捞量。

3）当前乐清湾生态承载力与海岸带养殖产业发展一致性水平较好，但与海洋捕捞产业发展一致性较低，主要原因是由于过度捕捞及环境污染等原因，目前乐清湾海洋捕捞量没有达到最大捕捞规模，该产业发展存在较大改进空间。从生态环境条件及海洋保护角度考虑，建议将乐清湾海岸带贝类养殖产业重点布局在乐清市东南侧区域；而大门镇周边及玉环县西南侧海域可作为渔业捕捞产业重点布局区。

4）根据海岸带产业特点及海岸带产业发展对生态安全影响，提出了乐清湾地区产业布局优化建议，包括统筹沿海产业发展规划和空间布局，减轻海岸带资源浪费；准确定位海岸带产业园区发展方向，提升海岸带各类产业关联度；加强海岸带产业开发建设中海洋生态保护工程的建设；强化海岸带产业区域环境治理和监管；控制海岸带养殖规模发展，减少养殖污染；重视海岸带产业生产安全管理，排除生产安全隐患等措施。

第9章 | 结论与展望

9.1 主 要 结 论

本书在梳理生态承载力、生态安全、产业发展等相关概念基础上，界定了生态承载力与产业一致性评价的定义与主要内容，构建了生态承载力与产业一致性评价及预警技术，同时选取城镇地区、资源开发区、农产品主产区、重点生态功能区、海岸带等典型案例区开展实证研究，主要结论如下。

一是界定了生态承载力与产业一致性评价的定义。生态承载力与产业一致性评价是指：以保障生态安全为前提，以区域生态承载力为约束，在识别产业发展的生态承载限制因素的基础上，从产业发展的结构、布局、规模等方面，定性或定量评价产业发展与区域生态承载力之间的一致性程度，为区域生态安全预测预警提供依据。其评价内容包括产业结构与生态承载力一致性评价、产业布局与生态承载力一致性评价、产业规模与生态承载力一致性评价。

二是构建了生态承载力与产业一致性评价技术框架体系。包括作为受体的产业层、作为供体的承载力层、供体和受体交互作用的优化建议层。其中：①产业层主要为区域产业发展现状与趋势评价，识别产业发展的关键生态承载限制因素，量化产业发展对生态承载力的占用情况或未来需求。②承载力层主要是对区域生态承载力进行评价，科学判断区域产业发展对生态承载力的占用情况以及生态环境最大承载能力，为下一步产业发展优化提供数据基础。③优化建议层主要结合上述评价结果，通过一定的模型或方法进行产业发展优化方案研究，提出产业发展优化政策建议。同时针对产业层、承载力层、优化层均提出不同典型区域的适宜研究方法。

三是建立了重点产业发展对区域生态安全影响预警技术。针对资源消耗型（资源开发区）、环境污染型（城镇地区、农产品主产区）区域，应重点在资源环境承载力评价基础上，结合区域现状超载状况和未来动态预测，针对超载区域进行分级预警。针对生态破坏型（重点生态功能区、农产品主产区），重点在生态系统承载力评价或生态阈值分析基础上，建立适宜的预警标准进行动态预警，如维持自然恢复能力、水土保持功能、防风固沙功能、生物多样性维护功能等不退化的关键生态阈值。此外，针对直接占用型产业发展的生态安全影响预警，可重点开展生态阈值研究，找到产业发展造成各类生态破坏、环境污染等的关键阈值范围，从而进行动态预警。

四是生态承载力与产业一致性评价技术应用示范研究。分别选取生态型城市区的上海市青浦区、高城市化地区的深圳市，资源开发区的鄂尔多斯市，农产品主产区的三明市，重点生态功能区的武夷山市，海岸带的浙江省乐清湾等作为案例区，开展生态承载力与产业一致性评价技术应用示范研究。结果表明，上海市青浦区、深圳市局部地区承压度指数较高，即产业与生态承载力存在不一致性；资源开发区鄂尔多斯市生态赤字明显，产业与生态承载力严重不一致；农产品主产区三明市产业与生态承载力较为一致；重点生态功能区武夷山市局部存在茶产业与水土保持、生物多样性保护不一致区；海岸带浙江省乐清湾生态承载力处于临界超载状态，根据营养动态模型和近岸能流模型两种能量平衡模型分别计算得出海洋贝类养殖业和捕捞业的最大发展规模阈值。同时，在一致性评价基础上，提出产业发展优化建议。

9.2 难点与展望

由于生态承载力研究本身十分复杂、技术方法体系也尚不成熟，当前开展产业发展与生态承载力一致性评价仍存在很多难点，主要有以下几个方面。

一是自然生态系统具有复杂性、动态性，生态阈值现象普遍存在，但仍较难确定。自然生态系统是具有一定的自组织性和自我恢复能力的复杂动态非线性系统，在外界干扰不超过其临界阈值的情况下，通过降低人为干扰、辅以人工修复措施，能够促进其承载能力的提高。目前，自然生态系统的生态阈值理论已得到国内外学者的普遍认可，但生态阈值如何确定并准确应用到产业发展与生态承载力一致性评价中仍较难。生态阈值是通过生态系统的动态变化过程研究，找出非线性变化拐点进而确定的（唐海萍，2015）。目前大部分生态阈值是通过长期实验观测分析得到，且多局限于已发生稳态转换的生态系统，无法对预期发生的稳态转换进行预测预警（王世金，2017）。

二是产业发展自身存在较大的不确定性，未来产业发展对生态承载力的影响预警较难。产业系统也是由多个子系统相互作用构成的复杂动态系统，某一地区的产业发展除受自然生态环境影响外,还受政治因素、对外贸易、政府政策规制、市场需求、技术创新、文化等多种因素共同影响（高志刚,2016）,自身存在较大的不确定性。产业作为影响生态承载力的压力源头之一,它的发展本身是一个复杂的动态变化过程,对生态承载力的压力或占用也是动态变化的,开展产业发展与生态承载力现状一致性评价较容易,但只能代表当前产业发展与生态承载力的一致性程度;对未来产业发展的生态承载占用情况预测较难判断,通常未来在科技创新、技术进步等因素作用下,产业发展的资源能源消耗、环境污染排放将大幅度下降,对生态系统造成的压力也将进一步下降。

三是产业发展与生态承载力、区域生态安全之间的互动响应机制研究较难。当前,针对产业发展与生态承载力及区域生态安全之间的互动响应机制研究较少,本书仅尝试对三者之间的相互作用关系作了简单分析,而实际上这种相互作用是十分复杂且非线性的。目前,针对产业发展对生态承载力、区域生态安全的影响通常基于生态环境状况评价进行直观量化,但从产业发展端到生态环境端仍存在十分复杂的相互作用链条和大量的互动反馈机制,不同的反馈机制间还可能存在协同、拮抗或累加效应,仅通过一些产业发展类、生态环境状况类指标只能明晰表象结果,无法探析其内部要素之间的互动响应过程。产业发展对生态承载力、区域生态安全的影响也不是短期形成的,而是经过较长时间的累积和叠加的结果,且这种累积和叠加效应具有一定的时间滞后性,较难准确量化。例如,农业生产活动不直接作用于水生生物健康,但可通过水文循环过程将污染物质传输到河流湖泊,当污染物质长期累积并达到一定数值后将引起一系列水生态问题。

四是生态环境退化对人体健康的影响程度定量化较难。当前生态安全预警研究主要是针对生态环境恶化的状况及趋势进行预警,但从生态安全的概念定义看,生态安全研究的核心问题是人类生存与健康发展问题,因而生态安全预警的关键也应是人类生存与健康发展的受威胁程度,从短期看是聚焦人类生命和财产安全的受威胁程度,如气象灾害预警也可以理解为广义的生态安全预警;从长期看是聚焦生态环境对人类生存与健康发展的支撑保障程度。而环境污染、生态退化等问题对人体健康的影响通常具有累积和滞后效应,因而存在较大不确定性,仍需要进行长期的科学研究和论证。此外,人类对一些生态环境问题仍缺少直观体会和深刻认识,例如,生物多样性丧失问题,原因是生物多样性的很多潜在利用价值通常尚未被充分认识和挖掘,某一物种的灭绝对人类社会系统的直接影响也不如环境污染明显。

综上所述，从生态学角度出发，建议未来重点开展以下三方面研究：①进一步加强生态阈值理论与案例研究，明确不同产业发展胁迫因子对区域生态系统影响的关键阈值及其确定方法；②深入开展产业发展与生态承载力、区域生态安全之间的互动响应机制研究，理清不同产业发展与关键生态承载限制因素或生态阈值之间的互动反馈机制，科学量化各类产业发展对生态安全的影响程度；③从人类生存与健康发展角度出发，深入开展生态环境退化对人体健康的影响研究，提出基于人体健康的生态安全预警技术方法体系，进一步深化生态安全预警理论体系，以便进行精准预警、提出定量化对策。通过深化以上几个方向的研究，可为未来开展产业发展对生态承载力、区域生态安全影响预警研究提供重要理论基础。

参 考 文 献

鲍超，方创琳 . 2006. 内陆河流域用水结构与产业结构双向优化仿真模型及应用 . 中国沙漠，(6)：
　　1033-1040.

毕安平，朱鹤健，王德光 . 2010. 基于区域产量法测算的福建省农业生态足迹 . 自然资源学报，25（6）：
　　967-977.

曹智，闵庆文，刘某承，等 . 2015. 基于生态系统服务的生态承载力：概念、内涵与评估模型及应用 . 自
　　然资源学报，30（1）：1-11.

陈百明 . 1987. 国外土地资源承载能力研究述评 . 自然资源译丛，4（2）：23.

陈晨，张哲，王文杰，等 . 2013. 基于 GIS 的伊犁河谷地区生态承载力研究 . 环境工程技术学报，3（6）：
　　532-539.

陈丹，王然 . 2015. 矿业城市资源环境承载力评价研究——以黄石市为例 . 中国国土资源经济，(9)：
　　57-61.

陈国阶，何锦峰 . 1999. 生态环境预警的理论和方法探讨 . 重庆环境科学，21（4）：8-11.

陈杰，梁国付，丁圣彦 . 2012. 基于景观连接度的森林景观恢复研究——以巩义市为例 . 生态学报，
　　32（12）：3773-3781.

陈军，成金华 . 2015. 中国矿产资源开发利用的环境影响 . 中国人口·资源与环境，(3)：111-119.

陈妮，鲁莎莎，关兴良 . 2018. 北京市森林生态安全预警时空差异及其驱动机制 . 生态学报，38（20）：
　　7326-7335.

崔凤军 . 1995. 论环境质量与环境承载力 . 山东农业大学学报，26（1）：72-77.

崔维军，周飞雪，徐常萍 . 2010. 中国重化工业生态足迹估算方法研究 . 中国人口·资源与环境，
　　20（8）：137-141.

崔正国，曲克明，唐启升 . 2018. 渔业环境面临形势与可持续发展战略研究 . 中国工程科学，(5)：
　　63-68.

戴天元，沈长春，林龙山 . 2015. 福建省渔业资源养护与利用学科发展研究报告 . 海峡科学，1：76-81.

邓楠 . 2018. 资源型城市生态安全预警体系构建及实证研究 . 西安：西安理工大学 .

狄乾斌，王萌，孟雪 . 2016. 海洋产业结构与海域承载力的匹配关系探讨——以辽宁省为例 . 海洋开发与
　　管理，(4)：14-18.

杜雪燕，柴沙驼，王迅，等 . 2015. 河南县高山嵩草草地牧草营养价值与载畜量研究 . 河南农业科学，
　　44（11）：141-146.

樊杰，周侃，王亚飞 . 2017. 全国资源环境承载能力预警（2016 版）的基点和技术方法进展 . 地理科学
　　进展，36（3）：266-276.

福建省科学技术厅 . 2012. 中国·福建武夷山生物多样性研究信息平台 . 北京：科学出版社 .

傅伯杰 . 1991. 区域生态环境预警的原理与方法 . 资源开发与保护, 7 (3): 138-141.

傅春, 陈炜, 欧阳莹 . 2011. 环鄱阳湖区生态足迹与经济产业发展关系的实证研究 . 长江流域资源与环境, 20 (12): 1525-1531.

高长波, 陈新庚, 韦朝海, 等 . 2006. 广东省生态安全状态及趋势定量评价 . 生态学报, (7): 2191-2197.

高吉喜, 陈圣宾 . 2014. 依据生态承载力优化国土空间开发格局 . 环境保护, 42 (24): 12-18.

高吉喜 . 2001. 可持续发展理论探索——生态承载力理论、方法与应用 . 北京: 中国环境科学出版社 .

高吉喜 . 2015. 区域生态学 . 北京: 科学出版社 .

高志刚 . 2016. 产业经济学 . 北京: 中国人民大学出版社 .

顾康康, 储金龙, 汪勇政 . 2014. 基于遥感的煤炭型矿业城市土地利用与生态承载力时空变化分析 . 生态学报, (20): 5714-5720.

顾康康 . 2012. 生态承载力的概念及其研究方法 . 生态环境学报, 21 (2): 389-396.

郭嘉璐, 张小平 . 2017. 兰州市公共交通的生态足迹测算研究 . 环境科学与管理, 42 (9): 190-194.

郭云, 梁晨, 李晓文 . 2018. 基于系统保护规划的黄河流域湿地优先保护格局 . 应用生态学报, 29 (9): 3024-3032.

郭中伟 . 2001. 建设国家生态安全预警系统与维护体系——面对严重的生态危机的对策 . 科技导报, (1): 54-56.

国家林业局, 农业部 . 1999. 国家重点保护野生植物名录（第一批）. http://www. gov. cn/gongbao/content/2000/content_60072. htm[2020-04-01].

国务院 . 2011. 国务院关于印发全国主体功能区规划的通知 . http://www. gov. cn/zwgk/2011-06/08/content_1879180. htm[2011-06-08].

国务院 . 2013. 国务院关于印发全国资源型城市可持续发展规划（2013—2020 年）的通知 . http://www. gov. cn/zwgk/2013-12/03/content_2540070. htm[2018-12-03].

韩永伟, 高吉喜, 李辉, 等 . 2007. 宁东能源化工基地规划产业布局的生态适宜性分析 . 环境科学管理, 32 (11): 142-147.

何雄伟 . 2015. 区域资源环境承载力评价与产业结构调整优化策略——以鄱阳湖生态经济区为例 . 企业经济, 10: 148-151.

何宗兰, 曹仁林, 霍文瑞, 等 . 1990. 水稻土镉的临界浓度研究——在中性或碱性土壤上 . 农业环境科学学报, (4): 10-12.

贺晶 . 2014. 草原植被防风固沙功能基线盖度研究 . 北京: 中国农业科学院 .

侯娟, 周为峰, 王鲁民, 等 . 2020. 中国深远海养殖潜力的空间分析 . 资源科学, 42 (7): 1325-1337.

环境保护部, 中国科学院 . 2013. 中国生物多样性红色名录——高等植物卷 . http://www. mee. gov. cn/gkml/hbb/bgg/201309/t20130912_260061. htm[2020-04-01].

环境保护部, 中国科学院 . 2015. 中国生物多样性红色名录——脊椎动物卷 . http://www. mee. gov. cn/gkml/hbb/bgg/201505/t20150525_302233. htm[2020-04-01].

黄凌 . 2008. 福建三明市区域农业可持续发展生态安全评价 . 长沙: 湖南农业大学 .

黄珠美, 李延风 . 2019. 福建省生物多样性优先区域保护网络优化研究 . 海峡科学, (8): 31-34, 55.

霍文敏, 陈甲斌 . 2020. 资源开发区生态承载力与产业一致性评价——以鄂尔多斯市为例 . 中国国土资源经济, 33（3）：75-81.

简新华, 魏珊. 2001. 产业经济学. 武汉：武汉大学出版社.

焦菊英, 王万中, 李靖. 2000. 黄土高原林草水土保持有效盖度分析. 植物生态学报, 24（5）：608-612.

金晨, 熊元斌. 2016. 旅游业可持续发展中的生态环境问题及其制度安排探讨. 宏观经济研究,（9）：41-51.

金贤锋, 董锁成, 周长进, 等. 2009. 中国城市的生态环境问题. 城市问题,（9）：5-10, 23.

金悦, 陆兆华, 檀菲菲, 等. 2015. 典型资源型城市生态承载力评价——以唐山市为例. 生态学报, 35（14）：4852-4859.

孔德友. 2014. 我国区域矿产资源产业分析. 北京：中国地质大学（北京）.

兰君. 2019. 中国煤炭产业转型升级与空间布局优化研究. 北京：中国地质大学（北京）.

李艾芬, 陶国才, 章明奎. 2014. 浙江省茶叶主产区土壤磷的积累与淋失阈值研究. 浙江农业科学,（1）：31-33.

李春平, 张灵杰, 董丽晶. 2003. 浙江乐清湾海岸带功能区划分与海洋产业发展. 海洋通报, 22（5）：38-43.

李代魁, 何萍, 徐杰, 等. 2020. 我国生态系统生态阈值研究基础. 应用生态学报, 31（6）：2015-2028.

李雪丁, 卢振彬. 2008. 福建近海渔业资源生产量和最大可持续开发量. 厦门大学学报（自然版）, 47（4）：596-601.

李延峰. 2014. 山东半岛典型海域生态环境承载力评价. 北京：中国科学院海洋研究所.

李燕妮, 袁帅, 付和平, 等. 2018. 典型草原啮齿动物密度与牧草损失量的关系. 兽类学报, 38（4）：369-376.

李中宇, 金小伟, 刘继凤, 等. 2017. 应用底栖动物为指示生物的松花江干流水生态预警研究. 生态毒理学报, 12（5）：161-169.

林业部, 农业部. 1989. 国家重点保护野生动物名录. http://www.forestry.gov.cn/main/3954/content-1063883.html［2020-04-01］.

刘斌, 罗全华, 常文哲, 等. 2008. 不同林草植被覆盖度的水土保持效益及适宜植被覆盖度. 中国水土保持科学, 6（6）：68-73.

刘焘, 干友民, 张洪轩, 等. 2014. 川西北红原草地在联户经营下的适宜载畜量研究. 草业学报, 23（3）：197-204.

刘佳, 周长晓. 2015. 结构调整、承载力提升能促进旅游经济增长吗?——以东部沿海三大经济区为例. 首都经济贸易大学学报,（5）：56-65.

刘建兴, 顾晓薇, 李广军, 等. 2005. 中国经济发展与生态足迹的关系研究. 资源科学,（5）：33-39.

刘洛, 徐新良, 刘纪远, 等. 2014. 1990—2010 年中国耕地变化对粮食生产潜力的影响. 地理学报,（12）：1767-1778.

刘明达. 2011. 城市化地区碳排放核算与空间特征研究——以鄂尔多斯东胜区为例. 北京：北京大学.

刘明焱, 王刚, 于伯康. 2016. 基于生态足迹的京津冀生态安全战略研究. 林业经济,（11）：9-15.

刘婷, 赵伟, 黄婧, 等. 2018. 三峡库区重庆段生态承载力时空演变研究. 西南大学学报（自然科学版）, 40（1）：115-125.

刘智慧. 2015. 基于生态足迹模型的喀斯特地区重点生态功能区可持续发展能力分析. 贵阳：贵州师范大学.

卢振彬，戴泉水，肖方森．2005. 闽南-台湾浅滩海域鱼类资源生产量．热带海洋学报，24（1）：60-66.

卢振彬．2000. 厦门海域渔业资源评估．热带海洋学报，19（2）：52-57.

陆文涛，付正辉，郭怀成，等．2020. 基于空间网格的区域生态承载力与产业布局一致性评价．北京大学学报（自然科学版），56（5）：971-974.

罗晓梅，黄鲁成．2015. 产业生态足迹评价体系构建及核算模型研究．科技进步与对策，32（2）：79-85.

马华，钟炳林，岳辉，等．2015. 典型红壤区自然生态修复的适用性．生态学报，35（18）：246-254.

马琳，刘浩，彭建，等．2017. 生态系统服务供给和需求研究进展．地理学报，72（7）：1277-1289.

马盼盼．2017. 浙江省海岸带生态承载力评估研究．杭州：浙江大学．

麦丽开·艾麦提，满苏尔·沙比提，张雪琪，等．2020. 基于PSR-EEES模型的叶尔羌河平原绿洲生态安全预警测度．中国农业大学学报，25（2）：130-141.

毛汉英，余丹林．2001. 区域承载力定量研究方法探讨．地球科学进展，（4）：549-555.

毛鹏，林爱文，杨倩，等．2017. 基于状态空间法的长江中游城市群区域生态承载力评价．测绘与空间地理信息，（3）：37-41.

蒙吉军，王晓东，尤南山，等．2016. 黑河中游生态用地景观连接性动态变化及距离阈值．应用生态学报，27（6）：1715-1726.

孟庆华．2014. 基于生态足迹的浑善达克国家重点生态功能区生态承载力研究．林业资源管理，（1）：127-130，139.

闵继胜，孔祥智．2016. 我国农业面源污染问题的研究进展．华中农业大学学报（社会科学版），（2）：59-66.

牟雪洁，饶胜，张箫，等．2020. 产业发展与生态承载力一致性评价的理论与技术框架构建．生态经济，36（3）：45-50，64.

穆锦斌，闻人一桢，应超．2017. 滩涂围垦对乐清湾水交换影响研究．南京：第十四届全国水动力学学术会议暨第二十八届全国水动力学研讨会．

欧阳志云，崔书红，郑华．2015. 我国生态安全面临的挑战与对策．科学与社会，5（1）：20-30.

欧阳志云，郑华．2014. 生态安全战略．北京：学习出版社．

潘庆民，薛建国，陶金，等．2018. 中国北方草原退化现状与恢复技术．科学通报，（17）：1642-1650.

丘书院．1997. 论东海鱼类资源量的估算．海洋渔业，2：49-51.

邱寿丰，朱远．2012. 基于国家生态足迹账户计算方法的福建省生态足迹研究．生态学报，（22）：7124-7134.

曲格平．2004. 关注中国生态安全．北京：中国环境科学出版社．

荣月静，郭新亚，杜世勋，等．2019. 基于生态系统服务功能及生态敏感性与PSR模型的生态承载力空间分析．水土保持研究，26（1）：323-329.

沈鹏，傅泽强，杨俊峰，等．2015. 基于水生态承载力的产业结构优化研究综述．生态经济，（11）：23-26.

沈渭寿，张慧，邹长新，等．2010. 区域生态承载力与生态安全研究．北京：中国环境科学出版社．

史雪威，张路，张晶晶，等．2018. 西南地区生物多样性保护优先格局评估．生态学杂志，37（12）：3721-3728.

舒畅，乔娟．2016. 我国养殖业生态足迹时空特征及脱钩效应研究——以生猪产业为例．生态经济，

32（1）：148-151.

宋丽丽，白中科 . 2017. 煤炭资源型城市生态风险评价及预测—以鄂尔多斯市为例 . 资源与产业，19（5）：15-22.

宋雪珺，王多多，覃飞，等 . 2018. 长三角城市群 2010 年生态足迹与生态承载力分析 . 生态科学，（2）：162-172.

苏美娜 . 2019. 基于生态系统的厦门湾海洋生物多样性优先保护格局研究 . 厦门：厦门大学 .

覃玲玲，周兴 . 2011. 基于生态承载力的产业布局与结构优化研究 . 安徽农业科学，39（16）：9822-9826.

谭敏，孔祥斌，段建南，等 . 2010. 基于生态安全角度的城镇村建设用地空间预警—以北京市房山区为例 . 中国土地科学，24（2）：31-37.

谭勇，何东进，游巍斌，等 . 2014. 福建省自然保护区生物多样性保护的 GAP 分析 . 福建农林大学学报（自然科学版），43（3）：251-255.

汤婷，任泽，唐涛，等 . 2016. 基于附石硅藻的三峡水库入库支流氮、磷阈值 . 应用生态学报，27（8）：2670-2678.

唐海萍，陈姣 . 薛海丽 . 2015. 生态阈值：概念、方法与研究展望 . 植物生态学报，（9）：932-940.

唐良梁 . 2015. 不同施氮量对稻田氨挥发的影响及氮肥投入生态阈值探究 . 南京：南京农业大学 .

陶花，潘继征，沈耀良，等 . 2012. 滆湖大洪港草、藻状态转换的磷阈值 . 应用生态学报，23（1）：264-270.

滕欣，徐伟，董月娥，等 . 2016. 区域承载力与海洋产业集聚的动态效应——以天津市为例 . 海洋开发与管理，（1）：27-32.

王海军 . 2007. 长江中下游中小型湖泊预测湖沼学研究 . 武汉：中国科学院研究生院水生生物研究所 .

王家骥，姚小红，李京荣，等 . 2000. 黑河流域生态承载力估测 . 环境科学研究，（2）：44-48.

王开运 . 2007. 生态承载力复合模型系统与应用 . 北京：科学出版社 .

王清，朱效鹏，赵建民 . 2020. 滩涂生态牧场构建与展望 . 科技促进发展，16（2）：97-102.

王让虎，李晓燕，张树文，等 . 2014. 东北农牧交错带景观生态安全格局构建及预警研究——以吉林省通榆县为例 . 地理与地理信息科学，30（2）：111-115，127.

王世金，魏彦强 . 2017. 生态安全阈值研究述评与展望 . 草业学报，26（1）：195-205.

王维，江源，张林波，等 . 2010. 基于生态承载力的成都产业空间布局研究 . 环境科学研究，（3）：333-339.

王维，张涛，王晓伟，等 . 2017. 长江经济带城市生态承载力时空格局研究 . 长江流域资源与环境，26（12）：30-38.

王维平，曲士松，孙小滨 . 2008. 基于水资源承载力的农业结构和布局调整分析 . 中国农村水利水电，（12）：76-78.

王小蒙，郑向群，丁永祯，等 . 2016. 不同土壤下苋菜镉吸收规律及其阈值研究 . 环境科学与技术，39（10）：1-8.

王小庆 . 2012. 中国农业土壤中铜和镍的生态阈值研究 . 北京：中国矿业大学 .

王治和，黄坤，张强 . 2017. 基于可拓云模型的区域生态安全预警模型及应用——以祁连山冰川与水源涵养生态功能区张掖段为例 . 安全与环境学报，17（2）：768-774.

王中根, 夏军. 1999. 区域生态环境承载力的量化方法研究. 长江职工大学学报, (4): 9-12.

翁异静, 邓群钊, 杜磊, 等. 2015. 基于系统仿真的提升赣江流域水生态承载力的方案设计. 环境科学学报, (10): 3353-3366.

邬娜, 傅泽强, 谢园园, 等. 2015. 基于生态承载力的产业布局优化研究进展述评. 生态经济, 31 (5): 21-25.

吴东浩, 于海燕, 吴海燕, 等. 2010. 基于大型底栖无脊椎动物确定河流营养盐浓度阈值——以西苕溪上游流域为例. 应用生态学报, 21 (2): 483-488.

武夷山国家公园管理局. 2019. 武夷山国家公园保护专项规划.

夏军, 朱一中. 2002. 水资源安全的度量: 水资源承载力的研究与挑战. 自然资源学报, 17 (3): 263-269.

向芸芸, 蒙吉军. 2012. 生态承载力研究和应用进展. 生态学杂志, 31 (11): 2958-2965.

肖笃宁, 陈文波, 郭福良. 2002. 论生态安全的基本概念和研究内容. 应用生态学报, 13 (3): 354-358.

谢高地, 曹淑艳, 鲁春霞. 2011. 中国生态资源承载力研究. 北京: 科学出版社.

谢莹, 张明祥. 2014. 国际重要湿地生态预警指标及响应机制研究. 湖北林业科技, 43 (1): 43-47.

徐汉祥, 周永东, 贺舟挺. 2007. 用营养动态模式估算东海区大陆架渔场渔业资源蕴藏量. 浙江海洋学院学报 (自然科学版), 26 (4): 404-409.

徐建华. 2002. 现代地理学中的数学方法. 第2版. 北京: 高等教育出版社.

徐美, 刘春腊, 李丹, 等. 2017. 基于改进 TOPSIS-灰色 GM (1,1) 模型的张家界市旅游生态安全动态预警. 应用生态学报, 28 (11): 3731-3729.

徐卫华, 欧阳志云, 张路, 等. 2010. 长江流域重要保护物种分布格局与优先区评价. 环境科学研究, 23 (3): 312-319.

徐卫华, 杨琰瑛, 张路, 等. 2017. 区域生态承载力预警评估方法及案例研究. 地理科学进展, 36 (3): 306-312.

徐勇, 张雪飞, 李丽娟, 等. 2016. 我国资源环境承载约束地域分异及类型划分. 中国科学院院刊, (1): 34-43.

薛超波, 王国良, 金珊. 2004. 海洋滩涂贝类养殖环境的研究现状. 生态环境, 13 (1): 116-118.

杨成忠, 李小玲. 2016. 城市生态承载力评价研究. 湖北农业科学, 55 (15): 4058-4063.

杨小燕, 赵兴国, 崔文芳, 等. 2013. 欠发达地区产业结构变动对生态足迹的影响—基于云南省的案例实证分析. 经济地理, 33 (1): 167-172.

姚成胜, 朱鹤健. 2007. 区域农业可持续发展的生态安全评价——以福建省为例. 自然资源学报, (3): 380-388.

余文波. 2017. 区域生态安全预警评价研究进展. 中国国土资源经济, 30 (3): 52-58.

袁媛, 白林, 朱扬宝. 2017. 基于 PSR 模型的煤炭资源型城市低碳生态发展水平测度. 淮南师范学院学报, 19 (6): 22-27.

苑兴朴. 2009. 基于生态足迹的京津冀可持续发展研究. 保定: 河北大学.

曾琳, 张天柱, 曾思育, 等. 2013. 资源环境承载力约束下云贵地区的产业结构调整. 环境保护, 18: 43-45.

张娟, 闫振广, 刘征涛, 等. 2015. 甲基汞水环境安全阈值研究及生态风险分析. 环境科学与技术, 38 (1): 177-182.

张琨，林乃峰，徐德琳，等 . 2018. 中国生态安全研究进展：评估模型与管理措施 . 生态与农村环境学报，34（12）：1057-1063.

张林波，李文华，刘孝富，等 . 2009. 承载力理论的起源、发展与展望 . 生态学报，29（2）：878-888.

张林波 . 2009. 城市生态承载力理论与方法研究——以深圳市为例 . 北京：中国环境科学出版社 .

张路，欧阳志云，肖燚，等 . 2011. 海南岛生物多样性保护优先区评价与系统保护规划 . 应用生态学报，22（8）：2105-2112.

张强，薛惠锋，张明军，等 . 2010. 基于可拓分析的区域生态安全预警模型及应用—以陕西省为例 . 生态学报，30（16）：4277-4286.

张世民，热汗古丽·阿不拉，朱友娟，等 . 2016. 阿克苏地区春玉米磷阈值研究 . 新疆农业科学，53（3）：455-460.

张雪花，李建，张宏伟 . 2011. 基于能值-生态足迹整合模型的城市生态性评价方法研究——以天津市为例 . 北京大学学报（自然科学版），47（2）：344-352.

张志强，徐中民，程国栋 . 2000. 生态足迹的概念及计算模型 . 生态足迹（中文版），（10）：8-10.

赵宏波，马延吉 . 2014. 基于变权-物元分析模型的老工业基地区域生态安全动态预警研究——以吉林省为例 . 生态学报，34（16）：4720-4733.

赵正，宁静，周非飞，等 . 2019. 基于生态足迹模型的资源型城市生态承载力评价——以黑龙江省大庆市为例 . 水土保持通报，（2）：281-287.

郑祥，鲍毅新，葛宝明，等 . 2006. 黑麂栖息地利用的季节变化 . 兽类学报，26（2）：201-205.

芷若 . 2002. 国家确定西部矿产资源十大集中开发区 . 西部大开发，（4）：9-10.

中国科学院动物研究所 . 2009. 中国动物志数据库 . http://www. zoology. csdb. cn［2020-04-01］.

中国科学院中国植物志编辑委员会 . 1998. 中国植物志 . 北京：科学出版社 .

钟义，程欢，彭晓春，等 . 2012. 珠三角城市群生态足迹分析 . 安徽农业科学，（27）：13522-13525.

周卫 . 2009. 环境法视角下的生态安全 . 知识经济杂志，（3）：31-32.

朱冰冰，李占斌，李鹏，等 . 2010. 草本植被覆盖对坡面降雨径流侵蚀影响的试验研究 . 土壤学报，47（3）：401-407.

朱新玲，黎鹏 . 2015. 城镇化、产业结构与产业足迹——基于中部六省面板数据的实证研究 . 湖南财政经济学院学报，31（6）：52-57.

朱玉林，李明杰，顾荣华 . 2017. 基于压力-状态-响应模型的长株潭城市群生态承载力安全预警研究 . 长江流域资源与环境，26（12）：2057-2064.

宗虎民，袁秀堂，王立军，等 . 2017. 我国海水养殖业氮、磷产出量的初步评估 . 海洋环境科学，36（3）：336-342.

邹长新，沈渭寿 . 2003. 生态安全研究进展 . 农村生态环境，19（1）：56-59.

Friedel M H. 1991. Range condition assessment and the concept of thresholds：A viewpoint. Journal of Range Management，44：422-426.

Harris J M，Kennedy S. 1999. Carrying capacity in agriculture：global and regional issues. Ecological Economics，29（3）：443-461.

Holling C S. 1973. Resilience and stability of ecological systems. Annual Review of Ecology & Systematics，4：1-23.

Huang G，Baetz B W，Patry G G. 1992. A grey linear programming approach for municipal solid waste management planning under uncertainty. Civil Engineering Systems, 9 (4): 319-335.

Lin W P, Li Y, Li X, et al. 2018. The dynamic analysis and evaluation on tourist ecological footprint of city: take Shanghai as an instance. Sustainable Cities and Society, 37: 541-549.

Lindenmayer D B, Luck G. 2005. Synthesis: Thresholds in conservation and management. Biological Conservation, 124: 351-354.

Malthus T R. 1798. An essay on the principle of population. London: Pickering.

May R M. 1977. Thresholds and breakpoints in ecosystems with amultiplicity of stable states. Nature, 269: 471-477.

Monte-Luna P, Brook B W, Zetina-Rejo M J, et al. 2004. The carrying capacity of ecosystems. Global Ecology and Biogeography, 13 (6): 485-495.

Odum E P. 1953. Fundamentals of ecology. Philadelphia: W. B. Saunders.

Pearl R, Reed L J. 1920. On the rate of growth of the population of the United States since 1790 and its mathematical representation. Proceedings of the National Academy of Sciences, 6 (6): 275-288.

Pearl R. 1925. The biology of population growth. New York: Alfred A. Knopf.

Peterson G, Allen C R, Holling C S. 1998. Ecological resilience, biodiversity, and scale. Ecosystems, 1 (1): 6-18.

Qi J, Holyoak M, Ning Y, et al. 2019. Ecological thresholds and large carnivores conservation: Implications for the Amur tiger and leopard in China. Global Ecology and Conservation, 21, DOI: 10.1016/j. gecco. 2019. e00837.

Radford J Q, Bennett A F, Cheers G J. 2005. Landscape-level thresholds of habitat cover for woodland-dependent birds. Biological Conservation, 124: 317-337.

Seidl I, Tisdell C. 1999. Carrying capacity reconsidered: From Malthus' population theory to cultural carrying capacity. Ecological Economics, 31 (3): 395-408.

UNESCO, FAO. 1985. Carrying capacity assessment with a pilot study of Kenya: a resource accounting methodology for sustainable development. Paris and Rome.

Verhulst P F. 1838. Notice Sur La Loi Que La population suit dans son accroissement. Correspondence Mathematique et Physique, 10: 113-121.

Wackernagel M, Onisto L, Bello P, et al. 1997. Ecological footprints of nations. Toronto: International Council for Local Environmental Initiatives.

Wackernagel M, Rees W E. 1996. Our ecological footprint reducing human impact on the earth. Environment and Urbanization, 8 (2): 216.

Wackernagel M, Rees W E. 1997. Perceptual and structural barriers to investing in natural capital: economics from an ecological footprint perspective. Ecological Economics, 20 (1): 3-24.

Wang H, Huang Y, Wang D, et al. 2020. Effects of urban built-up patches on native plants in subtropical landscapes with ecological thresholds-A case study of Chongqing city. Ecological Indicators, DOI: 10.1016/ J. ecol ind. 2019. 105751.

Young C C. 1998. Defining the range: the development of carrying capacity in management practice. Journal of History of Biology, (31): 61-83.